网络空间安全与关键信息基础设施安全

夏 冰 主编

电子工业出版社
Publishing House of Electronics Industry
北京·BEIJING

内 容 简 介

本书以关键信息基础设施为对象,讨论合规前提下的关键信息基础设施安全。本书共 16 章,主要内容包括:网络安全法、网络安全审查、网络安全等级保护、关键信息基础设施安全保护条例、网络安全等级保护条例、工业控制系统安全、工业互联网安全、个人信息安全、数据安全、密码安全、关键信息基础设施安全建设、关键信息基础设施安全事件管理、新基建安全等法律法规标准规范,从基本概念、作用地位、合规要求解读和合规安全建设角度剖析关键信息基础设施安全。

本书主要面向关键信息基础设施主管部门、运营部门、建设使用部门学习国家系列法律法规和政策的人员;面向为关键信息基础设施提供网络产品和服务的人员;面向网络安全相关部门中开展监督管理、执法检查和安全规划建设工作的人员;也可供网络安全管理人员,网络安全专业人员,网络安全服务人员以及网络空间安全、信息安全等专业学生使用。

未经许可,不得以任何方式复制或抄袭本书之部分或全部内容。
版权所有,侵权必究。

图书在版编目(CIP)数据

网络空间安全与关键信息基础设施安全 / 夏冰主编. —北京:电子工业出版社,2020.9
ISBN 978-7-121-39576-5

Ⅰ. ① 网… Ⅱ. ① 夏… Ⅲ. ① 计算机网络-网络安全-研究 ② 信息技术-基础设施-研究
Ⅳ. ① TP393.08 ② G202

中国版本图书馆 CIP 数据核字(2020)第 175915 号

责任编辑:章海涛
印　　刷:三河市鑫金马印装有限公司
装　　订:三河市鑫金马印装有限公司
出版发行:电子工业出版社
　　　　　北京市海淀区万寿路 173 信箱　邮编　100036
开　　本:787×1092　1/16　印张:19　字数:483 千字
版　　次:2020 年 9 月第 1 版
印　　次:2020 年 9 月第 1 次印刷
定　　价:69.00 元

凡所购买电子工业出版社图书有缺损问题,请向购买书店调换。若书店售缺,请与本社发行部联系,联系及邮购电话:(010) 88254888,88258888。
质量投诉请发邮件至 zlts@phei.com.cn,盗版侵权举报请发邮件至 dbqq@phei.com.cn。
本书咨询联系方式:unicode@phei.com.cn。

前言
PREFACE

关键信息基础设施是指面向公众提供公共通信和信息服务，支撑能源、交通、水利、金融、公共服务、电子政务等重要行业和领域，以及其他一旦遭到破坏、丧失功能或者数据泄露，可能严重危害国家安全、国计民生、公共利益的基础设施。因此，保护本国关键信息基础设施安全已成国际社会关注的焦点，成为各国保障国家网络空间安全的首要任务。

《中华人民共和国网络安全法》确定关键信息基础设施保护制度是国家网络空间领域的基本制度。在基本保护制度框架的实施过程中，国家出台多项法律法规，指导关键信息基础设施网络运营者、网络产品和服务提供者开展合规性安全建设和管理。在合规性安全管理过程中，运营者发现，关键信息基础设施、重要信息系统和工业控制系统等交织在一起，面临不同执法部门对同一单位、同一事项、同一产品的重复检查检测认证评估，存在着执行检查标准和操作不一的问题。在合规性安全建设过程中，关键信息基础设施对重要数据、网络产品和服务、数据出境、数据安全界定模糊，面临缺失共识说法或操作指南的困境。为了解决上述问题，本书梳理现有关键信息基础设施安全合规性管理和安全合规性建设的主要内容，尝试通过解读的方式给出一点点建议，使监管者和运营者之间能够在基本点上先达成共识，共同推进关键信息基础设施安全建设进展。

关键信息基础设施关系国家安全和国计民生、公共利益。国家、政府、行业主管部门、监管部门，从自己所肩负的主体责任角度，纷纷出台相关法规、条例、政策和标准，从而编制一张庞大复杂的关键信息基础设施安全保护网络。本书仅仅梳理主要法规约束下的这张安全网络，给出《中华人民共和国网络安全法》主线下合规性安全的认识。伴随系列配套法规条例、政策标准、解读和案例的学习，监管责任主体和被监管责任主体认知也在提升，难免会出现本书内容和读者认知冲突和矛盾的地方，希望读者以最新的合规性安全要求为准。

关键信息基础设施安全引起从事网络安全研究者、建设者和管理者的强烈关注。网络安全研究者、建设者和管理者，在结合自身经验、现状和理解上，通过博客、网站等方式表达自己的观点,有利于促进关键信息基础设施的安全合规性建设进展。本书消化吸收相同的观点,剖析冲突的观点,尝试给出能体现当前最新进展的合规性认识。如果有欠妥的观点或解释不到位之处,希望读者本着"基本点达成共识、共同推进合规性建设"为谅解原则。本书不代表最终的官方决策,仅供读者参考。

在此感谢通过博客、网站、资讯等方式表达自己观点的网络安全研究者、建设者和管理者。如果本书参考了您的观点而没有给出引用说明,请联系编者。

本书由中原工学院夏冰主编。河南省委保密委员会办公室的徐康副研究员参与编写第13章、第14章内容,河南省教育厅的麦世奎参与编写本书第11章、第12章。本书在编写过程中得到了中原工学院郑秋生教授,河南省公安厅的王志奇调研员、河南省委网信办王沛栋副研究员、河南省公安厅网络安全保卫总队杨素萍副总队长的支持、咨询和审查,同时得到了南京邮电大学王春晖教授的指导,得到了河南金鑫信息安全等级技术测评有限公司丁玉钊测评师的帮助,在此表示由衷的感谢。本书的编写还得到河南省舆情监测与智能分析重点实验室、计算机信息系统安全评估河南省工程实验室、郑州市关键信息基础设施安全检测工程技术研究中心和河南省高等学校重点科研项目(21A520054)的项目资金支持,电子工业出版社提供参考资料并密切协调指导,在此表示感谢。

由于编者水平有限,不妥之处在所难免,敬请读者批评指正。

夏 冰
2020 年 9 月

目录 CONTENTS

Chapter 1 ▶ 第 1 章 关键信息基础设施安全现状 ... 1
1.1 基本概念 ... 1
1.1.1 基础设施和重要信息系统 ... 1
1.1.2 关键基础设施和关键信息基础设施 ... 2
1.2 关键信息基础设施范围 ... 4
1.2.1 《网络安全法》界定的范围 ... 4
1.2.2 国家网络空间安全战略界定的范围 ... 4
1.2.3 关键信息基础设施安全保护条例界定的范围 ... 5
1.3 安全现状 ... 6
1.3.1 安全生态持续优化 ... 6
1.3.2 安全事件层出不穷 ... 7

Chapter 2 ▶ 第 2 章 网络安全法 ... 9
2.1 《网络安全法》的法律精髓 ... 9
2.1.1 一部网络安全领域基础性法律 ... 9
2.1.2 二类责任主体 ... 9
2.1.3 三项基本原则 ... 10
2.1.4 一个意识、四个抓手 ... 11
2.1.5 五类主体安全义务 ... 11
2.1.6 六类网络安全保护制度 ... 12
2.2 《国家网络空间安全战略》与《网络安全法》的关系 ... 14
2.3 《网络安全法》重点保护关键信息基础设施 ... 15
2.4 基于《网络安全法》的关键信息基础设施安全 ... 17
2.4.1 建立健全网络安全管理制度 ... 17
2.4.2 完善一般安全保护义务 ... 17
2.4.3 做好增强安全保护义务 ... 18

2.4.4　建议关键信息基础设施运营者的重点工作……………………… 19
2.5　实施过程中面临的挑战……………………………………………………… 21
　　　2.5.1　网络安全执法体制和部门职责……………………………………… 21
　　　2.5.2　《网络安全法》配套法规和制度细则………………………………… 22
2.6　关于关键信息基础设施采购网络产品和服务的说明……………………… 22
　　　2.6.1　必知的强制性要求…………………………………………………… 23
　　　2.6.2　产品认证和检测制度………………………………………………… 23
　　　2.6.3　限制发布网络安全信息……………………………………………… 24
　　　2.6.4　严禁网络安全漏洞验证和利用……………………………………… 25
　　　2.6.5　安全服务人员准入要求……………………………………………… 25

Chapter 3　第 3 章　网络安全审查

3.1　网络安全审查的意义和目的………………………………………………… 26
　　　3.1.1　网络安全审查是维护国家安全利益的意志体现…………………… 26
　　　3.1.2　网络安全审查是国家网络安全治理的手段………………………… 27
　　　3.1.3　网络安全审查是国家主权的体现…………………………………… 28
3.2　网络安全审查的主要内容…………………………………………………… 28
　　　3.2.1　适用主体和审查内容………………………………………………… 28
　　　3.2.2　审查方式……………………………………………………………… 29
　　　3.2.3　审查主体……………………………………………………………… 30
　　　3.2.4　审查原则……………………………………………………………… 30
　　　3.2.5　审查流程……………………………………………………………… 31
　　　3.2.6　未申报未通过的后果………………………………………………… 32
3.3　实施过程中面临的问题和困境……………………………………………… 32
　　　3.3.1　安全主体责任问题…………………………………………………… 32
　　　3.3.2　网络产品和服务界定问题…………………………………………… 34

Chapter 4　第 4 章　网络安全等级保护

4.1　网络安全等级保护的安全理念……………………………………………… 35
　　　4.1.1　边界界定引发的网络安全保障模型………………………………… 36
　　　4.1.2　责任主体引发的网络安全建设需求………………………………… 39
4.2　深入理解网络安全等级保护………………………………………………… 39
　　　4.2.1　分等级保护是底线思维……………………………………………… 39
　　　4.2.2　分等级保护是管理手段……………………………………………… 40
　　　4.2.3　分等级保护是能力体现……………………………………………… 41

4.3 网络安全等级保护的基本内容 … 42
    4.3.1 网络安全等级保护的主体和责任 … 42
    4.3.2 网络安全等级保护对象 … 43
    4.3.3 等级保护常规动作 … 44
    4.3.4 常规动作在实施过程中的基本要求 … 45
    4.3.5 实施等级保护的基本原则 … 46
    4.3.6 等级保护的发展历程 … 47
    4.3.7 网络安全等级保护的标准体系 … 48

Chapter 5 第 5 章 网络安全等级保护 2.0 … 52

5.1 如何理解网络安全等级保护 2.0 … 52
5.2 网络安全等级保护 2.0 新变化 … 54
    5.2.1 体系架构变化 … 54
    5.2.2 命名变化 … 56
    5.2.3 等级保护指标数量变化 … 56
    5.2.4 新增可信计算 … 58
    5.2.5 安全通用技术变化 … 58
    5.2.6 安全通用管理变化 … 61
5.3 网络安全等级保护 2.0 基本要求 … 63
    5.3.1 安全通用要求 … 63
    5.3.2 云计算安全扩展要求 … 65
    5.3.3 移动互联安全扩展要求 … 65
    5.3.4 物联网安全扩展要求 … 66
    5.3.5 工业控制系统安全扩展要求 … 66

Chapter 6 第 6 章 等级保护和关键信息基础设施运营者 … 67

6.1 定级 … 67
    6.1.1 等级保护对象和安全保护等级 … 68
    6.1.2 定级工作主要内容 … 69
    6.1.3 等级保护对象中的定级要素分析 … 70
    6.1.4 如何识别等级保护对象 … 72
    6.1.5 安全扩展要求的定级对象 … 72
    6.1.6 定级工作流程 … 73
    6.1.7 定级工作方法 … 74
    6.1.8 定级对象等级如何审批和变更 … 75

6.2 备案
6.2.1 备案需要什么资料 ... 76
6.2.2 备案资料的审核要点 ... 77
6.2.3 属地受理备案 ... 78
6.2.4 公安机关受理备案要求 ... 79
6.2.5 拒不备案的处置过程 ... 79

6.3 安全建设整改
6.3.1 安全建设整改目的和整改流程 ... 80
6.3.2 如何整改安全管理制度 ... 81
6.3.3 如何整改安全技术措施 ... 86

6.4 等级测评
6.4.1 基本工作 ... 91
6.4.2 测评工作流程有哪些 ... 94
6.4.3 网络安全等级保护 2.0 测评指标 ... 102
6.4.4 网络安全等级保护 2.0 测评结论 ... 105
6.4.5 谁来开展等级测评 ... 105
6.4.6 如何规避测评风险 ... 105

6.5 监督检查
6.5.1 等级保护监督检查内容 ... 107
6.5.2 检查方式和检查要求 ... 109
6.5.3 整改通报 ... 110

Chapter 7 第 7 章 关键信息基础设施安全保护条例 ... 111

7.1 关键信息基础设施法律政策和标准依据 ... 111
7.1.1 《网络安全法》 ... 111
7.1.2 《关键信息基础设施安全保护条例》 ... 112
7.1.3 国家网络空间安全战略 ... 112
7.1.4 关键信息基础设施安全检查评估指南 ... 112
7.1.5 关键信息基础设施安全保障评价指标体系 ... 113
7.1.6 关键信息基础设施网络安全保护基本要求 ... 113

7.2 强化关键信息基础设施的安全特色 ... 114
7.2.1 网络安全对抗风险高 ... 114
7.2.2 网络安全法律要求高 ... 114
7.2.3 网络安全建设要求高 ... 114

	7.2.4	网络安全测评要求高 ·············· 114
	7.2.5	网络安全监管要求高 ·············· 115
	7.2.6	网络安全日常运维成本高 ············ 115
	7.2.7	网络安全主体责任格局高 ············ 115
	7.2.8	网络安全思维层次高 ·············· 115
	7.2.9	网络安全事件应急要求高 ············ 115
	7.2.10	网络安全人才质量高 ············· 116
7.3	细化网络运营者的安全义务 ··················· 116
	7.3.1	赋予的安全保护 ················ 116
	7.3.2	做好"网络安全三同步" ············ 116
	7.3.3	网络安全主体责任制 ·············· 117
	7.3.4	关键信息基础设施保护义务进一步强化 ····· 117
	7.3.5	强化的网络安全管理与人员管理 ········ 117
	7.3.6	监测预警 ···················· 118
	7.3.7	应急处置 ···················· 118
	7.3.8	检测评估 ···················· 119
7.4	主体责任 ··························· 119
	7.4.1	国家主导网络安全生态 ············· 120
	7.4.2	监管部门 ···················· 120
	7.4.3	行业主管部门 ·················· 120
	7.4.4	公安机关 ···················· 121

Chapter 8　第 8 章　网络安全等级保护条例 ············ 123

8.1	必要性和意义 ························· 123
	8.1.1	完善网络安全法的需要 ············· 123
	8.1.2	落实网络安全等级保护制度的需要 ······· 124
	8.1.3	解决网络安全突出问题的需要 ·········· 124
8.2	主要内容 ··························· 125
	8.2.1	总则和国家意志 ················ 125
	8.2.2	支持保障和职能部门 ·············· 126
	8.2.3	网络安全保护和网络运营者 ··········· 127
	8.2.4	涉密网络系统的安全保护 ············ 128
	8.2.5	密码管理 ···················· 129
	8.2.6	监督管理和监管部门 ·············· 129
8.3	公安机关和网络安全等级保护条例 ············· 129

　　　　　　　　8.3.1 安全监督管理 …………………………………………………………… 129
　　　　　　　　8.3.2 安全检查 ………………………………………………………………… 130
　　　　　　　　8.3.3 安全处置手段 …………………………………………………………… 130
　　　　　　　　8.3.4 安全责任 ………………………………………………………………… 132
　　　　8.4 网络运营者和网络安全等级保护条例 ………………………………………… 132
　　　　　　　　8.4.1 承担责任和安全要求 …………………………………………………… 132
　　　　　　　　8.4.2 履行安全保护义务 ……………………………………………………… 133
　　　　　　　　8.4.3 测评机构管理要求 ……………………………………………………… 134
　　　　　　　　8.4.4 网络服务机构管理 ……………………………………………………… 135
　　　　8.5 引起关注的典型问题或困境 …………………………………………………… 135
　　　　　　　　8.5.1 合规成本与企业发展之间的矛盾 ……………………………………… 135
　　　　　　　　8.5.2 监管部门与行业主管部门之间的关系 ………………………………… 135
　　　　　　　　8.5.3 网络安全等级保护配套法规有待完善 ………………………………… 136
　　　　　　　　8.5.4 条例和部门规章 ………………………………………………………… 136

Chapter 9　第9章　工业控制系统安全 …………………………………………… 138

　　　　9.1 工业控制系统概述 ……………………………………………………………… 138
　　　　　　　　9.1.1 工业控制系统的概念和定义 …………………………………………… 138
　　　　　　　　9.1.2 工业控制系统分层模型 ………………………………………………… 140
　　　　　　　　9.1.3 工业控制系统与传统信息系统的区别 ………………………………… 141
　　　　　　　　9.1.4 工业控制主机与传统计算机主机的区别 ……………………………… 142
　　　　9.2 工业控制系统安全现状 ………………………………………………………… 142
　　　　　　　　9.2.1 震网安全事件带来的启示 ……………………………………………… 142
　　　　　　　　9.2.2 工业控制安全风险现状 ………………………………………………… 143
　　　　　　　　9.2.3 深入组件理解工控安全事件 …………………………………………… 143
　　　　9.3 工业控制系统安全建设和管理 ………………………………………………… 145
　　　　　　　　9.3.1 工控安全法律法规 ……………………………………………………… 145
　　　　　　　　9.3.2 基于安全技术的建设措施 ……………………………………………… 146
　　　　　　　　9.3.3 基于等级保护 2.0 的建设措施 ………………………………………… 150

Chapter 10　第10章　工业互联网安全 …………………………………………… 153

　　　　10.1 工业互联网概述 ……………………………………………………………… 153
　　　　　　　　10.1.1 工业互联网的概念和定义 …………………………………………… 153
　　　　　　　　10.1.2 工业互联网的地位和作用 …………………………………………… 155
　　　　　　　　10.1.3 工业互联网的组成 …………………………………………………… 156

10.1.4 深入理解工业互联网的改变 156
10.1.5 关键支撑技术 157
10.2 工业互联网安全 158
10.2.1 工业互联网安全需求分析 158
10.2.2 工业互联网安全现状 159
10.3 工业互联网安全建设和管理 161
10.3.1 法律法规 161
10.3.2 安全建设和管理措施 162
10.3.3 面临的困境和问题 163

Chapter 11 第 11 章 个人信息安全 165

11.1 个人信息安全基本概念 165
11.1.1 个人信息 165
11.1.2 个人敏感信息 167
11.2 个人信息安全法律法规 168
11.2.1 《网络安全法》 168
11.2.2 《刑法》司法解释 168
11.3 重要数据出境安全评估 169
11.3.1 基本概念 169
11.3.2 出境数据的界定和评估内容 169
11.3.3 禁止出境的数据 170
11.3.4 评估流程 170
11.3.5 关键信息基础设施运营者重点关注内容 171
11.4 个人信息出境安全评估办法 172
11.4.1 评估范围的变化 173
11.4.2 评估流程的变化 173
11.4.3 限制出境的个人信息 174
11.5 个人信息安全规范 174
11.5.1 个人信息安全基本原则 174
11.5.2 个人信息安全收集 175
11.5.3 个人信息安全保存 175
11.5.4 个人信息安全使用 176
11.5.5 个人信息安全共享转让披露 177
11.6 互联网个人信息安全保护指南 178

11.6.1	公安合规与国标合规对比	178
11.6.2	适用范围	179
11.6.3	技术措施	179
11.6.4	管理措施	179
11.6.5	业务流程	180
11.6.6	应急处置	182

Chapter 12 第 12 章 数据安全法 183

12.1	《数据安全法》的地位和作用	183
12.2	《数据安全法》的主要内容	184
12.2.1	适用范围	185
12.2.2	数据安全管理责任主体	185
12.2.3	数据安全产业	186
12.2.4	数据安全制度	187
12.2.5	数据安全保护义务	188
12.2.6	政务数据安全	190
12.2.7	数据安全法律责任	191
12.3	面临的困境和问题	192
12.3.1	数据安全面临的痛点	192
12.3.2	数据安全业务流程的细化	193
12.3.2	《数据安全法》和《数据安全管理办法》	193

Chapter 13 第 13 章 密码法 195

13.1	《密码法》的作用和地位	195
13.1.1	密码的重要性	195
13.1.2	《密码法》的必要性	196
13.1.3	运用《密码法》的基本原则	197
13.2	《密码法》的主要内容	198
13.2.1	密码的概念和分类	198
13.2.2	核心和普通密码管理和使用	199
13.2.3	商用密码的管理和使用	199
13.2.4	法律责任	200
13.3	商用密码与等级保护 2.0	201
13.3.1	等级保护中的密码要求	202
13.3.2	如何开展商用密码测评	203

Chapter 14　第 14 章　关键信息基础设施安全建设 ·············· 205

14.1　关键信息基础设施安全技术 ·············· 205
- 14.1.1　内生安全和关键信息基础设施 ·············· 205
- 14.1.2　重要信息系统安全 ·············· 206
- 14.1.3　工业互联网安全 ·············· 206

14.2　关键信息基础设施安全建设 ·············· 207
- 14.2.1　基于等级保护的安全建设 ·············· 207
- 14.2.2　基于关键信息基础设施安全标准的安全建设 ·············· 207

14.3　关键信息基础设施安全建设建议 ·············· 208
- 14.3.1　注重生态治理 ·············· 208
- 14.3.2　注重数据安全 ·············· 209
- 14.3.3　注重基础防护 ·············· 209
- 14.3.4　注重保障体系 ·············· 210

Chapter 15　第 15 章　关键信息基础设施安全事件管理 ·············· 212

15.1　网络安全事件管理 ·············· 212
- 15.1.1　网络安全事件的分类分级管理 ·············· 212
- 15.1.2　《网络安全法》中的网络安全事件管理 ·············· 212
- 15.1.3　网络安全事件应急处置流程 ·············· 216
- 15.1.4　网络安全事件日常管理工作 ·············· 217

15.2　网络安全预警通报管理 ·············· 218
- 15.2.1　预警等级 ·············· 219
- 15.2.2　预警研判和发布 ·············· 219
- 15.2.3　网络安全信息通报实施办法 ·············· 219
- 15.2.4　建立信息通报日常工作机制 ·············· 220
- 15.2.5　信息通报内容和方式 ·············· 220

15.3　网络安全风险评估管理 ·············· 221
- 15.3.1　法规依据 ·············· 221
- 15.3.2　网络信息资产分类 ·············· 222
- 15.3.3　网络安全风险评估过程 ·············· 223
- 15.3.4　网络安全风险评估所需资料 ·············· 223

Chapter 16　第 16 章　新型基础设施建设安全 ·············· 226

16.1　新型基础设施建设的背景和意义 ·············· 226
- 16.1.1　新基建的概念 ·············· 226

　　　　16.1.2 新基建中的"新" ……………………………………………… 227
　　　　16.1.3 新基建的地位和作用 …………………………………………… 227
　　16.2 新型基础设施建设的范围 ………………………………………………… 228
　　　　16.2.1 信息基础设施 ……………………………………………………… 228
　　　　16.2.2 融合基础设施 ……………………………………………………… 229
　　　　16.2.3 创新基础设施 ……………………………………………………… 229
　　16.3 新型基础设施建设与网络安全 …………………………………………… 229
　　　　16.3.1 主动防御 …………………………………………………………… 229
　　　　16.3.2 数据安全 …………………………………………………………… 230
　　　　16.3.3 自主可控 …………………………………………………………… 230
　　　　16.3.4 软件供应链安全 …………………………………………………… 231
　　　　16.3.5 智慧安全 …………………………………………………………… 232
　　　　16.3.6 融合安全 …………………………………………………………… 232

Chapter 17 ▶ 附录 A　中华人民共和国网络安全法 …………………………… 233

Chapter 18 ▶ 附录 B　中华人民共和国密码法 ………………………………… 247

Chapter 19 ▶ 附录 C　中华人民共和国数据安全法（草案） ………………… 254

Chapter 20 ▶ 附录 D　网络安全审查办法 ……………………………………… 260

Chapter 21 ▶ 附录 E　网络安全等级保护条例（征求意见稿） ……………… 264

Chapter 22 ▶ 附录 F　关键信息基础设施安全保护条例（征求意见稿） …… 278

Chapter 23 ▶ 参考文献 …………………………………………………………… 287

第 1 章
关键信息基础设施安全现状

关键信息基础设施（简称关基）是指面向公众提供公共通信和信息服务，支撑能源、交通、水利、金融、公共服务、电子政务等重要行业和领域，以及其他一旦遭到破坏、丧失功能或者数据泄露，可能严重危害国家安全、国计民生、公共利益的基础设施。因此，保护本国关键信息基础设施安全已成国际社会关注的焦点，成为各国维护国家网络空间安全的首要任务。

1.1 基本概念

本节主要介绍与关键信息基础设施有关的基本概念，使读者对关键信息基础设施有深入的理解。

1.1.1 基础设施和重要信息系统

1. 基础设施和重大领域的概念

基础设施包括硬基础设施和软基础设施。基础设施是通指为社会生产和居民生活提供公共服务的物质工程设施，是用于保证国家或地区社会经济活动正常进行的公共服务系统。它是社会赖以生存发展的一般物质条件。"基础设施"不仅包括公路、铁路、机场、通信、水电煤气等公共设施，即俗称的基础建设，还包括教育、科技、医疗卫生、体育、文化等社会事业，即"社会性基础设施"。

重大基础设施偏重物理设施。《国务院办公厅关于开展重大基础设施安全隐患排查工作的通知》（国办发〔2007〕58号）中使用了"重大基础设施"的概念，并列举了公路、铁路、水运交通设施、大型水利设施、大型煤矿、重要电力设施、石油天然气设施、城市基础设施等九种类别，但该定义过于偏重物理设施，涵盖范围较窄，可以作为关键业务梳理时的参考依据。

基础设施主要分布在我国的重大领域。我国的重大领域是指政府，银行、证券、保险、电力、石油天然气、石化、煤炭、铁路、民航、公路、广播电视、国防军工、医疗卫生、教育、水利、环境保护等行业，以及城市轨道交通、供水供气供热等市政领域。

2．基础信息资源和重要信息系统

基础信息资源主要指地理、人口、法人和统计等信息资源。基础信息资源的保护和管理对重要信息系统意义重大。《国务院关于大力推进信息化发展和切实保障信息安全的若干意见》（国发〔2012〕23号）中提到，应强化信息资源和个人信息保护，加强地理、人口、法人、统计等基础信息资源的保护和管理，保障信息系统互联互通和部门间信息资源共享安全。

通常意义上，重要信息系统是指安全保护等级为第三级及以上的等级保护对象。2013年，公安部发布了"关于开展国家重要信息系统调查工作的函"，对四级信息系统和第三级信息系统中跨省全国联网的大系统，对本行业、本部门重要业务起到关键支撑性作用或面向公众提供大范围服务（不包括政府网站）的信息系统，以及涉及国家安全、经济命脉、社会稳定和公共利益的极端重要系统，进行调查。可以看出，重要信息系统范围主要为三级、四级的等级保护定级对象。

1.1.2 关键基础设施和关键信息基础设施

1．关键基础设施

美国2001年《爱国者法案》认为，CI（Critical Infrastructure，关键基础设施）是指关系到美国生死存亡的，无论是物理还是虚拟的系统和资产，这些系统和资产的功能丧失或遭到破坏，会对国家安全、经济稳定、国家公众健康与安全或这些要素的任何结合产生严重影响。

欧洲委员会于2004年10月20日发布的通告《打击恐怖主义活动，加强关键基础设施保护》中针对关键基础设施（CI）做出了定义，明确关键基础设施是指如果被破坏或摧毁，会对公民的健康、安全、稳定或经济福祉或成员国政府的有效运转造成严重影响的物理和信息技术设施、网络、服务和资产。

德国的关键基础设施保护理念是确保政府和社会严重依赖基础设施的安全运转。因此，认为基础设施是指故障会导致供应短缺或给大部分人口造成灾难性后果的元素都被定义为关键的。德国在其《信息基础设施保护国家计划》中对信息基础设施的定义为：给定基础设施中 IT 部分的总和。

荷兰明确规定，对于社会不可或缺的，其损坏速度造成全国性紧急状态，或者会在更长时间内对社会产生不良影响的基础设施，均为关键基础设施。

英国将关键国家基础设施（Critical National Infrastructure，CNI）界定为由不间断向国家提供基本服务来说不可或缺的关键元素组成的国家基础设施。没有这些元素，就不能提供基本服务，英国将遭受严重的经济损害、巨大的社会破坏乃至严重的生命威胁。

从上面的定义可以看出，关键基础设施横跨经济的诸多部门和重要政府服务，一旦遭到破坏、丧失功能，会危害国家安全、国计民生、公共利益。

2．关键信息基础设施

"国家信息基础设施"一词首先由美国提出。1993 年 9 月 15 日，美国政府发表了"国家信息基础设施行动动议"(The National Information Infrastructure : Agenda for Action)，其中首次提出了 National Information Infrastructure（NII），即国家信息基础设施。同时出现了 NII 的同义词，即信息高速公路（Information Highway）。美国提出，NII 是一个高水准的目标，要求在全美建成通达全国各地的信息高速公路，即由通信网、计算机、信息资源、用户信息设备与人构成互联互通、无所不在的信息网络，为每个人及他（她）所用的信息设备提供接入 NII 的能力，将人、家庭、学校、图书馆、医院、政府与企业关联。

关键信息基础设施（Critical Information Infrastructure，CII）是国家信息基础设施的关键组成。通用认可的一种方式是，全球或国家信息基础设施中维系关键基础设施服务持续运转的部分被称为关键信息基础设施，即关键信息基础设施是全球或国家信息基础设施的组成部分，是确保本国关键基础设施服务得以持续运转的不可或缺要素，主要由信息和电信部门构成。

关键信息基础设施不仅包括计算机信息系统、控制系统和网络，还包括在其上传送的关键信息流。美国在其 2009 年《国家基础设施保护计划》（2009NIPP）中也定义了国家关键信息基础设施，是指电子的信息和通信系统以及这些系统中的信息，其中信息和通信系统由对各类型数据进行处理、存储和通信的软件、硬件组成，包括计算机信息系统、控制系统和网络。

3．CI 和 CII 的关系

随着关键基础设施的普遍信息化、网络化、数字化和智能化，关键基础设施（CI）与关键信息基础设施（CII）的概念互相借用并逐渐统一。国际社会的国家关键基础设施保护逐渐聚焦于国家关键信息基础设施的网络安全保障上，因此，关键信息基础设施与关键基础设施的边界逐渐模糊。

从范围上来看，CI 所涉及的范围要广于 CII，CII 是 CI 的基本组成部分。从组成上来看，CI 牵涉基础设施的所有关键部门，CII 是基础设施的一个分支，侧重于关键信息流。

从国家安全上看，对于国家关键信息基础设施的定义的认识存在不同层面上的差异，有的理解为物理设施，有的理解为信息系统，有的理解为基础网络。但比较一致的观点是，仅将国家关键信息基础设施理解为信息系统或者信息网络，已经不能适应现今网络空间网络安全保障的需求。网络安全保障应该着眼全局，从业务保障的角度，自上而下地确认需重点保障的对象，将保护对象由信息系统的概念上升至设施层面，随着信息基础设施边界扩展至由通信网络连接的计算机、资产和数据资源等。

1.2 关键信息基础设施范围

要想弄明白关键信息基础设施的范围，必须清楚其内涵或特征。建议读者从资源界定、威胁源识别、损害程度来识别。首先，从关键领域入手，在关键业务上梳理其关键业务所需支撑资源，并将其界定为一个整体对象；然后，分析该对象一旦遭到破坏、丧失功能或者数据泄露是否会危害国家安全、国计民生、公共利益，如果是，则界定为关键信息基础设施；同时，随着时间、政策和认知的变化，做动态调整。

1.2.1 《网络安全法》界定的范围

《网络安全法》用大量篇幅规定了关键信息基础设施保护相关内容，界定了关键信息基础设施范围，同时对攻击、破坏我国关键信息基础设施的境外组织和个人规定相应的惩治措施等。

《网络安全法》对关键信息基础设施给出了界定。第三十一条指出，国家对公共通信和信息服务、能源、交通、水利、金融、公共服务、电子政务等重要行业和领域，以及其他一旦遭到破坏、丧失功能或者数据泄露，可能严重危害国家安全、国计民生、公共利益的关键信息基础设施，在网络安全等级保护制度的基础上实行重点保护。

其中，公共通信和信息服务主要包括广电网、电信网、互联网，以及用户数量众多的网络服务商系统，如百度、阿里、腾讯等 IT 巨头运营的特定网络和系统等。公共服务主要是指重要行业和公共服务领域的重要信息系统，如供暖系统、银联交易系统、智能交通系统、供水管网信息管理系统、社保信息系统等。电子政务主要针对政府和事业单位，如电子政务系统、政府门户网站等。

1.2.2 国家网络空间安全战略界定的范围

目前，已有 60 多个国家（或地区）发布了网络空间战略，并将关键信息基础设施视为网络安全保障的重要对象。美国相继发布《网络空间战略》《网络安全国家行动计划》，强调关键信息基础设施安全防护的重要意义，提倡攻防兼备的战略理念。欧盟发布《网络与信息安全指令》，要求能源、交通等关键信息基础设施运营企业采取必要的安全措施。

《国家网络空间安全战略》第四章的战略任务中对国家关键信息基础设施给出了界定。国家关键信息基础设施是指关系国家安全、国计民生，一旦数据泄露、遭到破坏或者丧失功能可能严重危害国家安全、公共利益的信息设施，包括但不限于提供公共通信、广播电视传输等服务的基础信息网络，能源、金融、交通、教育、科研、水利、工业制造、医疗卫生、社会保障、公用事业等领域和国家机关的重要信息系统、重要互联网应用系统等。

与《网络安全法》对比，网络空间安全战略对基础网络进行了细化。指出提供公共通信、广播电视传输等服务为基础信息网络；从网络安全法界定的 4 个扩充到 11 个重要信息系统，其中能源、金融、交通和水利没有变化，新增教育、科研和工业制造，细化公共服务为医疗卫生和社会保障，细化电子政务为公用事业和国家机关；单独强调一类重要互联网应用系统，即重要互联网应用系统。

1.2.3　关键信息基础设施安全保护条例界定的范围

如果说《网络安全法》和《国家网络空间安全战略》对关键信息基础设施范围的界定还是比较宽泛，那么《关键信息基础设施安全保护条例》的界定范围则必须具有可操作性和可执行性。

《关键信息基础设施安全保护条例》对关键信息基础设施范围进行了界定。第十八条明确指出，下列单位运行、管理的网络设施和信息系统，一旦遭到破坏、丧失功能或者数据泄露，可能严重危害国家安全、国计民生、公共利益的，应当纳入关键信息基础设施保护范围：（一）政府机关和能源、金融、交通、水利、卫生医疗、教育、社保、环境保护、公用事业等行业领域的单位；（二）电信网、广播电视网、互联网等信息网络，以及提供云计算、大数据和其他大型公共信息网络服务的单位；（三）国防科工、大型装备、化工、食品药品等行业领域科研生产单位；（四）广播电台、电视台、通讯社等新闻单位；（五）其他重点单位。

与《网络安全法》和《国家网络空间安全战略》相比，《关键信息基础设施安全保护条例》新增了环境保护，新增国防科工、大型装备、化工、食品药品等行业领域科研生产单位，新增广播电台、电视台、通讯社等新闻单位，并特别提出，提供云计算、大数据和其他大型公共信息网络服务的单位都纳入关键信息基础设施范围。可以发现，关键信息基础设施保护范围在突出内涵特征上的范围更大。

《关键信息基础设施安全保护条例》更聚焦于关键信息基础设施范围认定中的资源界定和损害程度。在明文列举具体的关键信息基础设施类型之前，突出表明评判设施性质的核内涵特征在于其是否"一旦遭到破坏、丧失功能或者数据泄露，可能严重危害、国计民生、公共利益"，凸显了对关键信息基础设施安全保护工作根本价值的深刻认识。

对比《网络安全法》第三十一条"国家对公共通信和信息服务、能源、交通、水利、金融、公共服务、电子政务等重要行业和领域，以及其他一旦遭到破坏、丧失功能或者数据泄露，可能严重危害、国计民生、公共利益的关键信息基础设施"，可以发现，《关键信息基础设施安全保护条例》关键信息基础设施保护范围更大，将行业领域科研生产单位、新闻传播单位和大型公共信息网络服务单位等纳入保护。

公安部 2020 年 9 月 2 号印发《贯彻落实网络安全等级保护制度和关键信息基础设施安全保护制度的指导意见》（公网安〔2020〕1960 号），指导意见界定"公共通信和信息服务、能源、交通、水利、金融、公共服务、电子政务、国防科技工业等重要行业和领域的主管、监管部门"为关键信息基础设施安全保护工作部门。对比《网络安全法》《国家网络空间安全战略》和《关键信息基础设施安全保护条例》，公安部出台的指导意见清晰地从技术分类角度给出了关键信息基础设施的重点保护对象，要求这些保护工作部门"应将符合认定条件的基础网络、大型专网、核心业务系统、云平台、大数据平台、物联网、工业控制系统、智能制造系统、新型互联网、新兴通信设施等重点保护对象纳入关键信息基础设施"。

1.3　安全现状

网络空间（Cyberspace）是指由互联网、通信网、计算机系统、自动化控制系统、数字设备及其承载的应用、服务和数据等组成的空间。网络空间已经成为信息传播的新渠道、生产生活的新空间、经济发展的新引擎、文化繁荣的新载体、社会治理的新平台、交流合作的新纽带和国家主权的新疆域，正在全面改变人们的生产生活方式，深刻影响人类社会历史发展进程。

伴随《网络安全法》的出台，我国在网络空间安全领域取得巨大成绩。随着数字经济、智能制造的融合发展，大数据、云计算、人工智能、5G、工业互联网等基础技术深化应用，数据泄露、高危漏洞、网络攻击以及相关网络智能犯罪等网络安全问题呈现出新变化，严重危害国家关键信息基础设施安全，损害公民隐私安全，危及社会稳定。

网络空间安全的对抗多数代表的是关键信息基础设施的对抗。因此，网络空间安全的现状也是关键信息基础设施的安全现状。

1.3.1　安全生态持续优化

国家稳步推进网络安全相关立法计划。随着《网络安全法》的有序执行，我国网络安全顶层设计不断完善。《中华人民共和国密码法》正式出台，《关键信息基础设施安全保护条例》和《网络安全等级保护条例》有望即将出台，《数据安全法》草案全文公开并征求意见，《电信法》《个人信息法》列入全国人大常委会立法规划。

国家网络安全领域重要制度建设快速推进。《网络安全法》确立了多项重要制度，在网络安全保障体系中起到基础性作用。《网络安全审查办法》《数据安全管理办法》《儿童个人信息网络保护规定》《网络关键设备安全检测实施办法》《个人信息出境安全评估办法》《网络安全漏洞管理规定》《App违法违规收集使用个人信息行为认定办法》《网络信息内容生态治理规定》等重要制度相继完成或向社会公开征求意见。以《信息安全技术 网络安全等级保护基本要求》为代表的网络安全等级保护制度及有关标准陆续向社会发布。

国家重要行业制定网络安全指导意见。国家重要行业纷纷就网络安全工作出台指导建议，如国家能源局发布《关于加强电力行业网络安全工作的指导意见》，工业和信息化部会同九部门联合印发《加强工业互联网安全工作的指导意见》，教育部印发《关于加强教育行业网络与信息安全工作的指导意见》等。

新兴领域安全要求逐步细化。针对新技术引发的安全风险，国家出台《区块链信息服务管理规定》《云计算服务安全评估办法》，明确信息服务提供者的信息安全管理责任，对党政机关、关键信息基础设施运营者采购使用新技术提出更高安全要求。工业和信息化部印发《关于开展2019年IPv6网络就绪专项行动的通知》，提出"完善网络安全管理制度体系，同步升级防火墙/WAF、IDS/IPS、4A系统等IPv6网络安全防护手段"等系列增加网络安全保障的措施。中国人民银行印发《金融科技（FinTech）发展规划》，围绕大数据、云计算、人工智能等新兴技术在金融领域安全应用以及金融网络安全风险管控等提出细化措施。

1.3.2 安全事件层出不穷

当前网络安全形势日益严峻，国家政治、经济、文化、社会、国防安全及公民在网络空间的合法权益面临风险与挑战。国际之间网络空间对抗加剧，各国纷纷组建网络司令部，利用掌握的先进网络技术或攻击手段，干涉他国内政、攻击他国政治制度、煽动社会动乱、颠覆他国政权，攻击他国能源、交通、通信、金融等基础设施。APT组织肆意窃取用户信息、交易数据、位置信息和企业商业秘密，严重损害国家、企业和个人利益，影响社会和谐稳定。国际上争夺和控制网络空间战略资源、抢占规则制定权和话语权，利用本国文化误导价值取向，危害文化安全。除此之外，网络空间物理世界和虚拟世界模糊，网络空间安全呈现新的特点。国家互联网应急中心发布的《2019年我国互联网网络安全态势综述》报告对2019年的互联网网络安全状况进行了总结。下面是从该报告中摘选的部分内容。

一是个人信息和重要数据泄露频发，数据安全意识淡薄，数据安全面临高风险。我国境内大量使用的MongoDB、ElasticSearch、SQL Server、MySQL、Redis等主流数据库存在弱口令漏洞、未授权访问漏洞，导致数据泄露。据CNCERT抽样监测发现，我国境内互联网上用于 MongoDB 数据库服务的 IP 地址约 2.5 万个，其中存在数据泄露风险的 IP 地址超过 3000 个，涉及我国一些重要行业。鉴于此，我国境内面临严重的数据泄露风险。

二是针对我国重要网站的 DDoS 攻击事件高发，带有特殊目的、针对性更强的 APT 攻击越来越多。大规模 DDoS 事件中来自境外的流量占比超过 50.0%。APT 攻击逐步向各重要行业领域渗透，境外 APT 组织不仅攻击我国党政机关、国防军工和科研院所，还进一步向军民融合、"一带一路"、基础行业、物联网和供应链等领域扩展延伸，通信、外交、能源、商务、金融、军工、海洋等领域成为境外 APT 组织重点攻击对象。

三是利用钓鱼邮件发起有针对性的攻击频发。据 CNCERT 统计，仅 2019 年上半年，其监测发现的恶意电子邮件数量超过 5600 万封，涉及恶意邮件附件 37 万余个，平均每个恶意电子邮件附件传播次数约 151 次。2019 年，CNCERT 监测到重要党政机关部门遭受钓鱼邮件攻击数量达 50 多万次，月均 4.6 万封，其中携带漏洞利用恶意代码的 Office 文档成为主要载荷。

四是收集高危漏洞武器，重大活动和敏感时期攻击频发。近年来，WinRAR 压缩包管理软件、Microsoft 远程桌面服务、Oracle 组件等曝出存在远程代码执行漏洞，"零日"（0day）漏洞收录数量持续走高。"蔓灵花"组织就重点围绕我国 2019 年全国"两会"、新中国成立 70 周年等重大活动，大幅扩充攻击窃密武器库，利用了数十个邮箱发送钓鱼邮件，攻击了近百个目标，向多台重要主机植入了攻击窃密武器，对我国党政机关、能源机构等重要信息系统实施大规模定向攻击。

五是高强度技术对抗更加激烈。网络赌博、勒索病毒、挖矿病毒持续活跃，提供手机号资源的接码平台、提供 IP 地址的秒拨平台、提供支付功能的第四方支付平台和跑分平台、专门进行账号售卖的发卡平台、专门用于赌博网站推广的广告联盟等各类专业黑产平台不断产生。勒索病毒攻击活动越发具有目标性，且以文件服务器、数据库等存有重要数据的服务器为首要目标，通常利用弱口令、高危漏洞、钓鱼邮件等作为攻击入侵的主要途径或方式。勒索攻击表现出越来越强的针对性，攻击者针对一些有价值的特定单位目标进行攻击，利用较长时期的探测、扫描、暴力破解、尝试攻击等方式，进入目标单位服务器，再通过漏洞工具或黑客工具获取内部网络计算机账号密码实现在内部网络横向移动，攻陷并加密更多的服务器，从而产生高额获利，如 2019 年 6 月，勒索病毒 GandCrab 运营者称在一年半的时间内获利 20 亿美元。

六是生产网络 OT 和信息技术网络 IT 融合引入新的安全风险。随着工业互联网产业的不断发展，工业企业上云、工业产业链上下游协同显著增强，越来越多的工业行业的设备、系统暴露在互联网上，打破了工业控制系统的封闭性，带来了新的安全隐患。近些年工业控制产品漏洞数量依然居高不下，且多为高中危漏洞。工控终端产品缺少身份鉴别、访问控制等基本的安全元素，导致安全缺陷与漏洞数量居高不下。工业控制产品广泛应用于能源、电力、交通等关键信息基础设施领域，其安全性关乎经济社会的稳定运行。

Chapter 2

第 2 章 网络安全法

《中华人民共和国网络安全法》(以下简称《网络安全法》)是我国网络安全领域的基础性法律,其中第三章专门对关键信息基础设施的运行安全提出了具体要求。这体现了我国对关键信息基础设施安全的高度重视,表明我国对关键信息基础设施安全保护上升至前所未有的高度。关键信息基础设施安全保护(简称关保)制度成为国家网络空间的基本制度之一。

2.1 《网络安全法》的法律精髓

2.1.1 一部网络安全领域基础性法律

《网络安全法》是我国网络安全领域的基础性法律,是我国第一部网络安全领域的法律,也是我国第一部保障网络安全的基本法。《网络安全法》与现有《国家安全法》《保密法》《反恐怖主义法》《密码法》《反间谍法》《刑法》《治安管理处罚法》等,属同等地位的法律,不存在上下阶位关系。

2.1.2 二类责任主体

1. 监督管理者

《网络安全法》第八条明确规定,国家网信部门负责统筹协调网络安全工作和相关监督管理工作。国务院电信主管部门、公安部门和其他有关机关依照本法和有关法律、行政法规的规定，在各自职责范围内负责网络安全保护和监督管理工作。县级以上地方人民政府有关部门的网络安全保护和监督管理职责，按照国家有关规定确定。

根据《网络安全法》，网络安全的治理层级可分为统筹领导机构、统筹规划机构、统筹协调机构、监督管理机构、行业主管机构。统筹领导机构是指中央国家安全领导机构，主要是中央网络安全和信息化领导小组。统筹规划机构是指国务院和省、市、县各级人民政府。统筹协调机构是指各级网信办（负责协调网络安全工作和相关监督管理工作，协调关键信息基础设施的安全保护）。监督管理机构主要是指网络安全法中指定的网信办、公安机关和电信。行业主管机构重点是指国家的重要行业或领域的工作部门。

2．被监督管理者

非政府网络要素参与者就是通常意义上的监管对象，包括国家机关政务网络的运营者、网络运营者、电子信息发送服务提供者、应用软件下载服务提供者、关键信息基础设施的运营者、网络产品或者服务的提供者、被收集者、行业组织、大众传播媒介、企业和高校、职教培训机构、安全认证或者安全检测机构、安全管理负责人、关键岗位人员、从业人员、公民、法人和其他组织等。

2.1.3 三项基本原则

1．网络空间主权原则

《网络安全法》第一条"立法目的"开宗明义，明确规定要维护我国网络空间主权。网络空间主权是一国国家主权在网络空间中的自然延伸和表现。习近平总书记指出，《联合国宪章》确立的主权平等原则是当代国际关系的基本准则，覆盖国与国交往的各个领域，其原则和精神也应该适用于网络空间。各国自主选择网络发展道路、网络管理模式、互联网公共政策和平等参与国际网络空间治理的权利应当得到尊重。第二条明确规定，《网络安全法》适用于我国境内网络以及网络安全的监督管理。这是我国网络空间主权对内最高管辖权的具体体现。

2．网络安全与信息化发展并重原则

习近平总书记指出，安全是发展的前提，发展是安全的保障，安全和发展要同步推进。网络安全和信息化是一体之两翼、驱动之双轮，必须统一谋划、统一部署、统一推进、统一实施。《网络安全法》第三条明确规定，国家坚持网络安全与信息化并重，遵循积极利用、科学发展、依法管理、确保安全的方针；既要推进网络基础设施建设，鼓励网络技术创新和应用，又要建立健全网络安全保障体系，提高网络安全保护能力，做到"双轮驱动、两翼齐飞"。

3．共同治理原则

网络空间安全仅仅依靠政府是无法实现的，需要政府、企业、社会组织、技术社群和公民等网络利益相关者的共同参与。《网络安全法》坚持共同治理原则，要求采取措施鼓励全社会共同参与，政府部门、网络建设者、网络运营者、网络服务提供者、网络行业相关组织、高等院校、职业学校、社会公众等都应根据各自的角色参与网络安全治理工作。

2.1.4 一个意识、四个抓手

为了依法开展工作，便于监督管理责任主体履行网络安全义务，承担网络安全责任，在开展网络安全工作中，笔者总结，从"一个意识、四个抓手"来开展。

1．一个意识

重视网络安全意识形态，做好网络安全意识培训，提升网络安全防范能力。网络安全意识不仅需要有国家网络安全顶天意识，也要有个人防范技能立地意识。网络运营者面临的攻击源不能仅仅着眼国内，更有国家级对抗的风险。传统边界被动防御思维要彻底改变，隔离内网防御理念也要发生变化，要高度重视意识形态渗透。

2．四个抓手

两类责任主体在落实网络安全法工作中，总会面临工作开展需要关键抓手问题。剥离网络安全法的种种要求，关键在于网络安全等级保护、关键信息基础设施安全、个人信息保护和数据安全。因此，网络运营者和执法部门在工作开展中，要围绕上述四个抓手统筹网络安全和信息化工作。目前，国家在这四个抓手上高度重视，网络安全等级保护配套标准和制度已经出台，个人信息保护法和数据安全法陆续出台，关键信息基础设施管理条例也在征求意见中。具体参考本书后面章节。

2.1.5 五类主体安全义务

1．国家执法监督机构的安全义务

没有网络安全就没有国家安全，没有网络主权就没有网络空间安全。《网络安全法》赋予国家执法监督机构三个权力。一是对内的最高权，各国有权自主选择网络发展道路、网络管理模式、互联网公共政策；二是对外的独立权，各国有平等参与国际网络空间治理的权利；三是境外打击权，凡是境外对我国的关键基础设施基、重要数据、网络空间活动和信息通信网络进行破坏，可依法对境外个人或组织行使司法管辖权。

2．网络产品和服务提供者的安全义务

《网络安全法》第二十二条明确规定，网络产品、服务应当符合相关国家标准的强制性要求。网络产品、服务的提供者不得设置恶意程序；发现其网络产品、服务存在安全缺陷、

漏洞等风险时,应当立即采取补救措施,按照规定及时告知用户并向有关主管部门报告。网络产品、服务的提供者应当为其产品、服务持续提供安全维护;在规定或者当事人约定的期限内,不得终止提供安全维护。网络产品、服务具有收集用户信息功能的,其提供者应当向用户明示并取得同意;涉及用户个人信息的,还应当遵守本法和有关法律、行政法规关于个人信息保护的规定。

3. 网络运营者的安全义务

《网络安全法》将原来散见于各种法规、规章中的规定上升到人大法律层面,对网络运营者等主体的法律义务和责任做了全面规定,确定了相关法定机构对网络安全的保护和监督职责,明确了网络运营者应履行的安全义务,平衡了涉及国家、企业和公民等多元主体的网络权利与义务,协调政府管制和社会共治网络治理的关系,形成了以法律为根本治理基础的网络治理模式。

4. 个人信息保护的安全义务

《网络安全法》明确,运营者在收集个人信息时必须合法、正当、必要,收集应当与个人订立合同;个人信息一旦泄露、损坏、丢失,必须告知和报告,同时个人具有对其信息的删除权和更正权(删除权的两种情形:违反法律法规、约定的合同期限已满)。《网络安全法》首次给予个人信息交易一定的合法空间。

5. 关键信息基础设施运营者的安全义务

以立法的形式将国家主权范围内的关键信息基础设施列为国家重要基础性战略资源加以保护,已经成为各主权国家网络空间安全法治建设的核心内容和基本实践。《网络安全法》首次将关键信息基础设施安全保护制度以立法形式进行保护。

2.1.6 六类网络安全保护制度

《网络安全法》作为网络空间安全领域的法律,首次提出多项网络安全保护制度,分别是网络安全等级保护制度、网络安全审查制度、关键信息基础设施安全保护制度、用户实名制制度、个人信息安全保护制度、数据安全制度。

1. 网络安全等级保护制度

《网络安全法》第二十一条规定,国家实行网络安全等级保护制度。经过20多年的发展,国家确定实施网络安全等级保护制度从国家制度上升为国家法律;第三十一条规定,对可能严重危害国家安全、国计民生、公共利益的关键信息基础设施,在网络安全等级保护制度的基础上,实行重点保护。网络运营者要从定级备案、安全建设、等级测评、安全整改、监督检查角度,严格落实网络安全等级保护制度。

2．网络安全审查制度

《网络安全法》第三十五条规定，关键信息基础设施的运营者采购网络产品和服务，可能影响国家安全的，应当通过国家网信部门会同国务院有关部门组织的国家安全审查。网络安全审查制度的确立，为保障关键信息基础设施供应链安全提供保障。网络安全审查制度涉及网络安全产品和服务的市场准入制度、强制性安全检测制度、强制性安全认证制度。重点审查网络产品和服务的安全性、可控性，主要包括：产品和服务被非法控制、干扰和中断运行的风险；产品及关键部件研发、交付、技术支持过程中的风险；产品和服务提供者利用提供产品和服务的便利条件非法收集、存储、处理、利用用户相关信息的风险；产品和服务提供者利用用户对产品和服务的依赖，实施不正当竞争或损害用户利益的风险；其他可能危害国家安全和公共利益的风险。

3．关键信息基础设施安全保护制度

《网络安全法》第三十一条规定，"国家对公共通信和信息服务、能源、交通、水利、金融、公共服务、电子政务等重要行业和领域，以及其他一旦遭到破坏、丧失功能或者数据泄露，可能严重危害国家安全、国计民生、公共利益的关键信息基础设施，在网络安全等级保护制度的基础上，实行重点保护，关键信息基础设施的具体范围和安全保护办法由国务院制定。"这是我国首次在法律层面提出关键信息基础设施的概念和重点保护范围，标志了关键信息基础设施安全保护制度是国家网络空间安全领域的一项基本制度。

4．用户实名制度

《网络安全法》立法确立了网络实名制在我国的实施，第二十四条规定，网络运营者为用户办理网络接入、域名注册服务，办理固定电话、移动电话等入网手续，或者为用户提供信息发布、即时通信等服务，在与用户签订协议或者确认提供服务时，应当要求用户提供真实身份信息。用户不提供真实身份信息的，网络运营者不得为其提供相关服务。

在此之前，我国已经有相关的法律法规对实名制进行规定。2016年1月1日实施的《中华人民共和国反恐怖主义法》规定，电信、互联网、金融、住宿、长途客运、机动车租赁等业务经营者、服务提供者，应当对客户身份进行查验。对身份不明或者拒绝身份查验的，不得提供服务。2015年的《互联网用户账号名称管理规定》规定，互联网信息服务提供者应当按照"后台实名、前台自愿"的原则，要求互联网信息服务使用者通过真实身份信息认证后注册账号。2016年的《移动互联网应用程序信息服务管理规定》，要求移动互联网应用程序提供者按照"后台实名、前台自愿"的原则，对注册用户进行基于移动电话号码等真实身份信息认证。

5．个人信息安全保护制度

随着法律意识的增强，网络用户对个人信息安全保护日趋增强。《网络安全法》第四十条规定，网络运营者应当对其收集的用户信息严格保密，并建立健全用户信息保护制度；

第二十二条规定，网络产品、服务具有收集用户信息功能的，其提供者应当向用户明示并取得同意；涉及用户个人信息的，还应当遵守本法和有关法律、行政法规关于个人信息保护的规定。网络安全法对保护个人信息有了明确规定，如"网络运营者不得泄露、篡改、毁损其收集的个人信息""任何个人和组织不得窃取或者以其他非法方式获取个人信息，不得非法出售或者非法向他人提供个人信息"等。在网络安全法的指导下，国家标准《个人信息安全规范》和公安部《互联网个人信息安全保护指南》等陆续出台。

6．数据安全制度

《网络安全法》第三十七条规定，关键信息基础设施的运营者在中华人民共和国境内运营中收集和产生的个人信息和重要数据应当在境内存储。因业务需要，确需向境外提供的，应当按照国家网信部门会同国务院有关部门制定的办法进行安全评估；法律、行政法规另有规定的，依照其规定。数字经济时代，数据作为生产要素促进社会发展，是"新基建"背景的新型生产力。因此，建立数据安全制度、出台《数据安全法》也就顺理成章。

2.2 《国家网络空间安全战略》与《网络安全法》的关系

《国家网络空间安全战略》指出，保护关键信息基础设施作为维护国家网络空间安全的基本要求和重要任务，要坚持技术和管理并重、保护和震慑并举，切实加强关键信息基础设施安全防护。当前，我国关键信息基础设施安全防护仍面临的挑战不容小视，主要表现在：核心技术受制于人，潜在安全风险巨大；关键信息基础设施保护体系尚不健全，政企联动、监测、预警、响应和恢复能力体系有待完善；信息基础设施相关防御技术手段的研发处于初级阶段；网络安全人才还不能更好满足发展需求等。

理解网络空间安全战略和网络安全法之间的关系，树立动态防御、整体防御、主动防御的理念，有助于关键信息基础设施的安全管理。

1．相辅相成

《网络安全法》从法律上规定了我国在网络空间安全领域的基本制度，相关主体在网络空间安全方面的权利、义务和责任。《国家网络空间安全战略》则从政策层面对外宣示了我国在网络空间安全领域的基本目标、原则和任务。

2．动静结合

法律具有较大的稳定性，战略则会根据形势变化不断更新。《国家网络空间安全战略》对外是宣示中国对网络空间安全的基本立场和主张，明确中国在网络空间的重大利益；对内是指导国家网络安全工作的纲领性文件，即指导今后若干年网络安全工作的开展。《网络安全法》对外能够在国际合作竞争中，为保障国家和国民利益争取更多主动权；对内能够完善网络安全的法律制度，提高全社会的网络安全意识和网络安全的保护水平。

3．法律支撑

《网络安全法》第四条提出，"国家制定并不断完善网络安全战略，明确保障网络安全的基本要求和主要目标，提出重点领域的网络安全政策、工作任务和措施。"通过法律形式加以确定，使之成为强制性的、约束性的法律要求，能够保证网络安全战略制定"有法可依"，确保国家网络安全战略制定工作不因条件和人事变更而改变，确保网络安全战略制定工作的稳定开展和持续推进。

2.3 《网络安全法》的关键信息基础设施安全

《网络安全法》用近三分之一的篇幅立法规定了关键信息基础设施安全保护，确立了关键信息基础设施保护制度，界定了关键信息基础设施范围，全流程保护关键信息基础设施安全，对攻击、破坏我国关键信息基础设施的境外组织和个人规定了相应的惩治措施等。

1．立法为国家网络空间基本制度

金融、能源、电力、通信、交通等领域的关键信息基础设施是经济社会运行的神经中枢，是网络安全的重中之重，是网络战首当其冲的攻击目标。2016年4月19日，习近平总书记在网络安全和信息化工作座谈会上明确要求"树立正确的网络安全观，加快构建关键信息基础设施安全保障体系"。因此，《网络安全法》中提出"关键信息基础设施的具体范围和安全保护办法由国务院制定"，这标志着关键信息基础设施安全保护制度上升到法律，从法律层面立法为国家网络空间的基本制度之一。

2．确定国家关键信息基础设施内涵

《网络安全法》中首次明确了关键信息基础设施的原则性范围，规定"国家对公共通信和信息服务、能源、交通、水利、金融、公共服务、电子政务等重要行业和领域，以及其他一旦遭到破坏、丧失功能或者数据泄露，可能严重危害国家安全、国计民生、公共利益的关键信息基础设施，在网络安全等级保护制度的基础上，实行重点保护。"这是我国首次在法律层面提出关键信息基础设施的概念，明确关键信息基础设施涉及的主要行业和领域，为我国明确关键信息基础设施的定义范畴提供了法律依据，是开展关键信息基础设施安全保护的基础。

因此，关键信息基础设施的内涵在于"一旦遭到破坏、丧失功能或者数据泄露，可能严重危害国家安全、国计民生、公共利益"，该内涵可以作为界定关键信息基础设施范围的权威定义。

3．强化主体安全责任和法律责任

明确不同主体的安全责任以及相互关系是关键信息基础设施保护有效开展的前提。《网络安全法》明确了关键信息基础设施安全保护中国家、行业、运营者、个人等各方主体的责任义务以及法律责任。

《网络安全法》要求，国务院制定关键信息基础设施的具体范围和安全保护办法；行业主管编制并组织实施本行业、本领域的关键信息基础设施安全规划，指导和监督关键信息基础设施运行安全保护工作；关键信息基础设施运营者履行一般保护义务和增强保护义务，做好安全审查，做好重要数据出境的安全评估，定期开展检测评估。

同时，对境外的个人或者组织从事攻击、侵入、干扰、破坏等危害中华人民共和国的关键信息基础设施的活动，造成严重后果的，依法追究法律责任；国务院公安部门和有关部门可以决定对该个人或者组织采取冻结财产或者其他必要的制裁措施。

一旦违法上述规定，则面临责令改正、警告、没收违法所得、处罚、暂停相关业务、停业整顿、关闭网站、吊销相关业务许可证、吊销营业执照，甚至治安管理处罚和追究刑事责任。

4．全流程保护关键信息基础设施

《网络安全法》提出要在网络安全等级保护基础之上，实施重点保护；要求关基建设落实同步规划、同步建设、同步使用；规定采购的网络产品和服务应通过国家安全审查；规定采购的网络产品和服务应签到保密协议；规定重要数据要境内存储；规定要开展安全评估；建立网络安全监测预警和应急制度等，全流程保护关键信息基础设施。

《网络安全法》就像一个"管家"，对关键信息基础设施给出了每个流程上的保护，足见国家重视程度。

5．督促出台配套法规条例

在关键信息基础设施保护制度框架下，关基配套的法规办法也在陆续出台。2017年，网信办会同相关部门起草《关键信息基础设施安全保护条例（征求意见稿）》，颁布《个人信息和重要数据出境安全评估办法（征求意见稿）》，发布《网络关键设备和网络安全专用产品目录（第一批）》公告，对关键信息基础设施的保护要求、重要数据和产品目录进行了细化。2020年，国家互联网信息办公室、国家发改委等12个部门联合发布了《网络安全审查办法》，更是通过法规方式及早发现并避免采购产品和服务时，给关键信息基础设施运行带来风险和危害，保障关键信息基础设施供应链安全，维护国家安全。

法律的生命力在于实施，法律的权威也在于实施。随着关键信息基础设施保护力度的加强，后面还有很多配套法规标准陆续出台。

2.4 基于《网络安全法》的关键信息基础设施解析

关键信息基础设施安全防护关乎国计民生。金融、能源、电力、通信、交通等领域的关键信息基础设施是经济社会运行的神经中枢,是网络安全的重中之重。这些基础设施一旦被攻击就可能导致交通中断、金融紊乱、电力瘫痪等问题,具有很大的破坏性和杀伤力。因此,关键信息基础设施运营者要做好网络安全保护工作,按照网络安全法要求履行网络安全义务,承担网络安全责任。

2.4.1 建立健全网络安全管理制度

关键信息基础设施运营者重点建立健全网络安全管理制度。一是在《国家安全法》确立的信息网络产品与服务的国家安全审查制度基础上,进一步提出关键信息基础设施运营者采购网络产品和服务的网络安全审查制度。二是确立关键信息基础设施的重要数据跨境安全评估制度。三是确立在网络安全等级保护制度的基础上,实行关键信息基础设施的重点保护。

关键信息基础设施涉及的行业主管部门通过制度的方式,明确规定负责关键信息基础设施安全保护工作的部门,要按照国务院规定的职责分工,分别编制并组织实施本行业、本领域的关键信息基础设施安全规划,指导和监督关键信息基础设施运行安全保护工作。这既明确了相关主管部门要在职权范围内切实履行保护关键信息基础设施的职责,也规定了分行业、分领域制定专门保护规划的基本工作方法。

2.4.2 完善一般安全保护义务

在日常安全维护方面,关键信息基础设施运营者既要遵循网络安全等级保护制度对一般信息系统的安全要求,也要履行更加严格的安全保护义务。

《网络安全法》第二十一条规定了国家实行网络安全等级保护制度。网络运营者应当按照网络安全等级保护制度的要求,履行下列安全保护义务,保障网络免受干扰、破坏或者未经授权的访问,防止网络数据泄露或者被窃取、篡改:

(一)制定内部安全管理制度和操作规程,确定网络安全负责人,落实网络安全保护责任;

(二)采取防范计算机病毒和网络攻击、网络侵入等危害网络安全行为的技术措施;

(三)采取监测、记录网络运行状态、网络安全事件的技术措施,并按照规定留存相关的网络日志不少于六个月;

(四)采取数据分类、重要数据备份和加密等措施;

(五)法律、行政法规规定的其他义务。

《网络安全法》第三十四条规定,除了本法第二十一条的规定,关键信息基础设施的运营者还应当履行下列安全保护义务：

（一）设置专门安全管理机构和安全管理负责人，并对该负责人和关键岗位的人员进行安全背景审查；

（二）定期对从业人员进行网络安全教育、技术培训和技能考核；

（三）对重要系统和数据库进行容灾备份；

（四）制定网络安全事件应急预案，并定期进行演练；

（五）法律、行政法规规定的其他义务。

实行网络安全等级保护制度主要包括制定内部安全管理制度和操作规程，采取预防性技术措施，监测网络运行状态并留存网络日志以及重要数据备份和加密等。在安全保护义务方面包括对"人"的安全义务和对"系统"的安全义务两方面：对"人"的安全义务包括设置专门的管理机构和负责人、对负责人和关键岗位人员进行安全背景审查、定期对从业人员进行教育培训和技能考核；对"系统"的安全义务包括对重要系统和数据库进行容灾备份、制定网络安全事件应急预案并定期组织演练等。

《网络安全法》第三十八条规定了对于关键信息基础设施整体安全性和可能存在的风险，还规定了定期检测评估制度。关键信息基础设施的运营者应当自行或者委托网络安全服务机构对其网络的安全性和可能存在的风险每年至少进行一次检测评估，并将检测评估情况和改进措施报送相关负责关键信息基础设施安全保护工作的部门。

关键信息基础设施的运营者不履行本法第三十四条、第三十八条规定的网络日常安全保护义务的，由有关主管部门责令改正，给予警告；拒不改正或者导致危害网络安全等后果的，处10万元以上100万元以下罚款，对直接负责的主管人员处1万元以上10万元以下罚款。

2.4.3 做好增强安全保护义务

鉴于关键信息基础设施的重要性，《网络安全法》对于其供应链安全和数据留存传输作出了特殊规定。

《网络安全法》第三十五条规定，关键信息基础设施的运营者采购网络产品和服务，可能影响国家安全的，应当通过国家网信部门会同国务院有关部门组织的国家安全审查。

《网络安全法》第三十六条规定，关键信息基础设施的运营者采购网络产品和服务，应当按照规定与提供者签订安全保密协议，明确安全和保密义务与责任。

规定关键信息基础设施的运营者采购网络产品和服务，可能影响国家安全的，这些网络产品和服务应当通过国家安全审查。这一审查属于《国家安全法》第五十九条规定建立的国家安全审查制度的一部分，属于对影响或者可能影响国家安全的"网络信息技术产品和服务"的审查。这一审查由国家网信部门会同国务院有关部门组织实施；还规定，采购这些网络产品和服务时，关键信息基础设施运营者应当与提供者签订安全保密协议，明确安全和保密义务与责任。

《网络安全法》第三十七条规定，关键信息基础设施的运营者在中华人民共和国境内运营中收集和产生的个人信息和重要数据应当在境内存储。因业务需要，确需向境外提供的，应当按照国家网信部门会同国务院有关部门制定的办法进行安全评估；法律、行政法规另有规定的，依照其规定。

如果在特殊安全保障义务方面没有做到，则需要承担法律责任。

关键信息基础设施的运营者不履行本法第三十六条规定的网络安全保护义务的，由有关主管部门责令改正，给予警告；拒不改正或者导致危害网络安全等后果的，处10万元以上100万元以下罚款，对直接负责的主管人员处1万元以上10万元以下罚款。

关键信息基础设施的运营者违反本法第三十五条规定，使用未经安全审查或者安全审查未通过的网络产品或者服务的，由有关主管部门责令停止使用，处采购金额一倍以上十倍以下罚款；对直接负责的主管人员和其他直接责任人员处1万元以上10万元以下罚款。

关键信息基础设施的运营者违反本法第三十七条规定，在境外存储网络数据，或者向境外提供网络数据的，由有关主管部门责令改正，给予警告，没收违法所得，处5万元以上50万元以下罚款，并可以责令暂停相关业务、停业整顿、关闭网站、吊销相关业务许可证或者吊销营业执照；对直接负责的主管人员和其他直接责任人员处1万元以上10万元以下罚款。

2.4.4 建议关键信息基础设施运营者的重点工作

1．网络安全等级保护制度

《网络安全法》第二十一条确定，实施网络安全等级保护制度从国家制度上升为国家法律。第三十一条要求对可能严重危害国家安全、国计民生、公共利益的关键信息基础设施，在网络安全等级保护制度的基础上实行重点保护。

2．网络建设三同步原则

《网络安全法》第三十三条规定，建设关键信息基础设施应当确保其具有支持业务稳定、持续运行的性能，并保证安全技术措施同步规划、同步建设、同步使用。

建议从项目立项、安全需求、安全设计、安全开发、安全测试、系统上线、系统验收、系统废止全生命周期落实三同步原则。

3．网络安全事件应急预案

关键信息基础设施运营者应制定应急预案应覆盖所有网络安全场景，对相关人员开展应急预案培训。结合发生的安全事件和面临的安全风险，制定符合自身组织架构的网络安全应急预案，同时，预案中明确内部及业务部门的应急响应责任，准备措施以及应对突发事件的配合机制，并组织演练。

4．建立健全网络安全监测预警和信息通报制度

要充分利用大数据分析和云计算技术，开展资产感知、脆弱性感知、安全事件感知和异常行为感知工作。加强网络安全信息的合作、分享，提高保障能力，建立分析报告和情报共享、研判处置和通报应急工作机制。坚决杜绝心存侥幸、瞒报、少报安全事件的发生。

5．数据主权工作

根据国家网络空间主权原则，可依法对境外个人或组织对我国境内的网络破坏活动行使司法管辖权，即具有域外的效力。

《网络安全法》第七十五条特别规定，"境外的个人或者组织从事攻击、侵入、干扰、破坏等危害中华人民共和国的关键信息基础设施的活动，造成严重后果的，依法追究法律责任；国务院公安部门和有关部门并可以决定对该个人或者组织采取冻结财产或者其他必要的制裁措施。"

6．落实安全审查制度

对可能影响国家安全的，应当通过国家网信部门会同国务院有关部门组织的国家安全审查。同时，应当按照规定与提供者签订安全保密协议，明确安全和保密义务与责任。安全产品或服务采用强制性标准要求，并通过具备资格的机构安全认证合格或者安全检测符合要求。

7．开展内部审计

重要行业要主动开展审计工作，否则将会受到处罚。

不采用三同步、不履行义务、不签署安全保密协议、不开展风险评估，对主管部门处10万元以上100万元以下罚款，对直接负责的主管人员处1万元以上10万元以下罚款。

使用未经安全审查或者安全审查未通过的网络产品或者服务的，由有关主管部门责令停止使用，处采购金额1倍以上10倍以下罚款；对直接负责的主管人员和其他直接责任人员处1万元以上10万元以下罚款。

在境外存储网络数据，或者向境外提供网络数据的，由有关主管部门责令改正，给予警告，没收违法所得，处5万元以上50万元以下罚款，并可以责令暂停相关业务、停业整顿、关闭网站、吊销相关业务许可证或者吊销营业执照；对直接负责的主管人员和其他直接责任人员处1万元以上10万元以下罚款。

8．建立实施关键信息基础设施保护制度

制度要坚持技术和管理并重、保护和震慑并举的原则。技术要覆盖安全识别、防护、检测、预警、响应、处置、恢复等环节。这就需要行业部门在管理、技术、人才、资金等方面加大投入。

9．个人信息安全

重要行业邀请确保其收集的个人信息安全，防止信息泄露、毁损、丢失。

对个人信息收集或使用环节应以明确、易懂和合理的方式如实公示其收集或使用个人信息的目的、个人信息的收集和使用范围、个人信息安全保护措施等信息，接受公共监督。

在个人信息保护制度实施过程中，要做好审计、权限分配和访问控制，避免因内部工作人员因职权便利，违规查询或批量下载客户个人信息和交易记录。

10．工业控制系统、大数据、云平台、物联网等新技术网络安全

随着新技术的发展，行业部门在大数据平台、"互联网+"创新应用、数据中心和云计算方面旺盛需求，新技术安全不容忽视。同时，以生产控制系统为业务的工业控制系统和工业互联网，也是防护的重点，不容忽视。

2.5 实施过程中面临的挑战

2017 年 8 月，为了解《网络安全法》和《全国人大常委会关于加强网络信息保护的决定》实施情况，查找问题，剖析原因，提出建议，着力推进法律实施中重点、难点问题的解决，全国人大常委会在多个省区市开展了"一法一决定"执法检查。执法检查采用委托第三方机构、检查组随机选取，在运营单位不知情的情况下完成检测的方式，检查组从网络安全意识亟待增强、网络安全基础建设总体薄弱、网络安全风险和隐患突出、用户个人信息保护工作形势严峻、网络安全执法体制有待进一步理顺、网络安全法配套法规有待完善、网络安全人才短缺等七方面总结了网络安全工作中存在的困难和问题，也从七方面提出了贯彻实施"一法一决定"的建议。这些困难和问题现在仍然存在。

2.5.1 网络安全执法体制和部门职责

检查组认为，网络安全监管"九龙治水"现象仍然存在，权责不清、各自为战、执法推诿、效率低下等问题尚未有效解决，法律赋予网信部门的统筹协调职能履行不够顺畅。一些地方网络信息安全多头管理问题比较突出，但在发生信息泄露、滥用用户个人信息等信息安全事件后，用户又经常遇到投诉无门、部门之间推诿扯皮的问题。这本来就是现状，但《网络安全法》不但没有解决这一问题，反而在"法律责任"部分使用了大量"有关主管部门"，加剧了这一矛盾，比如行政执法过程中存在不同执法部门对同一单位、同一事项重复检查且检查标准不一等问题，不同法律实施主管机关采集的数据还不能实现"互联互通"，经常给网络运营商增加额外负担。检查组特别指出，如果不能合理定位，准确厘清部门之间的职责，等级保护制度和关键信息基础设施保护制度落实过程中也会产生执法不协

调问题。关键信息基础设施中80%的都是工业控制系统，工业控制系统保护要求是网络安全等级保护的扩展要求，诸如此类都需要厘清职责。

《网络安全法》的执法案例数不胜数，但现有执法案例所援引的条款在《网络安全法》中的比例偏低。换言之，现在公开报道或者网络安全厂商大量转发的《网络安全法》大量执法案例，实际上主要集中在法律的个别条款，对部门有利就执行，对厂商有利就转发，如违反《网络安全法》第二十一条，违反《网络安全法》第二十四条和第十二条。正如《网络安全法》的立法定位主要解决网络安全和信息化领域的安全问题，因此执法不仅包括网络安全等级保护，还包括关键信息基础设施安全、数据安全、互联网信息内容安全。

2.5.2 《网络安全法》配套法规和制度细则

检查组反馈，网络安全法作为网络安全管理方面的基础性法律，不少内容还只是原则性规定，真正"落地"还有赖于配套制度的完善。比如，网络安全法虽然对数据安全和利用作了规定，但现实中数据运用比较复杂，数据脱敏标准、企业间数据共享规则等，仍然需要有关法规规章予以明确；网络安全法仅明确了关键信息基础设施运营者数据出境需进行评估，但其他网络运营者掌握的重要数据出境是否进行安全评估，尚待进一步明确。关键信息基础设施保护制度是网络安全法一项重要制度，但对于什么是关键信息基础设施、关键信息基础设施认定的标准和程序等，目前认识尚不一致，需要配套法规予以明确。因此，关键信息基础设施的合规性安全也是本书尝试要梳理的议题。

问题仍然存在的核心是要解决概念和对象问题，明确说法问题。法律有滞后性，这是天然决定的。然而，信息技术应用日新月异，网络安全风险挑战快速变化，又决定了很多问题可能来不及研究。因此，在国家大的法律条款框架内，明确执法过程中说法或给出操作指南，哪怕是地方性的规定，这对网络安全类执法来讲意义重大。同时，如果某项制度在研究中或执行中就遇到了阻碍，尤其是部门之间没有取得共识，强行立法是否合适？或者出台一个细则，从基本点上先达成共识，共同推进。

2.6 关于关键信息基础设施采购网络产品和服务的说明

《网络安全法》规定了关键信息基础设施运营者在采购网络安全服务时要满足的基本要求，主要包括网络产品和安全服务提供者的强制性要求、网络关键设备和网络安全专用产品的安全认证和安全检测制度、漏洞扫描和利用、网络安全服务人员管理等。网络产品和服务提供者需要认真对待。

2.6.1 必知的强制性要求

1. 约束要求

《网络安全法》第二十二条规定,网络产品、服务应当符合相关国家标准的强制性要求。网络产品、服务的提供者不得设置恶意程序;发现其网络产品、服务存在安全缺陷、漏洞等风险时,应当立即采取补救措施,按照规定及时告知用户并向有关主管部门报告。

同时,进一步约束网络产品、服务的提供者应当为其产品、服务持续提供安全维护;在规定或者当事人约定的期限内,不得终止提供安全维护。

网络产品、服务具有收集用户信息功能的,其提供者应当向用户明示并取得同意;涉及用户个人信息的,还应当遵守本法和有关法律、行政法规关于个人信息保护的规定。

特别强调不得设置恶意程序,执行双告知特别是要向有关主管部门报告,不得随意终止提供安全服务。这里还提出了对用户信息收集的相关要求,请读者参考后面的章节内容。

2. 法律责任

《网络安全法》第六十条规定,违反本法第二十二条第一款、第二款和第四十八条第一款规定,有下列行为之一的,由有关主管部门责令改正,给予警告;拒不改正或者导致危害网络安全等后果的,处5万元以上50万元以下罚款,对直接负责的主管人员处1万元以上10万元以下罚款:

(一)设置恶意程序的;

(二)对其产品、服务存在的安全缺陷、漏洞等风险未立即采取补救措施,或者未按照规定及时告知用户并向有关主管部门报告的;

(三)擅自终止为其产品、服务提供安全维护的。

《网络安全法》第六十四条规定,网络运营者、网络产品或者服务的提供者违反本法第二十二条第三款、第四十一条至第四十三条规定,侵害个人信息依法得到保护的权利的,由有关主管部门责令改正,可以根据情节单处或者并处警告、没收违法所得、处违法所得1倍以上10倍以下罚款,没有违法所得的,处100万元以下罚款,对直接负责的主管人员和其他直接责任人员处1万元以上10万元以下罚款;情节严重的,并可以责令暂停相关业务、停业整顿、关闭网站、吊销相关业务许可证或者吊销营业执照。

违反本法第四十四条规定,窃取或者以其他非法方式获取、非法出售或者非法向他人提供个人信息,尚不构成犯罪的,由公安机关没收违法所得,并处违法所得1倍以上10倍以下罚款,没有违法所得的,处100万元以下罚款。

2.6.2 产品认证和检测制度

《网络安全法》第二十三条规定,网络关键设备和网络安全专用产品应当按照相关国家标准的强制性要求,由具备资格的机构安全认证合格或者安全检测符合要求后,方可销售或者提供。国家网信部门会同国务院有关部门制定、公布网络关键设备和网络安全专用产品目录，并推动安全认证和安全检测结果互认，避免重复认证、检测。

也就是说，网络产品和安全服务提供者所提供的产品必修经过许可。产品销售许可制度的实施主要是公安部的计算机信息系统安全专用产品销售许可证和工信部的电信产品进网许可证；另一个重点是国家会陆续分批次出台网络关键设备和网络安全专用产品目录，该项工作由网信部门负责。今后核心关键在于如何避免重复认证、检测，变相检测，一个产品涉及多部门多名目的认证检测等问题。

2.6.3 限制发布网络安全信息

1. 约束要求

《网络安全法》第二十六条规定，开展网络安全认证、检测、风险评估等活动，向社会发布系统漏洞、计算机病毒、网络攻击、网络侵入等网络安全信息，应当遵守国家有关规定。

本条的核心是网络产品和安全服务提供者，即第三方安全服务要守法；特别提到发布系统漏洞、病毒和攻击、入侵安全信息的，要遵守国家规定如《网络安全威胁信息发布管理办法（征求意见稿）》《网络安全漏洞管理规定(征求意见稿)》。这里要提醒提供安全服务的厂商要关注这一条，避免再出现类似停业整顿这样的悲剧。

2. 法律责任

《网络安全法》第六十二条规定，违反本法第二十六条规定,开展网络安全认证、检测、风险评估等活动，或者向社会发布系统漏洞、计算机病毒、网络攻击、网络侵入等网络安全信息的，由有关主管部门责令改正，给予警告；拒不改正或者情节严重的，处 1 万元以上 10 万元以下罚款，并可以由有关主管部门责令暂停相关业务、停业整顿、关闭网站、吊销相关业务许可证或者吊销营业执照，对直接负责的主管人员和其他直接责任人员处 5000 元以上 5 万元以下罚款。

2019 年 11 月 20 日，国家互联网信息办公室向社会公开征求对《网络安全威胁信息发布管理办法（征求意见稿）》。在介绍出台背景中，明确指出有组织或个人打着研究、交流、传授网络安全技术的旗号，随意发布计算机病毒、木马、勒索软件等恶意程序的源代码和制作方法，以及网络攻击、网络侵入过程和方法的细节，为恶意分子和网络黑产从业人员提供了技术资源，降低了网络攻击的门槛；有组织或个人未经网络运营者同意，公开网络规划设计、拓扑结构、资产信息、软件代码等属性信息和脆弱性信息，容易被恶意分子利用威胁网络运营者网络安全，特别是关键信息基础设施的相关信息一旦被公开，危害更大；部分网络安全企业和机构为推销产品、赚取眼球，不当评价有关地区、行业网络安全攻击、事件、风险、脆弱性状况，误导舆论，造成不良影响；部分媒体、网络安全企业随意发布网络安全预警信息,夸大危害和影响,容易造成社会恐慌。

2.6.4 严禁网络安全漏洞验证和利用

为关键信息基础设施提供安全服务的网络运营者,严禁在关键信息基础设施场景下进行漏洞验证和利用。

2019 年 6 月,工业和信息化部会同有关部门起草了《网络安全漏洞管理规定(征求意见稿)》,在第二条中明确指出,中华人民共和国境内网络产品、服务提供者和网络运营者,以及开展漏洞检测、评估、收集、发布及相关竞赛等活动的组织或个人,应当遵守本规定。

漏洞验证工作通常有产品供应商、系统开发方、运营服务方、设备或系统的提供者/开发者来负责。也就是说,验证漏洞不是第三方服务或企业来做验证。一旦违反,有关主管部门可责令其暂停相关业务、停业整顿、关闭网站、吊销相关业务许可证或者吊销营业执照,并对直接负责的主管人员和其他直接责任人员处 5000 元以上 5 万元以下罚款等,甚至追究刑事责任和民事责任。

2.6.5 安全服务人员准入要求

凡违反《网络安全法》规定的违法行为,应记入信用档案并予以公示。《网络安全法》第七十一条规定,有《网络安全法》规定的违法行为的,依照有关法律、行政法规的规定记入信用档案,并予以公示。同时,《网络安全法》第七十四条规定,违反本法规定,给他人造成损害的,依法承担民事责任。违反本法规定,构成违反治安管理行为的,依法给予治安管理处罚;构成犯罪的,依法追究刑事责任。

对违反《网络安全法》第二十七条规定,受到治安管理处罚的人员,五年内不得从事网络安全管理和网络运营关键岗位的工作;受到刑事处罚的人员,终身不得从事网络安全管理和网络运营关键岗位的工作。

也就是说,从事网络安全服务或者运营的人员不能有违反《网络安全法》的记录。

Chapter 3

第 3 章
网络安全审查

网络安全审查是在中央网络安全和信息化委员会领导下，为保障关键信息基础设施供应链安全，维护国家安全而建立的一项重要制度。2020 年 4 月，国家互联网信息办公室、国家市场监督管理总局等 12 个部门联合发布了《网络安全审查办法》，并于 2020 年 6 月 1 日起正式实施。

3.1 网络安全审查的意义和目的

3.1.1 网络安全审查是维护国家安全利益的意志体现

全球进入软件供应链时代，供应链安全攻击成为当前主要攻击手段。近年来，全球范围内针对关键信息基础设施的网络攻击行为不断攀升，涉及金融、医疗卫生、交通、能源、工业控制等领域，如 opensll 心脏滴血漏洞，影响范围广泛、程度严重。知名安全企业赛门铁克发布报告，2018 年全球供应链网络攻击暴增 78%，且 2019 年仍在持续扩大增长。软件供应链攻击针对开源第三方产品的安全漏洞或脆弱环节，通过入侵和感染联网设备、重要系统，造成设备破坏、系统崩溃、敏感数据丢失等后果，以实现对关键信息基础设施的破坏性打击，针对设备制造商、第三方服务提供商等的供应链攻陷成为主要攻击手段。软件供应链涉及范围广泛，防范难度巨大，单兵作战或地方打击无法打击全球新的攻击，因此必须依靠国家力量，采取有效安全审查方法，维护国家安全。

网络安全审查制度是各国主要落实关键信息基础设施安全保护的通行做法。为加强对关键信息基础设施和重要信息系统的保护，确保信息产品和服务安全性，美国、英国、德国、澳大利亚、俄罗斯等国已纷纷建立网络安全审查制度。通过开展网络安全审查，预判和检查产品及服务投入使用后可能带来的网络安全风险，防范因供应链产品安全漏洞引发的安全事件，从源头上消除安全隐患。

网络安全审查是国家维护国家安全利益的意志体现。2014年5月22日，中华人民共和国国家互联网信息办公室发布公告称，"为维护国家网络安全、保障中国用户合法利益，对关系国家安全和公共利益的系统使用的、重要信息技术产品和服务，应通过网络安全审查"，标志国家要实行网络安全审查制度。2017年正式实施的《网络安全法》第三十五条明确，"关键信息基础设施的运营者采购网络产品和服务，可能影响国家安全的，应当通过国家网信部门会同国务院有关部门组织的国家安全审查"，标志网络安全审查制度法制化。随后，国家出台《网络产品和服务安全审查办法（试行）》，修正、完善了试行办法中的欠妥之处与工作不足，最终于2020年4月正式对外发布《网络安全审查办法》。

3.1.2 网络安全审查是国家网络安全治理的手段

关键信息基础设施网络安全事件频出，需要对网络安全风险开展主动防御。当前，我国政府机关、能源、金融、交通、通信等重要行业领域关键信息基础设施的网络安全状况日趋严峻。2019年，国外陆续发生多起电力系统遭漏洞攻击或加密勒索攻击的恶性事件，引发城市大范围停电，严重影响了当地经济社会正常运转。在5G网络加快覆盖的大背景下，关键信息基础设施暴露在互联网上的情况持续增多。由于承载服务、信息的高价值性，针对关键信息基础设施的网络窃密、远程破坏攻击、勒索攻击会持续增加。关键信息基础设施的安全问题将受到强烈关注，需要从被动防御转移到主动防御，需要从网络安全法转移到法律执行细化上来，需要从指导转移到安全执行上来。

网络安全审查是网络安全防范的可信根。伴随5G、工业互联网、大数据中心、云计算等新一代数字基础设施规模化建设和应用，关键信息基础设施承载与国家安全和经济发展密切相关的核心业务和海量数据，应用到关键信息基础设施的网络产品、安全服务和软件的安全对关基安全影响巨大。国家工业信息安全发展研究中心调查发现，很多知名工控厂商提供的设备中存在安全漏洞，其中中高危漏洞占较大比例，一旦被攻击入侵，将可能造成生产停滞、断水断电、重大经济损失等后果。开展严格的网络安全审查，从根本上防堵安全漏洞和隐患，是现阶段防范安全风险的适时之举，是国家网络安全综合治理的必要手段。国家出台《网络安全审查办法》，一是明确和细化了我国网络安全审查的具体要求，为关键信息基础设施运营者申报审查提供了指引，二是构建起了多部门协同配合的组织体系，为关键系统设备上线运行及服务采购设立了严格的安全门槛，三是建立了网络安全产品和服务安全风险预判机制，从识别威胁、化解风险的角度，推动安全关口前移，强化供应链安全风险管控，提升网络安全保障水平。

3.1.3　网络安全审查是国家主权的体现

网络安全审查目的是维护国家网络安全。我国同世界的合作和竞争越来越紧密，命运共同体的理念日益获得国际认可。改革开放的实践证明，坚持国家主权，坚持改革开放是长期坚持的一项基本国策。国家互联网信息办公室就《网络安全审查办法》相关问题时强调，"网络安全审查的目的是维护国家网络安全，不是要限制或歧视国外产品和服务。对外开放是我们的基本国策，我们欢迎国外产品和服务进入中国市场的政策没有改变。"

网络安全审查目的是网络安全底线思维的表现。没有网络安全就没有国家安全，只要相关产品或服务严格符合中国网络安全的标准与要求，就可以在国家关键信息基础设施中使用，这是在涉及网络安全和国家安全的核心问题上的底线和红线。对外引入的安全产品和服务，必须建立在遵守中国法律、确保国家安全基础上的安全有序开放，这就是国家主权的重要表现，即对外有反制权、对内有管理权。

3.2　网络安全审查的主要内容

《网络安全审查办法》共二十二条，主要内容包括设立审查机构、完善法律法规、制定评估标准、开展第三方认证等，对于关键产品例如政府机构、交通、电力等领域的产品，从技术构成、安全性能、配套服务、交付方法等方面开展全面审查，排查安全风险和漏洞，降低安全隐患可能带来的风险。

3.2.1　适用主体和审查内容

《网络安全审查办法》第二条明确了审查的适用主体，即关键信息基础设施运营者采购网络产品和服务，影响或可能影响国家安全的，应当进行网络安全审查。关于关键信息基础设施的范围，请读者参考前面章节内容。

对于适用主体，我们需进一步深入理解。凡是运营的网络设备遭到破坏、丧失功能或者数据泄露后，可能严重危害到国家安全、国计民生、公共利益的，则这些单位都会被认定为关键信息基础设施运营者，不仅是国家行业，还包括民营企业。因此，在采购网络产品和服务时，如果所采购的产品或服务有可能影响到国家安全的，就需要开展审查。

关键信息基础设施运营者采购网络产品和服务如果可能带来下面的国家安全风险，则必须进行审查：

（一）产品和服务使用后带来的关键信息基础设施被非法控制、遭受干扰或破坏，以及重要数据被窃取、泄露、毁损的风险；

（二）产品和服务供应中断对关键信息基础设施业务连续性的危害；

（三）产品和服务的安全性、开放性、透明性、来源的多样性，供应渠道的可靠性，以及因为政治、外交、贸易等因素导致供应中断的风险；

（四）产品和服务提供者遵守中国法律、行政法规、部门规章情况；其他可能危害关键信息基础设施安全和国家安全的因素。

为了规避风险，建议采购列入目录的网络关键设备和网络安全专用产品。网络安全审查办法中所指的网络产品和服务主要指核心网络设备、高性能计算机和服务器、大容量存储设备、大型数据库和应用软件、网络安全设备、云计算服务，以及其他对关键信息基础设施安全有重要影响的网络产品和服务。

需要提醒的是，网络产品和服务与网络关键设备和网络安全专用产品的区别。网络关键设备和网络安全专用产品是由《网络安全法》首次提出的概念，但并未对其给出具体的定义，其前身是公安等部门要求进行检测认证的计算机信息系统安全专用产品。随后，国家互联网信息办公室会同工业和信息化部、公安部、国家认证认可监督管理委员会等部门颁布《网络关键设备和网络安全专用产品目录（第一批）》，首次明确了网络关键设备和网络安全专用产品的类型，包括路由器、交换机、服务器（机架式）、PLC 设备等 4 种网络关键设备，以及数据备份一体机、防火墙、入侵检测系统等 11 种网络安全专用产品。具体产品或设备请查询国家网信办网站 http://www.cac.gov.cn/2017-06/09/c_1121113591.htm。

3.2.2 审查方式

网络安全审查方式包括民间审查和官方审查。

一是由关键信息基础设施运营者自行民间审查。《网络安全审查办法》第五条指出，"关键信息基础设施运营者采购网络产品和服务的，应当预判该产品和服务投入使用后可能带来的国家安全风险。影响或者可能影响国家安全的，应当向网络安全审查办公室申报网络安全审查"。也就是说，关键信息基础设施运营者在采购网络产品和服务时，通过自我预判认为所采购的产品和服务在投入使用后可能给国家带来安全风险，影响或者可能影响国家安全的，在制作安全风险报告后，向网络安全审查办公室进行申报，进入政府审查程序。同时，针对自查要求，关键信息基础设施保护工作部门需要制定本行业、本领域的预判指南，以更好地帮助主管的行业或企业把握风险，保障网络安全。

二是由网络安全审查工作机制成员单位启动官方审查。《网络安全审查办法》第四条确定了网络安全审查工作机制成员单位，即在中央网络安全和信息化委员会领导下，国家互联网信息办公室会同国家发展和改革委员会、工业和信息化部、公安部、国家安全部、财政部、商务部、中国人民银行、国家市场监督管理总局、国家广播电视总局、国家保密局、国家密码管理局建立国家网络安全审查工作机制。这些组成成员共同组成网络安全审查工作机制成员单位，当网络安全审查工作机制成员单位认为影响或可能影响国家安全的，网络安全审查办公室按照程序报中央网络安全和信息化委员会批准，启动审查程序。

无论民间审查还是官方审查，都是国家允许的方式。按照约定成俗的方式，民间审查会迁就与官方审查，一是避责，二是树立安全整体意识。这些方式都是评估以及预测关键信息基础设施运营者所采购的相关产品和服务在投产使用后，是否会对构成关键信息基础设施的网络造成破坏、攻击，或者由于安装了该产品、启用了相关服务后是否会存在其他安全隐患或者数据泄露的隐患，是否可能造成这些国家支柱企业、关键产业经济的业务造成不连续或者供应链中断，以及产品服务本身是否可靠，是否因其存在脆弱性、可攻击性、有限供应进而对整个关键信息基础设施的安全和稳定造成影响。

3.2.3　审查主体

通过分析《网络安全审查办法》可知，审查工作包括三类主体。

一是网络安全审查办公室。网络安全审查办公室则设在国家互联网信息办公室，负责制定网络安全审查的相关制度规范，并组织网络安全审查。

二是网络安全审查工作机制成员单位，包括所有发文机构，除了国家互联网信息办公室，另有国家发展和改革委员会、工业和信息化部、公安部、国家安全部、商务部、财政部、商务部、中国人民银行、国家市场监督管理总局、国家广播电视总局、国家保密局、国家密码管理局等11个国务院组成部门或直属机构。

三是相关关键信息基础设施保护工作部门，包括电信、广播电视、能源、金融、公路水路运输、铁路、民航、邮政、水利、应急管理、卫生健康、社会保障、国防科技工业等行业领域，具体参考前面章节界定的范围。

需要注意的是，网络产品和服务提供者需要配合审查主体开展工作，审查期间可能会产生附加的时间成本或经济成本。

3.2.4　审查原则

审查原则分为一个总原则、两个核心原则。

一个总原则是网络安全审查坚持防范网络安全风险与促进先进技术应用相结合、过程公正透明与知识产权保护相结合、事前审查与持续监管相结合、企业承诺与社会监督相结合的原则。

核心原则一是要保护知识产权。知识产权是产品和服务的灵魂，安全必须确保。因此，《网络安全审查办法》对参与网络安全审查的相关机构和人员应严格保护企业商业秘密和知识产权，对关键信息基础设施运营者、产品和服务提供者提交的未公开材料，以及审查工作中获悉的其他未公开信息承担保密义务。也就是说，未经信息提供方同意，不会向无关方披露或用于审查以外的目的。如果认为审查人员有失客观公正，或未能对审查工作中获悉的信息承担保密义务的，可以选择向网络安全审查办公室或有关部门举报。

核心原则二是要确保关键信息基础设施供应链安全。网络安全审查的目的是维护国家网络安全，不是要限制或歧视国外产品和服务。国外先进的、成熟的、稳定的产品和服务，只要保证我国在供应链上某环节的可控，也可以理解为确保关键信息基础设施供应链安全。

3.2.5 审查流程

1．审查申报时间

关键信息基础设施运营者要把握两个审查申报时间：一是要在与产品和服务提供方正式签署合同前进行申报；二是如在签署合同后申报，需要在合同中注明：此合同须在产品和服务采购通过网络安全审查后方可生效。

2．申报所需资料

申报所需资料主要包括申报书，关于影响或可能影响国家安全的分析报告，采购文件、协议、拟签订的合同等，以及网络安全审查工作需要的其他材料。在申报材料中，对于申报网络安全审查的采购活动，运营者应通过采购文件、协议等要求产品和服务提供者配合网络安全审查，包括承诺不利用提供产品和服务的便利条件非法获取用户数据、非法控制和操纵用户设备，无正当理由不中断产品供应或必要的技术支持服务等。

网络安全审查办公室要求提供补充材料的，运营者、产品和服务提供者应当予以配合。提交补充材料的时间不计入审查时间。

3．网络安全审查办公室审查

网络安全审查办公室应当自收到审查申报材料起，10个工作日内确定是否需要审查并书面通知运营者。网络安全审查办公室认为需要开展网络安全审查的，应当自向运营者发出书面通知之日起30个工作日内完成初步审查，包括形成审查结论建议和将审查结论建议发送网络安全审查工作机制成员单位、相关关键信息基础设施保护工作部门征求意见；情况复杂的，可以延长15个工作日。

4．意见回复

网络安全审查工作机制成员单位和相关关键信息基础设施保护工作部门应当自收到审查结论建议之日起15个工作日内书面回复意见。网络安全审查工作机制成员单位、相关关键信息基础设施保护工作部门意见一致的，网络安全审查办公室以书面形式将审查结论通知运营者；意见不一致的，按照特别审查程序处理，并通知运营者。

5．特别审查程序

对于特别审查程序处理网络安全审查，网络安全审查办公室应当听取相关部门和单位意见，进行深入分析评估，再次形成审查结论建议，并征求网络安全审查工作机制成员单位和相关关键信息基础设施保护工作部门意见，按程序报中央网络安全和信息化委员会批准后，形成审查结论并书面通知运营者。同时，特别审查程序一般应当在 45 个工作日内完成，情况复杂的可以适当延长。

这里的"适当延长"到什么时间，没有明确答复。网络安全审查具体流程参考图 3-1（来源于 https://news.mydrivers.com/1/686/686611.htm，在此表示感谢）。

国务院组成部门或直属机构认为网络产品和服务对国家安全有影响或可能造成影响的，由网络安全审查办公室按程序报中央网络安全和信息化委员会批准后，依办法进行审查。

当不同机构之间出现对所上报的内容有不同意见或者有冲突的情况时，有网络安全审查办公室进行决策，形成高度统一意见。统一意见可增加网络安全审查报告的公信度和效率水平，避免因联合决策机构一多而造成审批拖沓、相互推诿等情况。

当前，网络安全审查具体工作委托中国网络安全审查技术与认证中心承担。中国网络安全审查技术与认证中心在网络安全审查办公室的指导下，承担接收申报材料、对申报材料进行形式审查、具体组织审查工作等任务。

3.2.6 未申报未通过的后果

当存在应当申报网络安全审查而没有申报的，存在使用网络安全审查未通过的产品和服务的情况时，需要承担相应的后果。即由有关主管部门责令停止使用，处采购金额 1 倍以上 10 倍以下罚款，对直接负责的主管人员和其他直接责任人员处 1 万元以上 10 万元以下罚款。

3.3 实施过程中面临的问题和困境

3.3.1 安全主体责任问题

依据《网络安全审查办法》第二条，关键信息基础设施运营者采购网络产品和服务，影响或可能影响国家安全的，应当进行网络安全审查。换句话来讲，发起网络安全审查应该是运营者的责任。这里面还需要进一步区分，即产品和服务自身出现安全问题，则网络产品和服务提供者要承担责任责任，运营者在使用或者运行过程没有管理好，则运营者要承担责任。

关键信息基础设施运营者需要清楚一点，拟采购网络产品和服务通过安全审查并不代表没有网络安全问题。产品的研发、检测、审查、使用、运维、管理等环节都会产生安全

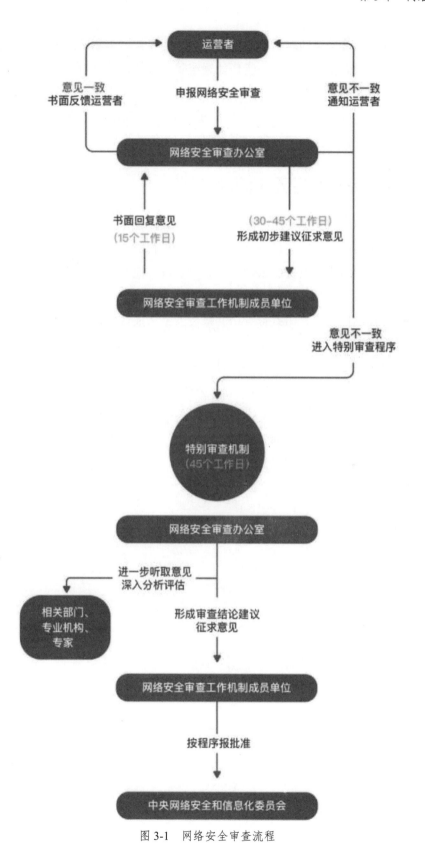

图 3-1　网络安全审查流程

问题，那么，这些网络安全问题需要进行责任主体的界定，不能都放置在关键信息基础设施运营者头上。运营者仅仅具有部分责任如运维管理责任，产品自身出问题或者当时没有审查出问题，那么这个责任就不应该由运营者负责。

《网络安全审查办法》是新事物，需要各方一起摸索。不同环节界定不同责任主体，还期望国家出台细节进行具体描述。做好责任划分，才能够更好地做好网络安全生态治理。

3.3.2 网络产品和服务界定问题

网络关键设备和网络安全专用产品属于网络产品和服务。《网络安全审查办法》中界定网络产品和服务主要指核心网络设备、高性能计算机和服务器、大容量存储设备、大型数据库和应用软件、网络安全设备、云计算服务，以及其他对关键信息基础设施安全有重要影响的网络产品和服务。《网络安全法》指出，网络关键设备和网络安全专用产品应当按照相关国家标准的强制性要求，由具备资格的机构安全认证合格或者安全检测符合要求后，方可销售或者提供。

那么，《网络安全法》定义的网络关键设备和网络安全专用产品是否还需要重复审查？《网络安全审查办法》中的大型数据库、大容量存储是否有量化指标，以 GB 还是 TB 或者 PB 为基本单位？对关键信息基础设施有重要影响的网络产品和服务又是指什么，这些是让行业主管部门界定还是让网信部分来界定？

上述问题，有待于进一步明确，出台类似的产品目录或者性能指标，便于关键信息基础设施运营者开展保护工作。

Chapter 4

第 4 章
网络安全等级保护

网络安全等级保护（简称"等保"）是指对国家秘密信息、法人和其他组织及公民的专有信息以及公开信息和存储、传输、处理这些信息的信息系统分等级实行安全保护，对信息系统中使用的信息安全产品实行按等级管理，对信息系统中发生的信息安全事件分等级响应、处置。《中华人民共和国网络安全法》第二十一条要求"国家实行网络安全等级保护制度"，第三十一条规定"关系国家安全、国计民生、公共利益的关键信息基础设施，在网络安全等级保护制度的基础上，实行重点保护"。因此，网络安全等级保护制度上升为法律，确立其在网络安全领域的基础制度和核心地位。正如业内所言，"不做等保就是违法"。

4.1 网络安全等级保护的安全理念

网络安全边界界定与落实网络主体责任是密不可分的。随着网络安全法的持续深入，网络运营者在做好网络安全等级保护中面临着几个挑战和困惑。一是网络安全等级保护能保护好单位的保护对象吗？二是网络安全等级保护在内网中的边界在哪里？三是网络安全等级保护中边界互联的信任机制是什么？四是网络安全等级保护能动态管理吗？回答这些问题，需要运营者树立"持续的、动态的、整体的"安全运维理念，树立"有效即安全、边界即安全,信任即安全,感知即安全"的安全建设理念,做好边界界定和责任主体界定。

4.1.1 边界界定引发的网络安全保障模型

网络边界可以理解为针对不同网络环境所设置的安全防御措施。边界界定就是要梳理不同安全级别的网络连接,识别内部和边界的安全威胁。在网络边界处执行零信任和白名单机制,在网络内部树立"内生安全"理念。

网络安全保障模型约束边界界定。随着信息技术的快速发展和应用,人们对信息安全的需求越来越强烈,信息安全的概念也得到了丰富和发展。对信息的单一保护已经不能满足对抗恐怖活动和信息战等的安全需求,因此产生了信息安全保障的概念。信息安全保障是传统信息安全概念发展的新阶段。信息安全保障目标就是要保护信息系统中信息的保密性、完整性和可用性。信息安全保障与通信保密、信息安全两个概念相比,其层次更高,提供的安全保障更为全面。信息安全保障不仅要保证信息在存储、传输和使用过程中的保密性、完整性、真实性、可用性和不可否认性,还要把信息系统建设成一个具有预警、保护、检测、响应、恢复和反击等能力的纵深防御体系。这些能力和特性为边界界定提供技术指导和要求约束。

边界界定指导网络安全保障模型,并将保障重点落在运行安全和数据安全。现有网络安全不同于信息安全、传统网络设备安全或网络通信安全。依据《网络安全法》,网络安全是指通过采取必要措施,防范对网络的攻击、侵入、干扰、破坏和非法使用以及意外事故,使网络处于稳定、可靠运行的状态,以及保障网络数据的完整性、保密性、可用性的能力。《网络安全法》安全保护重点由以信息为主变更为以数据为主,范围更大。因此,网络安全保障能力重点不仅关注保密性、完整性和可用性,还要关注运行安全和数据安全。

典型的网络安全保障模型有如下 6 种。

1. PDR 安全模型

PDR(Protection, Detection, Response)模型源自美国国际互联网安全系统公司 ISS 提出的自适应网络安全模型(Adaptive Network Security Model,ANSM),是一个可量化、可数学证明、基于时间的安全模型。字母含义分别如下定义。

Protection(保护)是指采用一系列手段(识别、认证、授权、访问控制、数据加密)保障数据的保密性、完整性、可用性、可控性和不可否认性等。

Detection(检测)是指利用各类工具检查系统可能存在的黑客攻击、病毒泛滥的脆弱性,即入侵检测、病毒检测等。

Response(响应)是指对危及安全的事件、行为、过程及时做出响应处理,杜绝危害的进一步蔓延扩大,力求将安全事件的影响降到最低。

PDR 模型建立在基于时间的安全理论基础之上,该理论的基本思想是:信息安全相关的所有活动,无论是攻击行为、防护行为、检测行为还是响应行为,都要消耗时间,因而可以用时间尺度来衡量一个体系的能力和安全性。要实现安全，必须让防护时间大于检测时间加上响应时间。

2．PPDR 安全模型

PPDR（即 P2DR）模型主要由四部分组成：安全策略（Policy）、保护（Protection）、检测（Detection）和响应（Response）。PPDR 模型是在整体的安全策略的控制和指导下，综合运用防护工具（如防火墙、身份认证、加密等）的同时，利用检测工具（如漏洞评估、入侵检测系统）了解和评估系统的安全状态，通过适当的响应，将系统调整到一个比较安全的状态。保护、检测和响应组成了一个完整的、动态的安全循环。

安全策略是这个模型的核心，意味着网络安全要达到的目标，策略粒度决定各种措施的强度。

保护是安全的第一步，包括制定安全规章（以安全策略为基础制定安全细则）、配置系统安全（配置操作系统、安装补丁等）、采用安全措施（安装使用防火墙、VPN 等）。

检测则是对上述二者的补充，通过检测发现系统或网络的异常情况，发现可能的攻击行为。

响应是在发现异常或攻击行为后系统自动采取的行动，如关闭端口、中断连接、中断服务等方式。

3．P2DR2 安全模型

P2DR2 安全模型是在 P2DR 模型上的扩充，即策略（Policy）、防护（Protection）、检测（Detection）、响应（Response）和恢复（Restore）。该模型与 PPDR 安全模型非常相似，区别在于，将恢复环节提到了与防护、检测、响应环节相同的高度。

4．P2OTPDR2 安全模型

P2OTPDR2 安全模型即策略（Policy）、人员（People）、操作（Operation）、技术（Technology）、防护（Protection）、检测（Detection）、响应（Response）和恢复（Restore）。

P2OTPDR2 分为三层，核心是安全策略。安全策略在整个安全体系的设计、实施，维护和改进过程中都起着重要的指导作用，是一切信息安全实践活动的方针和指南。模型的中间层次体现了信息安全的三要素：人员、操作和技术，这构成了整个安全体系的骨架。从本质上讲，安全策略的全部内容就是对这三要素的阐述。由于人员是三要素中唯一具有能动性的要素，因此至关重要。

模型的外围是构成信息安全完整功能的 PDRR（Protection, Detection, Response, Restore）模型的四个环节。信息安全三要素在这四个环节中都有渗透，并最终表现出信息安全完整的目标形态。概括来说，P2OTPDR2 模型各层次间的关系如图 4-1 所示：在策略核心的指导下，三要素（人员、技术和操作）紧密结合，协同作用，最终实现信息安全的四项功能（防护、检测、响应、恢复），构成完整的信息安全体系。

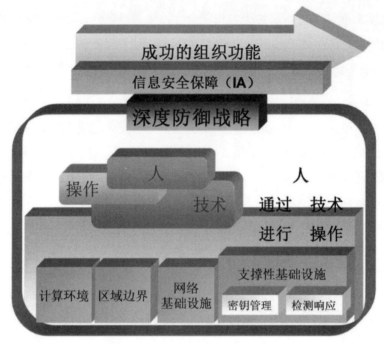

图 4-1 信息安全保障技术框架

5．MAP2DR2 安全模型

MAP2DR2 安全模型以管理为中心、以安全策略为基础、以审计为主导，从而采用防护、侦测、响应、恢复手段构建贯穿整个网络安全事件生命周期的动态网络安全模型。MAP2DR2 安全模型由 P2DR2 安全模型发展而来，在 P2DR2 安全模型的基础上增加了管理（Management）与审计（Audit），形成了由策略（Policy）、管理（Management）、审计（Audit）、防护（Protection）、检测（Detection）、响应（Response）和恢复（Restore）组成的全面安全防护体系

6．纵深防御模型

纵深防御战略的三个主要层面是指人员、技术和运行维护，重点是人员在技术支持下实施运行维护的信息安全保障问题。这与《网络安全法》中界定的网络安全概念不谋而合，因此网络安全等级保护中的"一个中心、三重防护"思想也是来源于此。

"一个中心、三重防护"的网络安全保障方案是指一个安全管理中心，以及安全计算环境、安全区域边界、安全通信网络三重防护的网络安全等级保护方案设计。其基本思想是建立以安全计算环境为基础，以安全区域边界、安全通信网络为保障，以安全管理中心为核心的信息安全整体保障体系。

正如沈昌祥院士所倡导的，通过实施三重防护主动防御框架，能够实现攻击者进不去、非授权者重要信息拿不到、窃取保密信息看不懂、系统和信息改不了、系统工作瘫不了和攻击行为赖不掉的安全防护效果。

4.1.2 责任主体引发的网络安全建设需求

网络运营者不履行网络安全等级保护制度,未做好网络安全保护义务的,由有关主管部门责令改正,给予警告;拒不改正或者导致危害网络安全等后果的,处 1 万元以上 10 万元以下罚款,对直接负责的主管人员处 5000 元以上 5 万元以下罚款。这是《网络安全法》第五十九条规定的法律责任,也是对网络安全等级保护对象责任主体的一项惩罚。

责任主体技术手段缺乏引发网络安全技术需求。一是网络内部合法用户存在违规行为。传统的安全技术设施大都以外部攻击者为主要防护对象,在内部用户的管理和防范方面缺失手段。二是终端防护不足。勒索病毒进一步验证,计算环境缺乏针对终端应用行为的防护措施,缺乏终端数据信息使用的审计。网络安全责任主体未意识到内部攻击、社会工程攻击带来的安全新风险,传统的"内松外紧"的边界防御思想需要彻底转变。

责任主体管理手段缺乏引发网络安全管理需求。一是安全系统各自运行。现有安全防护方式,都是面向一个点或是一个特定对象进行防护,这种防护方式使得各设备/系统各自运行、相互孤立,难以对整个风险链进行追踪和监测。很多潜在的、微小的、小范围、孤立的安全问题,逐步积累发展,演变为涉及范围广、影响重大的安全事件。二是信息泄露难于追踪。从正常手段窃取敏感数据的行为和方式来看,要完成一次数据窃取,涉及身份认证、访问授权、终端操作行为、流量特征、应用日志等,这些环节都会记录盗窃数据的相关信息。网络安全责任主体未意识到整个流程记录的重要性,出现安全监测的真空地带。

针对责任主体引发的网络安全需求,网络安全等级保护 2.0 引入"一个中心,三重防护"的基本要求。在安全管理中心建设中,明确要求在系统管理、安全管理、审计管理三方面实现集中管控,从被动防护转变到主动防护,从静态防护转变到动态防护,从单点防护转变到整体防护,从粗放防护转变到精准防护。针对数据安全,网络安全等级保护 2.0 明确要求,从建设初期设计和采购阶段应考虑加密需求,同时在网络通信传输、计算环境的身份鉴别、数据完整性、数据保密性明确了使用加密技术实现安全防护的要求;另外,针对云计算和云应用,特别提出镜像和快照的加固和完整性校验保护要求,以及对密码应用方案的"国密化"提出了明确的采购标准要求。这里的"国密"是指国家密码局认定的国产密码算法,"国密化"是指国家在密码技术研究、应用开发和管理维护上法制化、制度化、标准化,具体参考本书第 13 章的密码法相关内容。

4.2 深入理解网络安全等级保护

4.2.1 分等级保护是底线思维

国家实行网络安全等级保护制度,其目的是将全国的信息系统在国家安全、经济建设、社会生活中的重要程度，以及信息系统遭到破坏后对国家安全、社会秩序、公共利益，以及公民、法人和其他组织的合法权益的危害程度梳理清楚。等级保护制度是国家意志的体现，是网络运营者必须遵循的网络安全保护底线思维。

据不完全统计，全国二级信息系统大概 50 万个左右，三级系统大约 5 万个，四级系统（如支付宝、银行总行系统、国家电网系统）大约 1000 个。采用等级保护的思想可以梳理清楚每个级别的数量，做到"底数清，业务明"。

网络安全保护等级由低到高分为五个等级。

第一级为自主保护级，适用于一般的信息和信息系统，其受到破坏后，会对公民、法人和其他组织的权益有一定影响，但不危害国家安全、社会秩序、经济建设和公共利益。

第二级为指导保护级，适用于一定程度上涉及国家安全、社会秩序、经济建设和公共利益的一般信息和信息系统，其受到破坏后，会对国家安全、社会秩序、经济建设和公共利益造成一定损害。

第三级为监督保护级，适用于涉及国家安全、社会秩序、经济建设和公共利益的信息和信息系统，其受到破坏后，会对国家安全、社会秩序、经济建设和公共利益造成较大损害。

第四级为强制保护级，适用于涉及国家安全、社会秩序、经济建设和公共利益的重要信息和信息系统，其受到破坏后，会对国家安全、社会秩序、经济建设和公共利益造成严重损害。

第五级为专控保护级，适用于涉及国家安全、社会秩序、经济建设和公共利益的重要信息和信息系统的核心子系统，其受到破坏后，会对国家安全、社会秩序、经济建设和公共利益造成特别严重损害。

4.2.2 分等级保护是管理手段

等级保护是指对信息系统分等级实行安全保护，对信息系统中使用的信息安全产品分等级管理，对信息系统中发生的信息安全事件分等级响应、处置。从概念上来看，分等级保护体现的是管理思想，是网络安全和信息化建设很好的管理抓手。

对监管者来讲，网络安全等级保护将全国的信息系统（包括网络）按照重要性和遭受损坏后的危害程度分成五个安全保护等级，按照不同安全保护级别实行不同强度的监管政策。具体来讲，第一级依照国家管理规范和技术标准进行自主保护；第二级在信息安全监管职能部门指导下依照国家管理规范和技术标准进行自主保护；第三级依照国家管理规范和技术标准进行自主保护，信息安全监管职能部门对其进行监督、检查；第四级依照国家管理规范和技术标准进行自主保护，信息安全监管职能部门对其进行强制监督、检查；第五级依照国家管理规范和技术标准进行自主保护，国家指定专门部门、专门机构进行专门监督。级别越高，监管越严格，采取的管理手段也不同。

对网络运营者来讲，网络安全等级保护可以帮助其明确安全保护对象的级别，依据网络安全等级保护的基本要求做好合规的防护。网络安全等级保护可以使其安全保护对象至少达到五方面的管理目标：一是信息系统安全管理水平明显提高；二是信息系统安全防范能力明显增强；三是信息系统安全隐患和安全事故明显减少；四是有效保障信息化健康发展；五是有效维护国家安全、社会秩序和公共利益。

4.2.3 分等级保护是能力体现

网络安全等级保护中的等级描述的是一种安全保护能力。等级越高，表明保护能力越强。下面通过二级和三级对比，给出保护能力的描述，如表4-1所示。

表4-1 等级保护二级和三级保护能力对比表

	第二级安全保护能力	第三级安全保护能力
安全策略	无	统一安全策略
威胁源	外部小型组织的、拥有少量资源	外部有组织的团体、拥有较为丰富资源
损害程度	重要资源	主要资源
响应处置	发现重要的安全漏洞并处置安全事件	及时发现、监测攻击行为并处置安全事件
恢复	一段时间内恢复部分功能	较快恢复绝大部分功能

从表4-1中可以看出，在安全策略的制定上，三级要有统一的安全策略，二级可以不具备。从安全威胁源上，二级仅仅能够抵抗外部小型组织的、拥有少量资源的威胁源，三级可以抵抗外部有组织的团体、拥有较为丰富的资源，如APT就是一种有组织的威胁源。从损害程度上，二级受到损害后能影响到重要资源，三级是主要资源，要保护的资产数量上存在差异。在响应处置时间上，二级仅仅是发现重要的安全漏洞并处置安全事件，三级要求必须及时发现、监测攻击行为并处置安全事件，在安全保障上增加了监测环节。在系统恢复维度上，二级可以在一段时间内恢复部分功能，三级要求较快恢复绝大部分功能。网络安全等级保护对时间、性能参数很少有定量描述，仅仅通过定性模糊的语言来表达安全保护能力的不同。建议在具体工作中，各行业根据各自业务系统的不同来设定，这样便于操作。

具体来讲，从低到高五个安全保护能力的要求描述如下。

第一级安全保护能力：应能够防护免受来自个人的、拥有很少资源的威胁源发起的恶意攻击、一般的自然灾难，以及其他相当危害程度的威胁所造成的关键资源损害，在自身遭到损害后，能够恢复部分功能。

第二级安全保护能力：应能够防护免受来自外部小型组织的、拥有少量资源的威胁源发起的恶意攻击、一般的自然灾难，以及其他相当危害程度的威胁所造成的重要资源损害，能够发现重要的安全漏洞和处置安全事件，在自身遭到损害后，能够在一段时间内恢复部分功能。

第三级安全保护能力：应能够在统一安全策略下防护免受来自外部有组织的团体、拥有较为丰富资源的威胁源发起的恶意攻击、较为严重的自然灾难，以及其他相当程度的威胁所造成的主要资源损害，能够及时发现、监测攻击行为和处置安全事件，在自身遭到损害后，能够较快恢复绝大部分功能。

第四级安全保护能力：应能够在统一安全策略下防护免受来自国家级别的、敌对组织的、拥有丰富资源的威胁源发起的恶意攻击、严重的自然灾难，以及其他相当危害程度的威胁所造成的资源损害，能够及时发现、监测发现攻击行为和安全事件，在自身遭到损害后，能够迅速恢复所有功能。

第五级安全保护能力：略。

4.3 网络安全等级保护的基本内容

4.3.1 网络安全等级保护的主体和责任

网络运营者一旦开展网络安全等级保护，公安机关就具有对定级对象的备案受理及监督检查职责，第三方测评机构具有对定级对象的安全评估职责，上级主管单位具有对所属单位的安全管理职责，运营使用单位具有对定级对象的等级保护职责。总之，网络安全等级保护的主体包括如下。

1. 国家监管部门

公安机关负责网络安全等级保护工作的监督、检查、指导，是等级保护工作的牵头部门。国家保密工作部门负责等级保护工作中有关保密工作的监督、检查、指导；国家密码管理部门负责等级保护工作中有关密码工作的监督、检查、指导；涉及其他职能部门管辖范围的事项，由有关职能部门依照国家法律法规的规定进行管理；国家网络安全和信息化工作办公室及地方网络安全和信息化领导小组办事机构负责等级保护工作的部门间协调。

2. 等级保护协调工作小组

等级保护协调工作小组负责网络安全等级保护工作组织领导，制定本地区、本行业开展网络安全等级保护的工作部署和实施方案，并督促有关单位落实，研究、协调、解决等级保护工作中的重要工作事项，及时通报或报告等级保护实施工作的相关情况。

3. 等级保护对象主管部门

等级保护对象主管部门负责依照国家网络安全等级保护的管理规范和技术标准，督促、检查和指导本行业、本部门或者本地区信息系统运营、使用单位的网络安全等级保护工作。

4．等级保护对象运营、使用单位

等级保护对象运营、使用单位负责依照国家网络安全等级保护的管理规范和技术标准，确定其安全保护等级，有主管部门的，应当报其主管部门审核批准；根据已经确定的安全保护等级，到公安机关办理备案手续；按照国家网络安全等级保护管理规范和技术标准，进行等级保护对象安全保护的规划设计；使用符合国家有关规定，满足网络安全保护等级需求的信息技术产品和信息安全产品，开展安全建设或者改建工作；制定、落实各项安全管理制度，定期对等级保护对象的安全状况、安全保护制度及措施的落实情况进行自查，选择符合国家相关规定的等级测评机构，定期进行等级测评；制定不同等级网络安全事件的响应、处置预案，对等级保护对象的网络安全事件分等级进行应急处置。

5．信息安全服务机构

信息安全服务机构负责根据等级保护对象运营、使用单位的委托，依照国家网络安全等级保护的管理规范和技术标准，协助等级保护对象运营、使用单位完成等级保护的相关工作，包括确定其等级保护对象的安全保护等级、进行安全需求分析、安全总体规划、实施安全建设和安全改造等。

6．网络安全等级测评机构

网络安全等级测评机构负责根据等级保护对象运营、使用单位的委托或根据国家管理部门的授权，协助等级保护对象运营、使用单位或国家管理部门，按照国家网络安全等级保护的管理规范和技术标准，开展等级测评。

7．信息安全产品供应商

信息安全产品供应商负责按照国家网络安全等级保护的管理规范和技术标准，开发符合等级保护相关要求的信息安全产品，接受安全测评；按照等级保护相关要求销售信息安全产品并提供相关服务。

8．网络安全等级保护专家组

网络安全等级保护专家组负责宣传等级保护相关政策、标准；指导备案单位研究拟定贯彻实施意见和建设规划、技术标准的行业应用；参与定级和安全建设整改方案论证、评审；协助发现树立典型、总结经验并推广；跟踪国内外信息安全技术最新发展，开展等级保护关键技术研究；研究提出完善等级保护政策体系和技术体系的意见和建议。

4.3.2 网络安全等级保护对象

等级保护对象是指网络安全等级保护工作中的对象，通常是指由计算机或者其他信息终端及相关设备组成的按照一定的规则和程序对信息进行收集、存储、传输、处理的系统，主要包括基础信息网络、云计算平台/系统、大数据应用/平台/资源、物联网、工业控制系

统和采用移动互联技术的系统等。

依据 GB/T 22240—2020《信息安全技术 网络安全等级保护定级指南》，定级对象称呼由"信息系统"更改为"等级保护对象"。这样，原来的"信息系统安全保护"等同于现在的"等级保护对象安全保护"；同时，定级对象范围也发生了变化，由"信息系统"更改为"基础网络设施、信息系统（如工业控制系统、云计算平台、物联网、使用移动互联技术的系统、其他系统）以及数字资源等"。

4.3.3 等级保护常规动作

根据《信息安全等级保护管理办法》的规定，等级保护主要由 5 个环节组成：定级、备案、建设整改、等级测评、监督检查。

1．定级

定级是网络安全等级保护的首要环节和关键环节，可以梳理各行业、各部门、各单位的等级保护对象类型、重要程度和数量等基本信息，确定分级保护的重点。定级不准，系统备案、建设、整改、等级测评等后续工作都会失去意义，等级保护对象安全就没有保证。

网络运营者应当按照网络安全等级保护 2.0 标准确定定级对象。确定定级对象后，网络运营者应当进行定级对象的等级确定。定级环节需经专家评审，或出具省级以上主管部门定级指导意见。

2．备案

安全保护等级为第二级及以上的等级保护对象，运营使用单位或主管部门需要到公安机关办理备案手续，提交有关备案材料及电子数据文件。隶属于中央的在京单位，其跨省或者全国统一联网运行并由主管部门统一定级的信息系统，由主管部门向公安部办理备案手续。跨省或者全国统一联网运行的信息系统在各地运行、应用的分支系统，向当地设区的市级以上公安机关备案。公安机关负责受理备案并进行备案管理。信息系统备案后，公安机关应当对信息系统的备案情况进行审核，对符合等级保护要求的，颁发网络安全保护等级备案证明。发现不符合《信息安全等级保护管理办法》及有关标准的，应当通知备案单位予以纠正。

3．建设整改

等级保护对象确定等级后，按照等级保护标准规范要求，建立健全并落实符合相应等级要求的安全管理制度，明确落实安全责任；结合行业特点和安全需求，制定符合相应等级要求的建设整改方案，开展安全技术措施建设。经测评未达到安全保护要求的，要根据测评报告中的改进建议，制定整改方案并进一步进行整改。

4．等级测评

等级测评工作，是指测评机构依据国家网络安全等级保护制度规定，按照有关管理规范和技术标准，对非涉及国家秘密信息系统安全等级保护状况进行检测评估的活动。选择由省级（含）以上信息安全等级保护工作协调小组办公室审核并备案的测评机构，对第三级（含）以上信息系统开展等级测评工作。等级测评机构依据《网络安全等级保护测评要求》等标准对信息系统进行测评，对照相应等级安全保护要求进行差距分析，排查系统安全漏洞和隐患并分析其风险，提出改进建议，按照公安部制订的最新版网络安全等级测评报告格式编制等级测评报告。各部门要及时向受理备案的公安机关提交等级测评报告。对于重要部门的第二级信息系统，可以参照上述要求开展等级测评工作。

5．监督检查

公安机关等级保护检查工作是指公安机关依据有关规定，会同主管部门对非涉密重要信息系统运营使用单位等级保护工作开展和落实情况进行检查，督促、检查其建设安全设施、落实安全措施、建立并落实安全管理制度、落实安全责任、落实责任部门和人员。网络安全等级保护检查工作采取询问情况，查阅、核对材料，调看记录、资料，现场查验等方式进行。每年对第三级信息系统的运营使用单位网络安全等级保护工作检查一次，每半年对第四级信息系统的运营使用单位网络安全等级保护工作检查一次。

4.3.4 常规动作在实施过程中的基本要求

等级保护对象要按照"准确定级、严格审批、及时备案、认真整改、科学测评"的要求完成等级保护的定级、备案、整改、测评等工作。

1．准确定级

安全保护等级是等级保护对象本身的客观自然属性，不应以已采取或将采取什么安全保护措施为依据，而是以等级保护对象的重要性和等级保护对象遭到破坏后对国家安全、社会稳定、人民群众合法权益的危害程度为依据，确定信息系统的安全等级。定级要站在国家安全、社会稳定的高度统筹考虑信息系统等级，而不能从行业和信息系统自身安全角度考虑。不能认为信息系统级别定的高，花费的资金和投入的力量多而降低级别。同类信息系统的安全保护等级不能随着部、省、市行政级别的降低而降低。对故意将信息系统安全级别定低，逃避公安、保密、密码部门监管，造成信息系统出现重大安全事故的，要追究单位和人员的责任。在定级实施过程中，各信息系统要依据国家标准或行业指导意见开展系统定级工作。

2．严格审批

公安机关要及时开展监督检查，严格审查信息系统所定级别，严格检查信息系统开展备案、整改、测评等工作。公安机关公共信息网络安全监察部门对定级不准的备案单位，在通知整改的同时，应当建议备案单位组织专家进行重新定级评审，并报上级主管部门审批。备案单位仍然坚持原定等级的，公安机关公共信息网络安全监察部门可以受理其备案，但应当书面告知其承担由此引发的责任和后果，经上级公安机关公共信息网络安全监察部门同意后，同时通报备案单位上级主管部门。

3．及时备案

信息系统运营、使用单位或者其主管部门应当在信息系统安全保护等级确定后 30 日内，到公安机关公共信息网络安全监察部门办理备案手续。公安机关应当对信息系统的备案情况进行审核，对符合等级保护要求的，应当在收到备案材料之日起的 10 个工作日内颁发信息系统安全等级保护备案证明；发现不符合本办法及有关标准的，应当在收到备案材料之日起的 10 个工作日内通知备案单位予以纠正；发现定级不准的，应当在收到备案材料之日起的 10 个工作日内通知备案单位重新审核确定。

4．认真整改

以《信息安全技术　网络安全等级保护基本要求》(GB/T 22239—2019)为基本目标，针对信息系统安全现状发现的问题进行整改加固，缺什么补什么。做好认真整改工作，落实信息安全责任制，建立并落实各类安全管理制度，开展安全管理机构、安全管理人员、安全建设管理和安全运维管理等工作，落实安全物理环境、安全通信网络、安全区域边界、安全计算环境和安全管理中心等安全保护技术措施。

5．科学测评

通过对测评机构进行统一的能力评估和严格审核，保证测评机构的水平和能力达到有关标准规范要求。加强对测评机构的安全监督，规范其测评活动，保证为备案单位提供客观、公正和安全的测评服务。

4.3.5　实施等级保护的基本原则

网络安全等级保护的核心是对信息安全分等级、按标准进行建设、管理和监督。网络安全等级保护制度遵循以下基本原则：

（一）明确责任，共同保护。通过等级保护，组织和动员国家、法人和其他组织、公民共同参与网络安全保护工作；各方主体按照规范和标准分别承担相应的、明确具体的网络安全保护责任。在重要信息系统安全方面，运营使用单位和主管部门是第一责任部门，负主要责任，信息安全监管部门是第二责任部门，负监管责任。

（二）依照标准，自行保护。国家运用强制性的规范及标准，要求信息和信息系统按照相应的建设和管理要求自行保护。

（三）同步建设，动态调整。信息系统在新建、改建、扩建时应当同步建设信息安全设施，保障信息安全与信息化建设相适应。因信息和信息系统的应用类型、范围等条件的变化及其他原因，安全保护等级需要变更的，应当根据等级保护的管理规范和技术标准的要求，重新确定信息系统的安全保护等级。等级保护的管理规范和技术标准应按照等级保护工作开展的实际情况适时修订。

（四）指导监督，重点保护。国家指定信息安全监管职能部门通过备案、指导、检查、督促整改等方式，对重要信息和信息系统的信息安全保护工作进行指导监督。国家重点保护涉及国家安全、经济命脉、社会稳定的基础信息网络和重要信息系统，主要包括：国家事务处理信息系统（党政机关办公系统）；财政、金融、税务、海关、审计、工商、社会保障、能源、交通运输、国防工业等关系到国计民生的信息系统；教育、国家科研等单位的信息系统；公用通信、广播电视传输等基础信息网络中的信息系统；网络管理中心、重要网站中的重要信息系统和其他领域的重要信息系统。

4.3.6 等级保护的发展历程

我国的等级保护工作发展主要经历了五个阶段。

1994 年至 2003 年是政策环境营造阶段。国务院于 1994 年颁布《中华人民共和国计算机信息系统安全保护条例》，规定计算机信息系统实行安全等级保护；2003 年，中央办公厅国务院办公厅颁发《国家信息化领导小组关于加强信息安全保障工作的意见》（中办发〔2003〕27 号）明确指出实行信息安全等级保护。此文件的出台标志着等级保护从计算机信息系统安全保护的一项制度提升到国家信息安全保障一项基本制度。

2004 年至 2006 年是等级保护工作开展准备阶段。2004 年至 2006 年期间，公安部联合四部委开展了涉及 65117 家单位共 115319 个信息系统的等级保护基础调查和等级保护试点工作。通过摸底调查和试点，探索了开展等级保护工作领导组织协调的模式和办法，为全面开展等级保护工作奠定了坚实的基础。

2007 年至 2010 年是等级保护工作正式启动阶段。2007 年 6 月，四部门联合出台了《信息安全等级保护管理办法》；7 月，四部门联合颁布了《关于开展全国重要信息系统安全等级保护定级工作的通知》，并于 7 月 20 日召开了全国重要信息系统安全等级保护定级工作部署专题电视电话会议，标志着我国信息安全等级保护制度历经十多年的探索正式开始实施。

2010 年至 2017 年是等级保护工作 1.0 阶段。2010 年 4 月，公安部出台了《关于推动信息安全等级保护测评体系建设和开展等级测评工作的通知》，提出等级保护工作的阶段性目标。2010 年 12 月，公安部和国务院国有资产监督管理委员会联合出台了《关于进一步推进中央企业信息安全等级保护工作的通知》，要求中央企业贯彻执行等级保护工作。至此，我国信息安全等级保护工作全面展开，等级保护工作进入规模化推进阶段。

2017 年 6 月至今，等级保护工作进入 2.0 阶段。《中华人民共和国网络安全法》在第二十一条明确规定"国家实行网络安全等级保护制度",第三十一条规定"对于国家关键信息基础设施,在网络安全等级保护制度的基础上,实行重点保护"。因此,网络安全等级保护进入法制化阶段。2019 年 12 月 1 日正式实施的《信息安全技术 网络安全等级保护基本要求》(GB/T 22239—2019)、《信息安全技术 网络安全等级保护测评要求》(GB/T 28448—2019)标志着网络安全等级保护正式进入 2.0 时代。

4.3.7 网络安全等级保护的标准体系

现将网络安全等级保护标准体系中比较新的、比较重要的《计算机信息系统安全保护等级划分准则》《网络安全等级保护基本要求》《网络安全等级保护实施指南》《网络安全等级保护定级指南》《网络安全等级保护安全设计技术要求》《网络安全等级保护测评要求》《网络安全等级保护测评过程指南》七个标准进行简要说明。

1. 《计算机信息系统安全保护等级划分准则》(GB17859—1999)

本标准对计算机信息系统的安全保护能力划分了五个等级,并明确了各保护级别的技术保护措施要求。本标准是国家强制性技术规范,其主要用途包括:一是规范和指导计算机信息系统安全保护有关标准的制定;二是为安全产品的研究开发提供技术支持;三是为计算机信息系统安全法规的制定和执法部门的监督检查提供依据。

本标准界定了计算机信息系统的基本概念:计算机信息系统是由计算机及其相关的和配套的设备、设施(含网络)构成的、按照一定的应用目标和规则对信息进行采集、加工、存储、传输、检索等处理的人机系统。信息系统安全保护能力五级划分。信息系统按照安全保护能力分为五个等级:第一级用户自主保护级,第二级系统审计保护级,第三级安全标记保护级,第四级结构化保护级,第五级访问验证保护级。

本标准从自主访问控制、强制访问控制、标记、身份鉴别、客体重用、审计、数据完整性、隐蔽信道分析、可信路径、可信恢复等十方面,采取逐级增强的方式提出了计算机信息系统的安全保护技术要求。

2. 《网络安全等级保护基本要求》(GB/T22239—2019)

国家标准《信息安全技术 网络安全等级保护基本要求》(简称《基本要求》,GB/T 22239—2019)代替了《信息安全技术 信息系统等级保护基本要求》(GB/T 22239—2008),针对网络安全共性安全保护需求提出安全通用要求,针对云计算、移动互联、物联网、工业控制和大数据等新技术、新应用领域的个性安全保护需求提出安全扩展要求,形成新的网络安全等级保护基本要求标准。

《基本要求》将安全要求分为十个层面,分别是安全物理环境、安全通信网络、安全区域边界、安全计算环境、安全管理中心、安全管理制度、安全管理机构、安全管理人员、安全建设管理、安全运维管理。《基本要求》对这十个层面做出了安全通用要求和安全扩展要求。其中,通用要求针对共性化保护需求提出,安全扩展要求针对个性化保护需求提出,根据安全保护等级和使用的特定技术或特定应用场景选择实现扩展要求。安全通用要求和安全扩展要求企共同构成了安全要求。

3．《网络安全等级保护实施指南》(GB/T 25058—2019)

《信息安全技术　网络安全等级保护实施指南》(简称《实施指南》,GB/T 25058—2019)2020 年 3 月 1 日正式实施,取代《信息安全技术　信息系统安全等级保护实施指南》(GB/T 25058—2010)。

《实施指南》在等级保护 1.0 实施指南的基础上,对等级保护对象定级与备案阶段、总体安全规划阶段、安全设计与实施阶段、安全运行与维护阶段共计四个阶段的内容进行了增加和删减变化。在定级对象的确定、安全技术体系结构设计、技术措施实现内容的设计、安全控制开发等规划阶段的章节中,增加了云计算、移动互联、大数据等新技术新应用在实施过程中的处理;在安全设计与实施和安全运行与维护阶段增加了风险分析、安全态势感知、安全监测、通报预警、应急处置、追踪溯源、应急响应与保障等安全服务的内容,测试环节则更加侧重安全漏洞扫描、渗透测试的内容。

《实施指南》用于指导定级对象运营使用单位,从规划设计到终止运行的过程中如何按照网络安全等级保护政策、标准要求实施等级保护工作。可通过该标准了解定级对象实施等级保护的过程、主要内容和脉络,不同角色在不同阶段的作用,不同活动的参与角色、活动内容等。《实施指南》给出了标准使用范围、规范性引用文件和术语定义,介绍了等级保护实施的基本原则、参与角色和几个主要工作阶段,对对象定级与备案、总体安全规划、安全设计与实施、安全运行与维护、定级对象终止进行了详细描述和说明。

4．《网络安全等级保护定级指南》(GB/T22240—2020)

新版《信息安全技术 网络安全等级保护定级指南》(简称《定级指南》,GB/T 22240—2020)是《信息安全技术 信息系统安全等级保护定级指南》(GB/T 22240—2008)的修订版,并取代之。《定级指南》细化了网络安全等级保护制度定级对象的具体范围,主要包括基础信息网络、工业控制系统、云计算平台、物联网、使用移动互联技术的网络、其他网络以及大数据等多个系统平台。另外,定级对象的网络还应当满足三个基本特征:第一,具有确定的主要安全责任主体;第二,承载相对独立的业务应用;第三,包含相互关联的多个资源。

《定级指南》给出了等级保护对象五个安全保护等级的具体定义,将等级保护对象受到破坏时所侵害的客体和对客体造成侵害的程度两个因素作为等级保护对象的定级要素,并给出了定级要素与等级保护对象安全保护等级的对应关系。等级保护对象安全包括业务信息安全和系统服务安全,与之相关的受侵害客体和对客体的侵害程度可能不同。因此,等级保护对象定级可以分别确定业务信息安全保护等级和系统服务安全保护等级,并取二者中的较高者为等级保护对象的安全保护等级。

《定级指南》中规定，安全保护等级初步确定为第二级及以上的，定级对象的网络运营者需组织信息安全专家和业务专家对定级结果的合理性进行评审，并出具专家评审意见。有行业主管（监管）部门的，还需将定级结果报请行业主管（监管）部门审核，并出具核准意见。最后，定级对象的网络运营者按照相关管理规定，将定级结果提交公安机关进行备案审核。审核不通过，其网络运营者需组织重新定级；审核通过后最终确定定级对象的安全保护等级。

5.《网络安全等级保护安全设计技术要求》（GB/T 25070—2019）

《信息安全技术　网络安全等级保护安全设计技术要求》（GB/T 25070—2019）对网络安全等级保护第一级到第四级等级保护对象的安全设计技术要求进行了规定，特别针对云计算、移动互联、物联网、工业控制和大数据等新的应用场景提出了特殊的安全设计技术要求，适合指导运营使用单位、网络安全企业、网络安全服务机构开展网络安全等级保护安全技术方案的设计和实施，也可作为网络安全职能部门进行监督、检查和指导的依据。

网络安全等级保护安全技术设计包括两方面：各级系统安全保护环境的设计及其安全互联的设计。所谓安全保护环境，是指"一个中心"管理下的"三重防护"系统，针对安全管理中心建立以计算环境安全为基础，以区域边界安全、通信网络安全为保障的系统安全整体体系。所谓安全互联，是指定级系统互联，其由安全互联部件和跨定级系统安全管理中心组成。

6.《网络安全等级保护测评要求》（GB/T 28448—2019）

《信息安全技术　网络安全等级保护测评要求》（GB/T 28448—2019）替代了《信息安全技术　信息系统安全等级保护测评要求》（GB/T 28448—2012）规定了不同级别的等级保护对象的安全测评通用要求和安全测评扩展要求，适用于安全测评服务机构、等级保护对象的运营使用单位及主管部门对等级保护对象的安全状况进行安全测评并提供指南，也适用于网络安全职能部门进行网络安全等级保护监督检查时参考使用。GB/T 28448—2019细化了单项测评的规定、增加了等级测评的扩展要求，并对测评力度进行了更严格的规定。

GB/T 28448—2019介绍了等级测评的原则、测评内容、测评强度、结果重用和使用方法，分别规定了对五个等级信息系统进行等级测评的单元测评要求，描述了整体测评的四方面，即安全控制点间安全测评、层面间安全测评、区域间安全测评和系统结构测评安全测评。

网络安全等级保护 2.0 测评结果包括得分与结论评价：得分为百分制，及格线为 70 分；结论评价分为优、良、中、差四个等级。

7.《网络安全等级保护测评过程指南》（GB/T 28449—2018）

《网络安全等级保护测评过程指南》（简称《测评过程指南》，GB/T 28449—2018）取代《信息系统安全等级保护测评过程指南》(GB/T 28449—2012)。

为规范等级测评机构的测评活动，保证测评结论准确、公正，《测评过程指南》明确了等级测评的测评过程，阐述了等级测评的工作任务、分析方法以及工作结果等，为测评机构、运营使用单位及其主管部门在等级测评工作中提供指导。

《测评过程指南》以测评机构对三级信息系统的首次等级测评活动过程为主要线索，定义信息系统等级测评的主要活动和任务，包括四个活动：测评准备活动、方案编制活动、现场测评活动、分析与报告编制活动。其中，测评准备活动包括项目启动、信息收集和分析、工具和表单准备三项任务；方案编制活动包括测评对象确定、测评指标确定、测试工具接入点确定、测评内容确定、测评实施手册开发及测评方案编制六项任务；现场测评活动包括现场测评准备、现场测评和结果记录、结果确认和资料归还三项任务；分析与报告编制活动包括单项测评结果判定、单元测评结果判定、整体测评、系统安全保障评估、安全问题风险分析、等级测评结论形成及测评报告编制七项任务。对于每个活动，《测评过程指南》介绍了工作流程、主要的工作任务、输出文档、双方的职责等；对于各工作任务，描述了任务内容和输入/输出产品等。

《测评过程指南》也对云计算、移动互联、物联网、IPv6、工业控制系统等新技术新应用、等级测评过程以及具体任务的影响进行了分析，并给予了相应的测评指导。

第 5 章
网络安全等级保护 2.0

《网络安全法》出台后，网络安全等级保护进入 2.0 时代。2019 年 5 月 13 日，国家市场监督管理总局、国家标准化管理委员会召开新闻发布会，宣布网络安全等级保护制度 2.0 核心标准《信息安全技术　网络安全等级保护基本要求》《信息安全技术　网络安全等级保护测评要求》《信息安全技术　网络安全等级保护安全设计技术要求》发布，并于 2019 年 12 月 1 日正式实施。法律和标准等顶层设计的完成，标志了网络安全等级保护 2.0 真正落地执行。关键信息基础设施运营者在开展安全建设时，要贯彻落实网络安全等级保护 2.0 基本要求，在网络安全等级保护基础之上，增加自身行业的特定安全要求。

因此，本章主要介绍网络安全等级保护 2.0 相对 1.0 的变化内容，以及网络安全等级保护 2.0 基本保护要求，便于关键信息基础设施运营者开展网络安全管理和建设。

5.1　如何理解网络安全等级保护 2.0

如果从 1994 年国务院颁布《中华人民共和国计算机信息系统安全保护条例》标志国家实行网络安全等级保护，那么网络安全等级保护将近 30 个年头。一路走来，等级保护与国家信息化发展相生相伴，从探索到成熟、从各方质疑到达成共识。当前，网络安全等级保护制度已经成为国家网络安全领域影响最为深远的保障制度。

1. 网络安全等级保护技术基础化

当前,我们国家正面临经济社会结构调整和转型,信息技术已经成为新的引擎,等级保护将继续扮演不可替代的重要角色。同时,网络空间已经成为与陆地、海洋、天空、太空同等重要的人类活动新领域,网络空间主权成为了国家主权的一个新维度。维护网络空间主权的重心在网络空间安全,作为等级保护的防护核心始终是围绕关键信息基础设施保护。国家网络空间安全战略中指出,"建立完善国家网络安全技术支撑体系。做好等级保护、风险评估、漏洞发现等基础性工作。"因此,网络安全等级保护将在国家网络空间战略发挥重要作用,已经成为国家网络安全基础技术。

2. 等级保护制度法制化

《网络安全法》是我国网络安全方面的基本大法,是网络安全基础性法律。第二十一条明确规定了"国家实行网络安全等级保护制度",第三十一条规定"对于国家关键信息基础设施,在网络安全等级保护制度的基础上,实行重点保护"。因此,等级保护制度自2017年6月1日起将上升为法律。网络安全等级保护制度法制化,在法律层面确立了其在网络安全领域的基础、核心地位。网络运营者履行网络安全等级保护将是违法行为。

3. 等级保护保护对象丰富化具体化

2003年,中办、国办转发的《国家信息化领导小组关于加强信息安全保障工作的意见》中指出,"要重点保护基础信息网络和关系国家安全、经济命脉、社会稳定等方面的重要信息系统",这个定义就是《网络安全法》中的"关键信息基础设施",所以说,网络安全等级保护的核心从未改变。但是,随着云计算、移动互联、大数据、物联网、人工智能等新技术不断涌现,计算机信息系统的概念已经不能涵盖全部,特别是互联网快速发展带来大数据价值的凸显,这些都要求等级保护外延的拓展。新的系统形态、新业态下的应用、新模式背后的服务以及重要数据和资源统统进入了网络安全等级保护视野,具体对象则囊括了大型专网、基础网络、重要信息系统、网站、大数据中心、云计算平台、物联网系统、新型互联网、智能制造系统、工业控制系统、公众服务平台、新兴通信设施等。

4. 等级保护内涵精准化

在网络安全等级保护2.0之前,等级保护包括五个规定动作,即定级、备案、建设整改、等级测评和监督检查。那么在网络安全等级保护2.0时代,网络安全等级保护的内涵将更加精准化。风险评估、安全监测、通报预警、案事件调查、数据防护、灾难备份、应急处置、自主可控、供应链安全、效果评价、综治考核等,这些与网络安全密切相关的措施都将全部纳入等级保护制度并加以实施。

5. 等级保护制度体系化

这些年,网络安全等级保护工作一直是在顶层设计下,以体系化的思路逐层展开、分步实施。网络安全等级保护2.0时代，主管部门将继续制定出台一系列政策法规和技术标准，形成运转顺畅的工作机制，在现有体系基础上，建立完善等级保护政策体系、标准体系、测评体系、技术体系、服务体系、关键技术研究体系、教育训练体系等。等级保护也将作为核心，围绕它来构建起安全监测、通报预警、快速处置、态势感知、安全防范、精确打击等为一体的国家关键信息基础设施安全保卫体系，如图5-1所示。

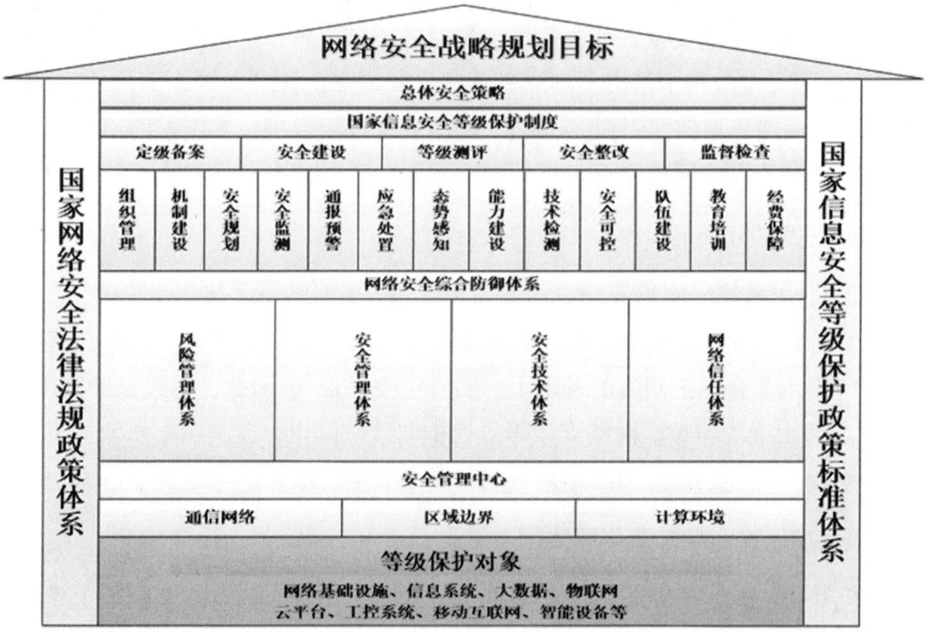

图5-1 网络安全等级保护架构

网络安全等级保护2.0时代，等级保护将根据信息技术发展应用和网络安全态势，不断丰富制度内涵、拓展保护范围、完善监管措施，逐步健全网络安全等级保护制度政策、标准和支撑体系。在公安部印发《贯彻落实网络安全等级保护制度和关键信息基础设施安全保护制度的指导意见》的函中，明确指出要"深入贯彻实施网络安全等级保护制度"，这里的深入特指"网络安全等级保护定级备案、等级测评、安全建设和检查等基础工作深入推进"。网络运营者要做好网络安全保护"实战化、体系化、常态化"工作，构建落实"动态防御、主动防御、纵深防御、精准防护、整体防控、联防联控"措施，确保国家网络安全综合防护能力和水平显著提升。

5.2 网络安全等级保护2.0新变化

5.2.1 体系架构变化

各等级的基本要求分为技术要求和管理要求两大类。技术类安全要求与提供的技术安全机制有关，主要通过部署软件、硬件并正确的配置其安全功能来实现，包括安全物理环境、安全通信网络、安全区域边界、安全计算环境、安全管理中心五层的基本安全技术措施；管理类安全要求与各种角色参与的活动有关，主要通过控制各种角色的活动，从政策、制度、规范、流程和记录等方面做出规定来实现，包括安全管理制度、安全管理机构、安全管理人员、安全建设管理、安全运维管理五方面的基本安全管理措施来实现和保证。

基本要求标准采取"1+X"体系，如图 5-2 所示，当前主要有六部分，1 个安全通用要求，5 个安全扩展要求。

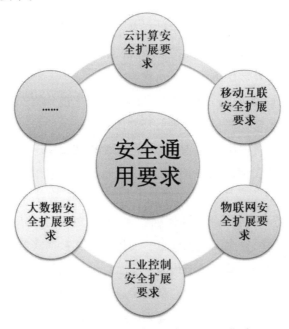

图 5-2　等级保护基本要求"1+X"体系

基本要求规定了第一级到第四级等级保护对象的安全要求，每个级别的安全要求均由安全通用要求和安全扩展要求构成。例如，基本要求提出的第三级安全要求基本结构为：

  8　第三级安全要求
  8.1　安全通用要求
  8.2　云计算安全扩展要求
  8.3　移动互联安全扩展要求
  8.4　物联网安全扩展要求
  8.5　工业控制系统安全扩展要求

在"1+X"的体系框架下，X 随着新技术的加入，可继续加入新技术标准，如区块链、人工智能、工业互联网等。基本要求在整体框架结构自上而下分别为：类、控制点和项。

类：表示基本要求在整体上大的分类。其中，技术部分分为：安全物理环境、安全通信网络、安全区域边界、安全计算环境、安全管理中心 5 类；管理部分分为：安全管理制度、安全管理机构、安全管理人员、安全建设管理、安全运维管理 5 类。两部分合计 10 类。

控制点：表示每个大类下的关键控制点，如安全物理环境大类中的"物理访问控制"

作为一个控制点。

项：控制点下的具体要求项，如一级"物理访问控制"控制点下包括"机房出入口应安排专人值守或配置电子门禁系统，控制、鉴别和记录进入的人员"项。

5.2.2 命名变化

因《网络安全法》中明确国家实行网络安全等级保护制度，因此标准的名称由原来的《信息安全等级保护基本要求》改为《网络安全等级保护基本要求》。

由于信息系统的内涵和外延发生技术性变革，因此等级保护对象由原来的信息系统调整为基础信息网络、信息系统（如工业控制系统、云计算平台、物联网、使用移动互联技术的系统、其他系统）以及数字资源等。

为适应新技术新场景新应用，原来各级别的安全要求被分为安全通用要求和安全扩展要求。安全通用要求是不管等级保护对象形态如何必须满足的要求；针对云计算、移动互联、物联网和工业控制系统提出的特殊要求称为安全扩展要求。安全扩展要求包括云计算安全扩展要求、移动互联安全扩展要求、物联网安全扩展要求以及工业控制系统安全扩展要求。

《网络安全等级保护基本要求》更加体现安全，所有的基本要求都以安全开头。原各级技术要求的物理安全、网络安全、主机安全、应用安全、数据安全和备份与恢复修订为安全物理环境、安全通信网络、安全区域边界、安全计算环境和安全管理中心。原各级管理要求的安全管理制度、安全管理机构、人员安全管理、系统建设管理和系统运维管理修订为安全管理制度、安全管理机构、安全管理人员、安全建设管理和安全运维管理。

等级保护对象的定级更加科学规范。网络安全等级保护1.0采用自主定级的原则，2.0则采用"确定定级对象—初步确定等级—专家评审—主管部门审核—公安机关备案审查"的流程，定级过程需要专家评审。

5.2.3 等级保护指标数量变化

1．安全通用要求技术指标

网络安全等级保护安全通用技术中控制点分布如表5-1所示。

从安全测评角度出发，满足一级~四级各测评达标指标如表5-2所示。

2．云计算安全扩展要求技术指标

从安全测评角度出发，云计算一级~四级的指标如表5-3所示。

3．物联网安全扩展要求技术指标

从安全测评角度出发，满足物联网一级~四级的指标如表5-4所示。

表 5-1 安全通用技术要求控制点的分布

安全要求类	层 面	第一级	第二级	第三级	第四级
技术要求	安全物理环境	7	10	10	10
	安全通信网络	2	3	3	3
	安全区域边界	3	6	6	6
	安全计算环境	7	10	11	11
	安全管理中心	2	3	4	4
管理要求	安全管理制度	1	4	4	4
	安全管理机构	3	5	5	5
	安全管理人员	4	4	4	4
	安全建设管理	7	10	10	10
	安全运维管理	8	14	14	14

表 5-2 一级～四级的测评指标

	安全物理环境	安全通信网络	安全区域边界	安全计算环境	安全管理中心	安全管理制度	安全管理机构	安全管理人员	安全建设管理	安全运维管理	总计
第1级	7	2	5	11	4	1	3	4	9	13	59
第2级	15	4	11	23	6	6	9	7	25	31	137
第3级	22	8	20	34	12	7	14	12	34	48	211
第4级	24	11	21	36	13	7	15	14	35	53	229

表 5-3 云计算一级～四级的指标

	安全物理环境	安全通信网络	安全区域边界	安全计算环境	安全管理中心	安全管理制度	安全管理机构	安全管理人员	安全建设管理	安全运维管理	基本要求	扩展要求
第1级	1	2	1	3	0	0	0	0	0	0	59	11
第2级	1	3	7	11	0	0	0	0	6	0	137	29
第3级	1	5	8	18	4	0	0	0	8	1	210	46
第4级	1	8	8	18	4	0	0	0	8	1	226	49

表 5-4 物联网一级～四级的指标

	安全物理环境	安全通信网络	安全区域边界	安全计算环境	安全管理中心	安全管理制度	安全管理机构	安全管理人员	安全建设管理	安全运维管理	基本要求	扩展要求
第1级	2	0	1	0	0	0	0	0	0	1	59	4
第2级	2	0	3	0	0	0	0	0	0	2	137	7
第3级	4	0	3	11	0	0	0	0	0	3	210	20
第4级	4	0	3	12	0	0	0	0	0	3	226	21

4．移动互联网安全扩展要求技术指标

从安全测评角度出发，满足移动互联一级～四级的指标如表 5-5 所示。

表 5-5 移动互联一级～四级的指标

	安全物理环境	安全通信网络	安全区域边界	安全计算环境	安全管理中心	安全管理制度	安全管理机构	安全管理人员	安全建设管理	安全运维管理	基本要求	扩展要求
第1级	1	0	2	1	0	0	0	0	1	0	59	5
第2级	1	0	7	2	0	0	0	0	4	0	137	14
第3级	1	0	8	4	0	0	0	0	4	1	210	19
第4级	1	0	8	7	0	0	0	0	4	1	226	21

5.2.4 新增可信计算

相比网络安全等级保护 1.0，网络安全等级保护 2.0 增加了可信计算的相关要求。可信计算贯穿网络安全等级保护 2.0 从一级～四级整个标准，在安全通信网络、安全区域边界与安全计算环境中均有明确要求。

可信计算的基本思想是：先在计算机系统中构建一个信任根，信任根的可信性由物理安全、技术安全和管理安全共同确保；再建立一条信任链，从信任根开始到软、硬件平台，到操作系统，再到应用，一级度量认证一级、一级信任一级，把这种信任扩展到整个计算机系统，从而确保整个计算机系统的可信。目前，国内可信计算已进入 3.0 时代。

可信计算 1.0 以世界容错组织为代表，主要特征是主机可靠性，通过容错算法、故障诊查实现计算机部件的冗余备份和故障切换。可信计算 2.0 以 TCG 为代表，主要特征是包含 PC 节点安全性，通过主程序调用外部挂接的可信芯片实现被动度量。我国自主建立的可信计算 3.0 的主要特征是系统免疫性，保护对象是以系统节点为中心的网络动态链，构成"宿主+可信"双体系可信免疫架构，宿主机运算的同时由可信机制进行安全监控，实现对网络信息系统的主动免疫防护。

表 5-6 为网络安全等级保护一级～四级对可信验证的描述，呈现逐级增加、逐级增强的特点。

表 5-6 可信验证一级～四级的增强要求

一级	二级	三级	四级
可基于可信根对设备的系统引导程序、系统程序等进行可信验证，并在检测到其可信性受到破坏后进行报警	可基于可信根对设备的系统引导程序、系统程序、重要配置参数和应用程序等进行可信验证，并在检测到其可信性受到破坏后进行报警，并将验证结果形成审计记录送至安全管理中心	可基于可信根对设备的系统引导程序、系统程序、重要配置参数和应用程序等进行可信验证，并在应用程序的关键执行环节进行动态可信验证，在检测到其可信性受到破坏后进行报警，并将验证结果形成审计记录送至安全管理中心	可基于可信根对设备的系统引导程序、系统程序、重要配置参数和通信应用程序等进行可信验证，并在应用程序的所有执行环节进行动态可信验证，在检测到其可信性受到破坏后进行报警，并将验证结果形成审计记录送至安全管理中心，并进行动态关联感知

5.2.5 安全通用技术变化

网络安全等级保护 2.0 对安全技术进行大幅度调整，从整体结构上，把网络安全等级保护 1.0 中的物理安全、网络安全、主机安全、应用安全、数据安全变成安全物理环境、安全通信网络、安全区域边界、安全计算环境和安全管理中心。

1．安全通信网络

网络安全等级保护 1.0 中的"网络安全"变为"安全通信网络"。

增加了"应提供通信线路、关键网络设备和关键计算设备的硬件冗余，保证系统的可用性"的条款，并将"子网、网段"统一更换为"网络区域"。

强调应在网络边界或区域之间部署访问控制设备，并强调"应对进、出网络的数据流实现基于应用协议和应用内容的访问控制"，对应用协议、数据内容的深度解析提出了更高的要求。

增加了"应能对远程访问的用户行为、访问互联网用户行为等都进行行为审计和数据分析"。

网络安全等级保护 1.0 中的边界完整性检查、入侵防范和恶意代码防范这 3 节都被变更为网络安全等级保护 2.0 中的安全区域边界。在边界完整性检查中，网络安全等级保护 1.0 中要求必须准确定位并有效阻断非法外联、内联的行为，但在网络安全等级保护 2.0 中提出了"防止或限制"的要求，取消了网络安全等级保护 1.0 中的"定位"要求；在入侵防范中，主要提出了对于网络行为的分析，并且能够实现"已知"和"未知"的攻击行为检测能力。

2．安全计算环境

网络安全等级保护 1.0 中的主机安全部分被整合到安全计算环境中，数据安全内容被整合到安全计算环境，主要变化如下：

增强"身份鉴别"方式，除了"应采取口令、密码技术、生物技术等两种或两种以上组合的鉴别技术对用户进行身份鉴别"，强调"其中一种鉴别技术至少应使用密码技术实现"。

新增"入侵防范"的要求，网络安全等级保护 1.0 要求"应遵循最小安装原则"，但网络安全等级保护 2.0 中还强调了"应关闭不需要的系统服务、默认共享和高危端口"。

细化"数据完整性"和"数据保密性"的覆盖内容。网络安全等级保护 1.0 中仅提到了系统管理数据、鉴别信息和重要业务数据传输和存储过程中的完整性和保密性要求，而网络安全等级保护 2.0 中增加了重要审计数据、重要配置数据、重要视频数据和重要个人信息这几类保护对象。

新增"个人信息保护"的要求。

增强"数据备份恢复"的要求。网络安全等级保护 2.0 对重要数据的备份提出了异地实时的要求，相比于网络安全等级保护 1.0 的"定期批量传送至备用场地"要求更加严格。

强调"强制访问控制"，明确授权主体可以通过配置策略规定对客体的访问规则，控制粒度等。

增加对审计记录的"定期备份",修订"启用安全审计功能,审计覆盖到每个用户,对重要的用户行为和重要安全事件进行审计"。审计记录中删除"主体标识、客体标识和结果等",并改为"事件是否成功及其他与审计相关的信息"。

在"剩余信息保护"中,将1.0中描述的"操作系统和数据库系统用户"和"无论这些信息是存放在硬盘上还是在内存中"等限制性条件进行了删除,将"系统内的文件、目录和数据库记录等资源所在的存储空间"改为"存有敏感数据的存储空间"。

将"重要服务器"改为"重要节点",要求系统可以对数据进行有效性检验,同时可以发现系统存在的已知漏洞,在验证后可以进行修补。

提出了主动免疫可信验证机制,即"文件加载执行控制"的"白名单"技术。

3. 安全管理中心

网络安全等级保护1.0中,技术要求部分没有单独设立章节对安全管理中心进行要求,只在系统运维管理中提到"应建立安全管理中心,对设备状态、恶意代码、补丁升级、安全审计等安全相关事项进行集中管理"。网络安全等级保护2.0单独设立了"安全管理中心"内容,强化了安全管理中心的概念,突出了安全管理中心在信息安全等级保护建设中的重要性。

新增要求安全管理中心内的管理系统应具备对系统管理员的身份鉴别、特定命令和操作界面控制和操作审计等功能,并要求系统管理员作为系统资源和运行配置的唯一主体。

新增要求安全管理中心内的管理系统应具备对审计管理员的身份鉴别、特定命令和操作界面控制和操作审计等功能,并要求审计管理员作为审计记录分析和管控的唯一主体。

新增要求安全管理中心内的管理系统应具备对安全管理员的身份鉴别、特定命令和操作界面控制和操作审计等功能,并要求安全管理员作为系统安全参数设定、主客体标记、授权和可信验证策略配置的唯一主体。

在集中管控中,应划分出特定的管理区域,对分布在网络中的安全设备或安全组件进行管控;应能够建立一条安全的信息传输路径,对网络中的安全设备或安全组件进行管理;应对网络链路、安全设备、网络设备和服务器等的运行状况进行集中监测;应对分散在各个设备上的审计数据进行收集汇总和集中分析,并保证审计记录的留存时间符合法律法规要求;应对安全策略、恶意代码、补丁升级等安全相关事项进行集中管理;应能对网络中发生的各类安全事件进行识别、报警和分析。

4. 安全物理环境

从标准的要求来看,网络安全等级保护2.0与1.0的基本没有区别,可以参照网络安全等级保护1.0来做。

5. 安全区域边界

安全区域边界对所有的网络边界(包括互联网的边界、不同安全区域之间的边界、接入外网的一些边界等）从边界防护、访问控制、入侵防范、恶意代码和垃圾邮件系统防范、安全审计、可信验证提出安全需求。具体变化如下：

新增对"无线网络"的安全要求，必须"通过受控的边界设备才能接入内部网络"。

增强"入侵防范"的安全要求，对"从外部"和"从内部"发起的网络攻击行为，均"应在关键网络节点处进行检测、防止或限制"。

新增"垃圾邮件"检测和防护要求，这是第一次明确提出了反垃圾邮件的安全要求。

新增"安全审计"中对于"远程访问的用户行为、访问互联网的用户行为"进行"行为审计和数据分析"的要求。

新增"可信验证"的要求，这是网络安全等级保护2.0中新引入的安全特性，不仅出现在"安全区域边界"部分，在"安全通信网络"和"安全计算环境"中均新增了可信验证的要求。

5.2.6 安全通用管理变化

相比于技术要求的重大调整，管理部分在安全方面调整不大，依然由五部分组成。"制度""机构"和"人员"三大要素缺一不可，同时针对保护对象建设和运维过程的重要活动提出了控制和管理要求。但在具体控制项上，网络安全等级保护2.0有了部分删减及合并，减少了大多细节化的文档工作要求，极大提升了企业在信息安全管理上的灵活度与自由度。下面以三级为例，描述安全管理制度、安全管理人员、安全管理机构、安全运维管理和安全建设管理的变化情况。

1. 安全管理制度

以三级为例，控制点要求由原来的11项调整为7项，控制要求未产生较大变化。

新增控制子域"安全策略"。在网络安全等级保护1.0中该项作为"管理制度"中的一个控制项，此次变更强调了网络安全管理工作应上升到公司总体方针及战略的高度。

简化了制度"制定和发布"及"评审和修订"的管理要求，其中包括格式、收发文管理、论证审定的人员级别等要求，如不再要求必须由信息安全领导小组组织制度的审定。

2. 安全管理机构

以三级为例，网络安全等级保护2.0的控制点要求由20项调整为14项，总体上简化了操作层面流程记录，移除了部分过时的控制项，主要变更如下：

删减部分文件记录要求，包括安全管理机构各部门和岗位的职责分工文件，各项审批过程文件和文档。

简化"沟通和合作"部分要求，将"应加强与兄弟单位、公安机关、电信公司的合作沟通"和"应聘请信息安全专家作为常年的安全顾问，指导信息安全建设，参与安全规划和安全评审等"移除。

3. 安全管理人员

以三级为例，网络安全等级保护2.0的控制点要求由原来的16项调整为12项，主要变更如下：

删减整个人员考核控制点。企业只要对员工进行正常的安全培训以及关键岗位的技术培训，员工考核与培训记录和培训课程的归档不再作为强制检查项要求，放宽对安全管理人员的整体要求。

重点强调对外部人员的访问控制管理要求。"接入受控网络访问系统前先提出书面申请，批准后由专人开设账户、分配权限，并登记备案"。此外，新增对外部人员离场后的权限清除和系统授权人员保密协议的相关规定。

4. 安全建设管理

以三级为例，网络安全等级保护2.0的控制点要求由45项调整为34项，将网络安全等级保护1.0的系统定级和系统备案合并成到一个子域，总体上减少了过细的操作层面要求，简化了工作流程，主要变更如下：

简化系统安全设计方案的要求。比如系统的短期、长期安全建设计划，定期调整和修订总体安全策略、框架等配套文件要求将不再包括；但也强调了密码技术的重要性，必须将其包含在安全方案设计。

强化安全在开发层面的重要。增加"应保证在软件开发过程中对安全性进行测试，在软件安装前对可能存在的恶意代码进行检测"，督促企业将"设计安全"的理念贯彻至系统建设过程中，在软件开发过程中除了功能性测试，也应重视安全性测试，及时识别软件可能存在的漏洞以进行修复。随着很多新兴技术在业务中的推广应用，有些企业可能在追求业务快速发展的过程中忽略了安全的重要性，这就要求企业安全部门甚至是管理层，强调安全的重要性，在系统建设初期则将安全考虑在内。

简化"测试验收"的要求，强调上线前安全测试的重要性。移除委托第三方进行安全测试的要求，并简化测试管控流程和验收签字的规定，但同时强调上线前安全测试的重要性。近年来，很多企业开始重视系统的安全性测试，尤其对于面向互联网的应用如电商网站等，并将高风险和中风险级别的漏洞修复作为系统上线的必要条件。该控制项还强调了"安全测试报告应包含密码应用安全性测试相关内容"，这与"安全计算环境"安全域中的"身份鉴别"相关规定是相关联的。近年来，未授权访问漏洞也成为多起数据安全泄露事件的罪魁祸首。不同的身份鉴别方式可能存在不同的安全漏洞，在渗透测试过程中需要采取不同的方法，尝试进行验证绕过，以达到非授权访问的效果。

强化对服务供应商的管理要求。企业应对各方在整个服务供应链中所需履行的网络安全相关义务进行明确，同时企业应定期对服务进行监督、评审和审核。比如，企业租用了某云服务提供商的服务，应在合同中对双方的安全责任边界进行明确，不同的服务模式下，云服务提供商和租户的安全管理责任有所不同，可参考GB/T 22239—2019《信息安全技

术 网络安全等级保护基本要求》的附录 D。同时，要求企业通过建立有效的供应商定期审查机制，采用企业内部或外部资源对其服务安全性进行评估，及时识别潜在风险，加强信息安全管控。

5．安全运维管理

以三级为例，网络安全等级保护 2.0 的控制点要求由原来的 62 项调整为 48 项，整体上简化了对安全运维管理的要求，新增了提升企业"主动防御"能力的相关管理领域，主要变更如下：

简化资产管理、介质管理、密码管理、变更管理、备份与恢复管理的要求，不再强制要求配套的管理制度，大幅减少文档记录工作。同时，应急预案管理方面不再要求定期开展应急演练工作并保留过程记录，对企业放宽了管理要求。但是从安全角度出发，年度演练将会能够帮助相关人员熟悉其在应急响应流程中职责和操作步骤，对应急预案进行相应的调整和优化。

新增配置管理、漏洞和风险管理控制点，要求企业重视漏洞与补丁管理安全，做好配置管理工作，及时更新基本配置信息库，定期开展安全测评工作，提升企业积极主动防护的能力。

新增外包运维管理要求。由于越来越多的企业对系统运维进行外包，其运维过程的所涉及的流程和技术，均应该根据所保护对象的网络安全级别进行安全控制，因此企业在与外包运维服务商进行协议签署时，均应该对其能力和要求进行明确，可能涉及对其敏感信息的全生命周期处理要求、系统和服务可用性要求等。

5.3 网络安全等级保护 2.0 基本要求

5.3.1 安全通用要求

安全通用要求针对共性化保护需求提出。无论等级保护对象以何种形式出现，需要根据安全保护等级实现相应级别的安全通用要求。安全通用要求细分为技术要求和管理要求，两者合计 10 大类。其中，技术要求包括安全物理环境、安全通信网络、安全区域边界、安全计算环境和安全管理中心；管理要求包括安全管理制度、安全管理机构、安全管理人员、安全建设管理和安全运维管理。

技术要求分类体现了从外部到内部的纵深防御思想。对等级保护对象的安全防护应考虑从通信网络到区域边界再到计算环境的从外到内的整体防护，同时考虑对其所处的物理环境的安全防护。级别较高的等级保护对象还需要考虑对分布在整个系统中的安全功能或安全组件的集中技术管理手段。管理要求分类体现了从要素到活动的综合管理思想。安全管理需要的机构、制度和人员三要素缺一不可，同时应对系统建设整改过程中和运行维护过程中的重要活动实施控制和管理。对级别较高的等级保护对象需要构建完备的安全管理体系。

1．安全物理环境

安全通用要求中的安全物理环境部分是针对物理机房提出的安全控制要求，主要对象为物理环境、物理设备和物理设施等，涉及的安全控制点包括物理位置的选择、物理访问控制、防盗窃和防破坏、防雷击、防火、防水和防潮、防静电、温湿度控制、电力供应和电磁防护。

2．安全通信网络

安全通用要求中的安全通信网络部分是针对通信网络提出的安全控制要求，主要对象为广域网、城域网和局域网等，涉及的安全控制点包括网络架构、通信传输和可信验证。

3．安全区域边界

安全通用要求中的安全区域边界部分是针对网络边界提出的安全控制要求，主要对象为系统边界和区域边界等，涉及的安全控制点包括边界防护、访问控制、入侵防范、恶意代码防范、安全审计和可信验证。

4．安全计算环境

安全通用要求中的安全计算环境部分是针对边界内部提出的安全控制要求，主要对象为边界内部的所有对象，包括网络设备、安全设备、服务器设备、终端设备、应用系统、数据对象和其他设备等，涉及的安全控制点包括身份鉴别、访问控制、安全审计、入侵防范、恶意代码防范、可信验证、数据完整性、数据保密性、数据备份与恢复、剩余信息保护和个人信息保护。

5．安全管理中心

安全通用要求中的安全管理中心部分是针对整个系统提出的安全管理方面的技术控制要求，通过技术手段实现集中管理。其涉及的安全控制点包括系统管理、审计管理、安全管理和集中管控。

6．安全管理制度

安全通用要求中的安全管理制度部分是针对整个管理制度体系提出的安全控制要求，涉及的安全控制点包括安全策略、管理制度、制定和发布以及评审和修订。

7．安全管理机构

安全通用要求中的安全管理机构部分是针对整个管理组织架构提出的安全控制要求，涉及的安全控制点包括岗位设置、人员配备、授权和审批、沟通和合作以及审核和检查。

8. 安全管理人员

安全通用要求中的安全管理人员部分是针对人员管理模式提出的安全控制要求，涉及的安全控制点包括人员录用、人员离岗、安全意识教育和培训以及外部人员访问管理。

9. 安全建设管理

安全通用要求中的安全建设管理部分是针对安全建设过程提出的安全控制要求，涉及的安全控制点包括定级和备案、安全方案设计、安全产品采购和使用、自行软件开发、外包软件开发、工程实施、测试验收、系统交付、等级测评和服务供应商管理。

10. 安全运维管理

安全通用要求中的安全运维管理部分是针对安全运维过程提出的安全控制要求，涉及的安全控制点包括环境管理、资产管理、介质管理、设备维护管理、漏洞和风险管理、网络和系统安全管理、恶意代码防范管理、配置管理、密码管理、变更管理、备份与恢复管理、安全事件处置、应急预案管理和外包运维管理。

5.3.2 云计算安全扩展要求

采用了云计算技术的信息系统通常称为云计算平台。云计算平台由设施、硬件、资源抽象控制层、虚拟化计算资源、软件平台和应用软件等组成。云计算平台中通常有云服务商和云服务客户/云租户两种角色。根据云服务商所提供服务的类型，云计算平台有软件即服务（SaaS）、平台即服务（PaaS）、基础设施即服务（IaaS）三种基本的云计算服务模式。在不同的服务模式中，云服务商和云服务客户对资源拥有不同的控制范围，控制范围决定了安全责任的边界。

云计算安全扩展要求是针对云计算平台提出的安全通用要求之外额外需要实现的安全要求。云计算安全扩展要求涉及的控制点包括基础设施位置、网络架构、网络边界的访问控制、网络边界的入侵防范、网络边界的安全审计、集中管控、计算环境的身份鉴别、计算环境的访问控制、计算环境的入侵防范、镜像和快照保护、数据安全性、数据备份恢复、剩余信息保护、云服务商选择、供应链管理和云计算环境管理。

5.3.3 移动互联安全扩展要求

采用移动互联技术的等级保护对象，其移动互联部分通常由移动终端、移动应用和无线网络三部分组成。移动终端通过无线通道连接无线接入设备接入有线网络；无线接入网关通过访问控制策略限制移动终端的访问行为；后台的移动终端管理系统（如果配置）负责对移动终端的管理，包括向客户端软件发送移动设备管理、移动应用管理和移动内容管理策略等。

移动互联安全扩展要求是针对移动终端、移动应用和无线网络提出的特殊安全要求，它们与安全通用要求一起构成针对采用移动互联技术的等级保护对象的完整安全要求。移动互联安全扩展要求涉及的控制点包括：无线接入点的物理位置、无线和有线网络之间的边界防护、无线和有线网络之间的访问控制、无线和有线网络之间的入侵防范、移动终端管控、移动应用管控、移动应用软件采购、移动应用软件开发和配置管理。

5.3.4 物联网安全扩展要求

物联网从架构上通常可分为三个逻辑层，即感知层、网络传输层和处理应用层。其中，感知层包括传感器节点和传感网网关节点或 RFID 标签和 RFID 读写器，也包括感知设备与传感网网关之间、RFID 标签与 RFID 读写器之间的短距离通信（通常为无线）部分；网络传输层包括将感知数据远距离传输到处理中心的网络，如互联网、移动网或几种不同网络的融合；处理应用层包括对感知数据进行存储与智能处理的平台，并对业务应用终端提供服务。对大型物联网来说，处理应用层一般由云计算平台和业务应用终端构成。

对物联网的安全防护应包括感知层、网络传输层和处理应用层。由于网络传输层和处理应用层通常由计算机设备构成，因此这两部分按照安全通用要求提出的要求进行保护。物联网安全扩展要求是针对感知层提出的特殊安全要求，它们与安全通用要求一起构成针对物联网的完整安全要求。

物联网安全扩展要求涉及的控制点包括感知节点的物理防护、感知网的入侵防范、感知网的接入控制、感知节点设备安全、网关节点设备安全、抗数据重放、数据融合处理和感知节点的管理。

5.3.5 工业控制系统安全扩展要求

工业控制系统通常是可用性要求较高的等级保护对象。工业控制系统是各种控制系统的总称，典型的如数据采集与监视控制系统（SCADA）、集散控制系统（DCS）等。工业控制系统通常用于电力、水和污水处理、石油和天然气、化工、交通运输、制药、纸浆和造纸、食品和饮料、离散制造（如汽车、航空航天和耐用品）等行业。

工业控制系统从上到下一般分为五层，依次为企业资源层、生产管理层、过程监控层、现场控制层和现场设备层，不同层级的实时性要求有所不同，对工业控制系统的安全防护应包括各层。由于企业资源层、生产管理层和过程监控层通常由计算机设备构成，因此这些层按照安全通用要求提出的要求进行保护。

工业控制系统安全扩展要求是针对现场控制层和现场设备层提出的特殊安全要求，它们与安全通用要求一起构成针对工业控制系统的完整安全要求。工业控制系统安全扩展要求涉及的控制点包括室外控制设备防护、网络架构、通信传输、访问控制、拨号使用控制、无线使用控制、控制设备安全、产品采购和使用以及外包软件开发。

第 6 章
等级保护和关键信息基础设施运营者

网络安全等级保护 2.0 常规动作主要有 5 个环节组成：定级、备案、建设整改、等级测评、监督检查。本章主要从定级、备案、建设整改、等级测评和监督检查常规动作角度，为关键信息基础设施运营者深入贯彻实施网络安全等级保护制度提供参考指导。

6.1 定级

定级是等级保护工作的首要环节和关键环节。2007 年 7 月 26 日，公安部、国家保密局、国家秘密管理局和国务院信息化工作办公室联合发布《关于开展全国重要信息系统安全等级保护定级工作的通知》（公通字〔2007〕861 号）。该通知为全国重要信息系统等级保护开展定级工作给出要求顶层设计。随后，2008 年 6 月 19 日国家标准《信息安全技术 信息系统安全保护等级定级指南》（GB/T 22240—2008）发布，为全国定级工作给出方法指导。2020 年，新版《信息安全技术 网络安全等级保护定级指南》（GB/T 22240—2020）发布实施，并取代《信息安全技术 信息系统安全等级保护定级指南》。

6.1.1 等级保护对象和安全保护等级

1. 等级保护对象

等级保护对象是指网络安全等级保护工作直接作用的对象，主要包括信息系统、通信网络设施和数据资源等。下面给出这些等级保护对象的描述。

信息系统是指应用、服务、信息技术资产或其他信息处理组件，通常由计算机或者其他信息终端及相关设备组成，并按照一定的应用目标和规则进行信息处理或过程控制。典型的信息系统如办公自动化系统、核心业务系统、云计算平台、智能制造系统、物联网、工业控制系统以及采用移动互联技术的系统等。

通信网络设施为信息流通、网络运行等起基础支撑作用的网络设备设施，主要包括电信网、广播电视传输网、大型专网、新型通信设施和行业或单位的专用通信网等。

数据资源是指具有或预期具有价值的数据集合，如大数据平台。数据资产多以电子形式存在。

关于重要信息系统，在《关于开展全国重要信息系统安全等级保护定级工作的通知》（公通字〔2007〕861号）中明确指出了我国的重要信息系统定级范围。重要信息系统范围如下：电信、广电行业的公用通信网、广播电视传输网等基础信息网络，经营性公众互联网信息服务单位、互联网接入服务单位、数据中心等单位的重要信息系统；铁路、银行、海关、税务、民航、电力、证券、保险、外交、科技、发展改革、国防科技、公安、人事劳动和社会保障、财政、审计、商务、水利、国土资源、能源、交通、文化、教育、统计、工商行政管理、邮政等行业、部门的生产、调度、管理、办公等重要信息系统；市（地）级以上党政机关的重要网站和办公信息系统；涉及国家秘密的信息系统。

2. 安全保护等级

根据等级保护对象在国家安全、经济建设、社会生活中的重要程度，以及一旦破坏遭到破坏、丧失功能或者数据被篡改、泄露、丢失、损毁后，对国家安全、社会秩序、公共利益以及公民、法人和其他组织的合法权益的侵害程度等因素，等级保护对象的安全保护等级分为以下五级。

第一级，等级保护对象受到破坏后，会对相关公民、法人和其他组织的合法权益造成一般损害，但不危害国家安全、社会秩序和公共利益。

第二级，等级保护对象受到破坏后，会对相关公民、法人和其他组织的合法权益造成严重损害或特别严重损害，或者对社会秩序和公共利益造成危害，但不危害国家安全。

第三级，等级保护对象受到破坏后，会对社会秩序和公共利益造成严重损害，或者对国家安全造成危害。

第四级，等级保护对象受到破坏后，会对社会秩序和公共利益造成特别严重损害，或者对国家安全造成严重危害。

第五级，等级保护对象受到破坏后，会对国家安全造成特别严重危害。

6.1.2 定级工作主要内容

1．开展信息系统基本情况的摸底调查

各行业主管部门、运营使用单位要组织开展对所属信息系统的摸底调查，全面掌握信息系统的数量、分布、业务类型、应用或服务范围、系统结构等基本情况，按照《信息安全等级保护管理办法》和《网络安全等级保护定级指南》的要求，确定定级对象。各行业主管部门要根据行业特点提出指导本地区、本行业定级工作的具体意见。

要深入开展等级工作，重点要摸底调查本单位采取云计算、物联网、新型互联网、大数据、智能制造等新技术应用的基本情况，摸清楚这些新技术的功能、服务范围、服务对象和处理数据等情况。

2．初步确定安全保护等级

各信息系统主管部门和运营使用单位要按照《信息安全等级保护管理办法》和《网络安全等级保护定级指南》，初步确定定级对象的安全保护等级，起草定级报告。跨省或者全国统一联网运行的信息系统可以由主管部门统一确定安全保护等级。涉密信息系统的等级确定按照国家保密局的有关规定和标准执行。对新建网络，应在规划设计阶段确定安全保护等级。

3．评审与审批

需聘请专家进行评审，初步确定网络安全等级保护安全保护等级。对拟确定为第四级以上信息系统的，由运营使用单位或主管部门请国家信息安全保护等级专家评审委员会评审。运营使用单位或主管部门参照评审意见最后确定定级对象安全保护等级，形成定级报告。信息系统运营使用单位有上级行业主管部门的，所确定的定级对象安全保护等级应当报经上级行业主管部门审批同意。

4．备案

根据《信息安全等级保护管理办法》，安全保护等级为第二级以上的信息系统运营使用单位或主管部门应当填写《信息系统安全等级保护备案表》，到公安机关办理备案手续，提交有关备案材料及电子数据文件。隶属于中央的在京单位，其跨省或者全国统一联网运行并由主管部门统一定级的信息系统，由主管部门向公安部办理备案手续。跨省或者全国统一联网运行的信息系统在各地运行、应用的分支系统，向当地设区的市级以上公安机关备案。

5．备案管理

对第二级以上网络依法向公安机关备案，并向行业主管部门报备。公安机关对网络运

营者提交的备案材料和网络的安全保护等级进行审核,对定级结果合理、备案材料符合要求的,及时出具网络安全等级保护备案证明。发现不符合《信息安全等级保护管理办法》及有关标准的,应当通知备案单位予以纠正。发现定级不准的,应当通知运营使用单位或其主管部门重新审核确定。

6.1.3 等级保护对象中的定级要素分析

等级保护对象(也可以称之为定级对象)的定级要素包括受侵害的客体、对客体的侵害程度。

1. 受侵害的客体

受侵害的客体是指受法律保护的、等级保护对象受到破坏时所侵害的社会关系,如国家安全、社会秩序、公共利益以及公民、法人或其他组织的合法权益。公民、法人和其他组织的合法权益,是法律确认的并受法律保护的公民、法人和其他组织所享有的一定的社会权益,特指拥有信息系统的个体或确定组织所享有的社会权益。

社会秩序是指国家机关的工作秩序,各类经济活动秩序,各行业科研、生产秩序,公众正常生活秩序等。公共利益,是不特定社会成员所共同享有的,维持其生产、生活、教育、卫生等方面的利益,表现为社会成员使用公共设施、社会成员获取公开信息资源和社会成员获取公共服务等。

国家安全是指国家层面、与全局相关的国家政治安全、国防安全、经济安全、社会安全、科技安全和资源环境安全等方面利益。其具体内容如下。

侵害国家安全事项方面:影响国家政权稳固和国防实力;影响国家统一、民族团结和社会安定;影响国家对外活动中的政治、经济利益;影响国家重要的安全保卫工作;影响国家经济竞争力和科技实力;影响海洋权益完整的侵害;影响国家社会主义经济秩序和文化实力的侵害;其他影响国家安全的事项。

侵害社会秩序事项方面:影响国家机关社会管理和公共服务的工作秩序;影响各种类型的经济活动秩序;影响各行业的科研、生产秩序;影响公众在法律约束和道德规范下的正常生活秩序等;影响企事业单位、社会团体生产秩序、医疗卫生秩序的侵害;影响公共交通秩序的侵害;影响人民群众生活的侵害;其他影响社会秩序的事项。

侵害公共利益事项方面:影响社会成员使用公共设施;影响社会成员获取公开信息资源;影响社会成员接受公共服务等方面;其他影响公共利益的事项。

在确定作为定级对象的信息系统受到破坏后所侵害的客体时,要按照如下顺序执行。首先判断是否侵害国家安全,然后判断是否侵害社会秩序或公共利益,最后判断是否侵害公民、法人和其他组织的合法权益。各行业可根据本行业业务特点,分析各类信息和各类信息系统与国家安全、社会秩序、公共利益以及公民、法人和其他组织的合法权益的关系,从而确定本行业各类信息和各类信息系统受到破坏时所侵害的客体。

2. 对客体的侵害程度

对客体的侵害程度由客观方面的不同外在表现综合决定。由于对客体的侵害是通过对等级保护对象的破坏实现的，因此，对客体的侵害外在表现为对等级保护对象的破坏，通过危害方式、危害后果和危害程度加以描述。

等级保护对象的危害方式表现为对信息安全的破坏和对信息系统服务的破坏，其中信息安全是指确保信息系统内信息的保密性、完整性和可用性等，系统服务安全是指确保信息系统可以及时、有效地提供服务，以完成预定的业务目标。

信息安全和系统服务安全受到破坏后，可能产生以下危害后果：影响行使工作职能，导致业务能力下降，引起法律纠纷，导致财产损失，造成社会不良影响，对其他组织和个人造成损失，其他影响等。

等级保护对象受到破坏后对客体造成侵害的程度归结为以下三种：造成一般损害、造成严重损害、造成特别严重损害。不同危害后果的三种危害程度描述如下。

一般损害：工作职能受到局部影响，业务能力有所降低但不影响主要功能的执行，出现较轻的法律问题，较低的财产损失，有限的社会不良影响，对其他组织和个人造成较低损害。

严重损害：工作职能受到严重影响，业务能力显著下降且严重影响主要功能执行，出现较严重的法律问题，较高的财产损失，较大范围的社会不良影响，对其他组织和个人造成较严重损害。

特别严重损害：工作职能受到特别严重影响或丧失行使能力，业务能力严重下降且或功能无法执行，出现极其严重的法律问题，极高的财产损失，大范围的社会不良影响，对其他组织和个人造成非常严重损害。

表 6-1 为侵害程度对比。

表 6-1 三种侵害程度对比

受侵害的客体后果	对客体的侵害程度		
	一般损害	严重损害	特别严重损害
工作职能	局部影响	严重影响	丧失行驶功能
业务能力	有所降低但不影响主要功能	显著下降且严重影响主要功能	严重下降且或功能无法执行
法律问题	较轻	较严重	极其严重
财产损失	较低	较高	极高
社会不良影响	有限	较大范围	大范围
其他组织和个人	较低	较严重	非常严重

安全保护等级的客体受侵害的程度如表 6-2 所示。

表 6-2　安全保护等级的客体受侵害的程度

受侵害的客体	对客体的侵害程度		
	一般侵害	严重侵害	特别严重侵害
公民、法人和其他组织的合法权益	第一级	第二级	第二级
社会秩序、公共利益	第二级	第三级	第四级
国家安全	第三级	第四级	第五级

6.1.4　如何识别等级保护对象

一个单位内运行的信息系统可能比较庞大，为了体现重要部分重点保护，有效控制信息安全建设成本，优化信息安全资源配置的等级保护原则，可将较大的信息系统划分为若干个较小的、可能具有不同安全保护等级的等级保护对象。只要符合下列定级对象的基本特征，则可以确定为等级保护对象。

一是具有确定的主要安全责任主体。主要安全责任主体包括但不限于企业、机关和事业单位等法人，以及不具备法人资格的社会团体等其他组织。最好作为定级对象应能够唯一地确定其安全责任单位。如果一个单位的某个下级单位负责信息系统安全建设、运行维护等过程的全部安全责任，则这个下级单位可以成为信息系统的安全责任单位；如果一个单位中的不同下级单位分别承担信息系统不同方面的安全责任，则该信息系统的安全责任单位应是这些下级单位共同所属的单位。

二是承载相对独立的业务应用。定级对象承载"相对独立"的业务应用是指其业务应用的主要业务流程独立，同时与其他业务应用有少量的数据交换，定级对象可能会与其他业务应用共享一些设备，尤其是网络传输设备。

三是具有信息系统的基本要素。定级对象应该是由相关的和配套的设备、设施按照一定的应用目标和规则组合而成的有形实体。应避免将某个单一的系统组件，如服务器、终端或网络设备等作为定级对象。

6.1.5　安全扩展要求的定级对象

1. 云计算平台/系统

在云计算环境中，云服务客户端的等级保护对象和云服务商测得云计算平台/系统需分别作为单独的定级对象定级，并根据不同服务模式将云计算平台/系统划分为不同的定级对象。也就说，云租户和云服务商的等级保护对象要分开定，如云服务商的平台对外提供SaaS、PaaS、IaaS三种服务模式，那么就分为三个对象来分别定级。

对于大型云计算平台/系统，宜将云计算基础设施和有关辅助服务系统划分为不同的定级对象。对于云计算平台/系统定级对象，需根据其承载或将要承载的等级保护对象的重要程度确定其安全保护等级，原则上不低于其承载的等级保护对象的安全保护等级。

2. 通信网络设施

对于电信网、广播电视传输网等通信网络设施，宜根据安全责任主体、服务类型或服务地域等因素将其划分为不同的定级对象。跨省的行业或单位的专用通信网可作为一个整体对象定级，或分区域划分为若干个定级对象。

对于通信网络设施定级对象，需根据其承载或将要承载的等级保护对象的重要程度确定其安全保护等级，原则上不低于其承载的等级保护对象的安全保护等级。

3. 数据资源

数据资源可独立定级。当安全责任主体相同时，大数据、大数据平台/系统宜作为一个整体对象定级；当安全责任主体不同时，大数据应独立定级。涉及大量公民个人信息以及为公民提供公共服务的大数据平台/系统，原则上其安全保护等级不低于第三级。

4. 物联网

物联网主要包括感知层、网络传输层和处理应用层等，需将以上要素作为一个整体对象进行定级，各要素不建议单独定级。也就是说，通常以系统为单位，将所有边缘设备和应用统一起来，作为一个整体来定级。

5. 工业控制系统

工业控制系统中现场采集/执行、现场控制和过程控制等要素需作为一个整体对象进行定级，各要素不建议单独定级，但是生产管理要素建议单独定级。而对于大型工业控制系统，可根据系统功能、责任主体、控制对象和生产厂商等因素划分为多个定级对象。

也就是说，工业控制系统不同于其他行业，要将现场、过程控制要素作为一个整体定级，而生产管理要素单独再作为一个定级对象。即一个工业控制系统，最终会分成两个对象定级备案。对于大型工控系统，类似大型云计算平台要求，根据功能、主体、控制对象和生产厂商等因素划分多个定级对象。要求大型工控系统进行拆分定级。

6、移动互联网

对于移动互联这类系统，即包括移动终端（手机、平板、笔记本）、移动应用和无线网络等特征要素的系统，要求将所有移动技术整合，作为一个整体来定级。

6.1.6 定级工作流程

等级保护对象定级工作的一般流程是按照"确定定级对象、初步确定等级、专家评审、主管部门核准、备案审核"的工作原则进行。

确定定级对象。 各行业主管部门、运营使用单位按照《信息安全等级保护管理办法》和《网络安全等级保护定级指南》的要求，确定定级对象。

初步确定等级。 各行业主管部门、运营使用单位按照《信息安全等级保护管理办法》

和《网络安全等级保护定级指南》的要求，初步确定等级。

专家评审。初步确定安全保护等级为第二级及以上的定级对象，网络运营者需组织专家进行评审。对拟确定为第四级以上信息系统的，由运营使用单位或主管部门请国家信息安全保护等级专家评审委员会评审。运营使用单位或主管部门参照评审意见最后确定安全保护等级，形成定级报告。

主管单位核准。运营使用单位有上级行业主管部门的，所确定的安全保护等级应当报经上级行业主管部门审批同意。

备案审核。公安机关对安全保护等级审核把关，合理确定安全保护等级。发现定级不准的或等级结果不合理的，应当通知运营使用单位或其主管部门重新审核确定。

信息系统运营使用单位有上级主管部门，且对信息系统的安全保护等级有定级指导意见或审核批准的，可不需再进行等级专家评审。主管部门一般指行业的上级主管部门或监管部门。如果是跨地域联网运营使用的信息系统，则必须由上级主管部门审批，确保同类系统或分支系统在各地域分别定级的一致性。

对于新建系统的定级工作，要坚持三同步原则，做到"同步规划、同步设计、同步实施"。建设、运营单位要先定级，按照所定级别的基本保护要求同步建设。要站在国家安全、社会稳定的高度统筹考虑安全保护等级，不能仅仅从行业和信息系统自身安全角度考虑。要应避免将某个单一的系统组件（如服务器、终端、网络设备等）作为定级对象，避免将所有的业务系统网络作为一个定级对象。要避免同类信息系统的安全保护等级，不能随着部、省、市行政级别的降低而降低。在定级不明确的情况，可通过咨询等级保护建设领导小组、行业主管部门等相关意见后再确定。

6.1.7 定级工作方法

定级对象的安全包括业务信息安全和系统服务安全，与之相关的受侵害客体和对客体的侵害程度可能不同，因此，信息系统定级也应由业务信息安全和系统服务安全两方面确定。从业务信息安全角度反映的定级对象安全保护等级称为业务信息安全保护等级。从系统服务安全角度反映的定级对象安全保护等级称为系统服务安全保护等级。

确定定级对象安全保护等级的一般流程如下。

（1）确定受到破坏时所侵害的客体

① 确定业务信息受到破坏时所侵害的客体。

② 确定系统服务安全受到破坏时所侵害的客体。

（2）确定对客体的侵害程度

① 根据不同的受侵害客体，分别评定业务信息安全被破坏对客体的侵害程度。

② 根据不同的受侵害客体，分别评定系统服务安全被破坏对客体的侵害程度。

（3）确定安全保护等级

① 确定业务信息安全保护等级。

② 确定系统服务安全保护等级。

③ 将业务信息安全保护等级和系统服务安全保护等级的较高者确定为定级对象的安全保护等级。

定级工作流程如图 6-1 所示。

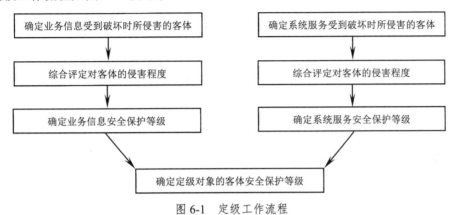

图 6-1　定级工作流程

侵害程度是客观方面的不同外在表现的综合体现，因此，应先根据不同的受侵害客体、不同危害后果分别确定其危害程度。对不同危害后果确定其危害程度所采取的方法和所考虑的角度可能不同。在针对不同的受侵害客体进行侵害程度的判断时，应参照以下不同的判别基准。

如果受侵害客体是公民、法人或其他组织的合法权益，则以本人或本单位的总体利益作为判断侵害程度的基准；

如果受侵害客体是社会秩序、公共利益或国家安全，则应以整个行业或国家的总体利益作为判断侵害程度的基准。

业务信息安全和系统服务安全被破坏后对客体的侵害程度，由对不同危害结果的危害程度进行综合评定得出。由于各行业信息系统所处理的信息种类和系统服务特点各不相同，信息安全和系统服务安全受到破坏后关注的危害结果、危害程度的计算方式均可能不同，各行业可根据本行业信息特点和系统服务特点，制定危害程度的综合评定方法，并给出侵害不同客体造成一般损害、严重损害、特别严重损害的具体定义。

6.1.8　定级对象等级如何审批和变更

定级对象运营使用单位或主管部门在初步确定定级对象安全保护等级后，为了保证定级合理、准确，要聘请领域专家进行评审。等级确定后，定级对象运营使用单位需要提交备案资料，对定级对象的定级结果准确性进行审核。

1．定级对象等级评审

初步确定安全保护等级为第二级及以上的定级对象，需聘请专家进行评审。运营使用单位或主管部门参照评审意见最后确定定级对象安全保护等级，形成定级报告。拟确定为第四级以上信息系统的，由运营使用单位或主管部门请国家信息安全保护等级专家评审委员会评审。

2．定级对象等级的审批

定级对象运营、使用单位初步确定了安全保护等级后，有主管部门的，应当经主管部门审核批准。单位自建的信息系统（与上级单位无关），等级确定后是否上报上级主管部门审批，由单位自行决定。这里的主管部门一般是指行业的上级主管部门或监管部门。其跨省或者全国统一联网运行的信息系统，必须由其上级主管部门统一定级、统一审批，确保同类系统不因地区的差异而造成不一致的问题。

3．公安机关审核

《信息安全等级保护管理方法》第十五条规定：信息系统运营、使用单位或者其主管部门应当在信息系统安全保护等级确定后 30 日内，到公安机关办理备案手续。公安机关收到备案材料后，应对信息系统所定安全保护等级的准确性进行审核。经审核合格的，公安机关出具《信息系统安全等级保护备案证明》。

公安机关的审核是定级工作的最后一道防线，应严格审核、高度重视。对定级不准的备案单位，在通知整改的同时，应当建议备案单位组织专家进行重新定级评审，并报上级主管部门审批。备案单位仍然坚持原定等级的，公安机关可以受理其备案，但应当书面告知其承担由此引发的责任和后果，经上级公安机关同意后，同时通报备案单位上级主管部门。

各地级市的单位将定级资料交给各自地级市的网安支队，省级单位将资料交给省公安网安总队，特定行业有要求按照相关规定执行。业务在云上的，可在系统运营使用单位所在地公安网安部门进行备案，与业务系统在云上的资源物理节点的地点无关。

4．等级变更

在定级对象的运行过程中，安全保护等级应随着定级对象所处理的信息和业务状态的变化进行适当的变更，尤其是当状态变化可能导致业务信息安全或系统服务安全受到破坏后的受侵害客体和对客体的侵害程度有较大的变化，可能影响到系统的安全保护等级时，应重新定级。

6.2　备案

信息系统运营、使用单位或者其主管部门、公安机关按照《信息安全等级保护备案实施细则》（公信安〔2007〕1360号）的要求办理信息系统备案工作。网络安全等级保护备案工作包括信息系统备案、受理、审核和备案信息管理等工作。在备案时需要提交备案所需资料，并遵从备案工作流程。

6.2.1 备案需要什么资料

1. 材料提交

备案时应当提交《信息系统安全等级保护备案表》（以下简称《备案表》）（一式两份）及其电子文档。第二级以上信息系统备案时需提交《备案表》中的表一、二、三；第三级以上信息系统还应当在系统整改、测评完成后30日内提交《备案表》表四及其有关材料。

2. 等级保护备案报送材料规范说明

（1）二级系统（纸质版）

① 备案表（单位盖章）。

② 定级报告（单位盖章）。

③ 专家定级评审意见（或上级正式文件明确定级级别）。

（2）二级系统（电子版光盘）

① 备案表。

② 定级报告。

③ 专家定级评审意见（或上级正式文件明确定级级别）扫描件。

（3）三级系统

除二级系统要求材料外，还需提供：

① 网络拓扑结构图及说明。

② 系统安全组织机构和管理制度。

③ 系统安全保护设计方案或整改建设方案。

④ 安全产品清单及认证、销售许可证明。

⑤ 测评后符合系统安全保护等级的技术检测评估报告。

⑥ 主管部门审核批准信息系统安全保护等级的意见（如有请提供）。

⑦ 异地备案需出具"互联网项目登记管理系统"审批表。

（4）备案系统变更、废止所需文件

① 废止的系统需单位出具情况说明（写清系统名称，系统编号，何时投入使用何时废止，废止简要原因，和停止联网后重要信息如何处置等）。

② 公安机关收回原证，注销备案。

③ 单位仅名称变更或系统名称变更（网络系统架构、功能、建设地点、使用范围等项目不变），由单位出具证明和申请，到公安机关变更备案。

④ 网络系统架构、功能、建设地点、使用范围等重要项目改变的系统，需要按照新系统进行重新办理。

6.2.2 备案资料的审核要点

1．备案表的审核要点

（一）是否按照备案表模板格式填写；

（二）表二 06 系统互联情况的填写是否与定级报告中提供的网络拓扑图连接情况一致；

（三）表二 07 关键产品使用情况的填写数量是否与定级报告中提供的网络拓扑图关键产品数量一致；

（四）表三 填表时间是否与定级时间相同或之后；

（五）表三 01 确定业务信息安全保护 02 确定系统服务安全保护等级 03 信息系统安全保护等级填写内容是否与定级报告中一致；

（六）表三 04 定级时间是否和专家定级评审意见中时间一致；

（七）表三 05 专家评审情况"已评审"是否开展。

2．定级报告的审核要点

（一）是否按照定级报告模板格式编制；

（二）是否提供清晰且分区分域的网络拓扑图；

（三）是否针对网络拓扑图进行分区分域的语言描述；

（四）是否有 XX 开发单位、XX 运行维护部门、XX 定级责任单位等语言描述信息；

（五）业务信息、系统服务描述是否清晰；

（六）业务信息、系统服务受到破坏后造成的损害是否描述清晰；

（七）定级结果是否准确。

3．其他备案材料的审核要点

（1）系统安全组织机构及管理制度是否包括：
① 网络安全和信息化领导小组文件。
② 网络安全管理制度及其清单。

（2）系统使用的安全产品清单及认证、销售许可证明是否包括安全产品清单（包含名称、型号、数量）及安全认证证书、安全销售证书扫描件。

6.2.3 属地受理备案

各定级对象主管部门和运营使用单位办理备案手续时，应当首先到公安机关指定的网址下载并填写备案表，准备好备案文件，然后到指定的地点备案。

地市级以上公安机关受理本辖区内备案单位的备案。隶属于省级的备案单位，其跨地（市）联网运行的定级对象，由省级公安机关受理备案。隶属于中央的在京单位，其跨省或者全国统一联网运行并由主管部门统一定级的定级对象，由公安部受理备案，其他定级对象由北京市公安局受理备案。隶属于中央的非在京单位的定级对象，由当地省级公安机关（或其指定的地市级公安机关）受理备案。如各部委统一定级信息系统在各地的分支系统（包括终端连接、安装上级系统运行的没有数据库的分系统），需要到本地公安机关备案。

跨省或者全国统一联网运行并由主管部门统一定级的定级对象在各地运行、应用的分支系统（包括由上级主管部门定级，在当地有应用的定级对象），由所在地地市级以上公安机关受理备案。

6.2.4 公安机关受理备案要求

受理备案的公安机关公共信息网络安全监察部门应该设立专门的备案窗口，配备必要的设备和警力，专门负责受理备案工作，受理备案地点、时间、联系人和联系方式等应向社会公布。

公安机关收到备案单位提交的备案材料后，公安机关对下列内容进行严格审核：

① 备案材料填写是否完整，是否符合要求，其纸质材料和电子文档是否一致。

② 信息系统所定安全保护等级是否准确。对属于本级公安机关受理范围且备案材料齐全的，应当向备案单位出具《信息系统安全等级保护备案材料接收回执》；备案材料不齐全的，应当当场或者在五日内一次性告知其补正内容；对不属于本级公安机关受理范围的，应当书面告知备案单位到有管辖权的公安机关办理。

经审核通过后，对符合等级保护要求的，公安机关应当自收到备案材料之日起的十个工作日内，将加盖本级公安机关印章（或等级保护专用章）的《信息系统安全等级保护备案表》一份反馈备案单位，一份存档；对不符合等级保护要求的，公安机关公共信息网络安全监察部门应当在十个工作日内通知备案单位进行整改，并出具《信息系统安全等级保护备案审核结果通知》。

《信息系统安全等级保护备案表》中表一、表二、表三内容经审核合格的，公安机关应当出具《信息系统安全等级保护备案证明》。受理备案的公安机关应当及时将备案文件录入到数据库管理系统，并定期逐级上传《信息系统安全等级保护备案表》中表一、表二、表三内容的电子数据。上传时间为每季度的第一天。

受理备案的公安机关应当建立管理制度，对备案材料按照等级进行严格管理，严格遵守保密制度，未经批准不得对外提供查询。

公安机关受理备案时不得收取任何费用。

6.2.5 拒不备案的处置过程

公安机关对定级不准的备案单位，在通知整改的同时，应当建议备案单位组织专家进行重新定级评审，并报上级主管部门审批。备案单位仍然坚持原定等级的，公安机关可以受理其备案，但应当书面告知其承担由此引发的责任和后果，经上级公安机关同意后，同时通报备案单位上级主管部门。

对拒不备案的，公安机关应当依据《中华人民共和国计算机信息系统安全保护条例》等其他有关法律、法规规定，责令限期整改。逾期仍不备案的，予以警告，并向其上级主管部门通报。依照规定向中央和国家机关通报的，应当报经公安部同意。

6.3 安全建设整改

为进一步贯彻落实《国家信息化领导小组关于加强信息安全保障工作的意见》和《关于信息安全等级保护工作的实施意见》《信息安全等级保护管理办法》精神，有效解决信息系统安全保护中存在的管理制度不健全、技术措施不符合标准要求、安全责任不落实等突出问题，提高我国重要信息系统的安全保护能力，在全国信息系统安全等级保护定级工作基础上，公安部印发了《关于开展信息安全等级保护安全建设整改工作的指导意见》，部署开展信息系统等级保护安全建设整改工作。

在安全建设整改环节涉及的主要政策文件包括《网络安全法》《关键信息基础设施安全保护条例》《网络安全等级保护条例》《关于开展信息安全等级保护安全建设整改工作的指导意见》。

在安全建设整改环节涉及的主要技术标准和规范文件包括《信息安全技术 网络安全等级保护基本要求》《信息安全技术 网络安全等级保护测评要求》《信息安全技术 网络安全等级保护安全设计技术要求》《信息安全技术 网络安全等级保护实施指南》。

6.3.1 安全建设整改目的和整改流程

1. 安全建设整改目的

一是通过组织开展网络安全等级保护安全管理制度建设、技术措施建设和等级测评等三项重点工作，落实国家网络安全等级保护制度的各项要求。

二是通过开展安全建设整改工作，使其定级对象安全管理水平明显提高，定级对象安全防范能力明显增强，定级对象安全隐患和安全事故明显减少，从而有效保障信息化健康发展，有效维护国家安全、社会秩序和公共利益。

三是达到安全保护等级相应等级的基本保护水平。

四是满足自身特殊需求的安全保护能力。

2．安全建设整改工作流程

第一步：落实负责安全建设整改工作的责任部门，由责任部门牵头制定本单位和行业信息系统安全建设整改工作规划，对安全建设整改工作进行总体部署。

第二步：开展信息系统安全保护现状分析，从管理和技术两方面确定信息系统安全建设整改需求。可以依据《基本要求》等标准，采取对照检查、风险评估、等级测评等方法，分析判断目前所采取的安全保护措施与等级保护标准要求之间的差距，分析系统已发生的事件或事故，分析安全保护方面存在的问题，形成安全建设整改的需求并论证。

第三步：确定安全保护策略，制定信息系统安全建设整改方案。在安全需求分析的基础上，进行信息系统安全建设整改方案设计，包括总体设计和详细设计，制定工程预算和工程实施计划等，为后续安全建设整改工程实施提供依据。安全建设整改方案须经专家评审论证，第三级（含）以上信息系统安全建设整改方案应报公安机关备案，公安机关监督检查备案单位安全建设整改方案的实施。

第四步：开展信息系统安全建设整改工作，建立并落实安全管理制度，落实安全责任制，建设安全设施，落实安全措施；在实施安全建设整改过程中，需要加强投资风险控制、实施流程管理、进度规划控制、工程质量控制和信息保密管理。

第五步：开展安全自查和等级测评，及时发现信息系统中存在安全隐患和威胁。制定安全检查制度，明确检查的内容、方式、要求等，检查各项制度、措施的落实情况，并不断完善。定期对信息系统安全状况进行自查，第三级信息系统每年自查一次，第四级信息系统每半年自查一次。经自查，信息系统安全状况未达到安全保护等级要求的，应当进一步开展整改工作。该流程如图6-2所示。

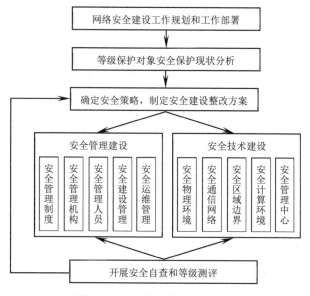

图6-2 信息系统整改工作流程

6.3.2 如何整改安全管理制度

按照国家有关规定,依据《基本要求》,参照《信息系统安全管理要求》等标准规范要求,开展等级保护对象等级保护安全管理制度建设工作。其工作内容如图 6-3 所示。

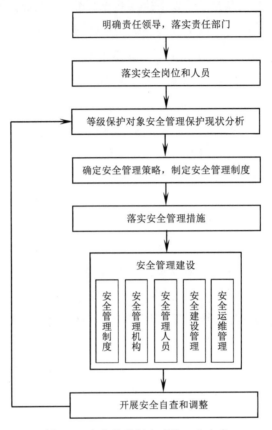

图 6-3 安全管理制度建设工作内容

1. 落实网络安全责任制

明确领导机构和责任部门,设立或明确网络安全领导机构,明确主管领导,落实责任部门。建立岗位和人员管理制度,根据职责分工,分别设置安全管理机构和岗位,明确每个岗位的职责与任务,落实安全管理责任制。建立安全教育和培训制度,对信息系统运维人员、管理人员、使用人员等定期进行培训和考核,提高相关人员的安全意识和操作水平。

具体依据《基本要求》中的"安全管理机构"内容,同时可以参照《信息系统安全管理要求》等。

落实安全责任制的具体措施还应参照执行相关管理规定。

2. 开展安全管理现状分析

在开展等级保护对象安全管理建设前,通过开展等级保护对象安全管理现状分析,查找等级保护对象安全管理建设整改需要解决的问题,明确等级保护对象安全管理建设整改的需求。

可以采取对照检查、风险评估、等级测评等方法，分析判断目前所采取的安全管理措施与对应保护等级基本要求之间的差距，分析系统已发生的事故或事件，分析安全管理方面存在的问题，形成安全管理建设整改的需求并论证。

3．制定安全管理制度

根据安全管理需求，确定安全管理目标和安全策略，针对信息系统的各类管理活动，制定人员安全管理制度、系统建设管理制度、系统运维管理制度、定期检查制度等，规范安全管理人员或操作人员的操作规程等，形成安全管理体系。

在制定安全管理制度时，要按照《网络安全法》《关键信息基础设施安全保护条例》《网络安全等级保护条例》《信息安全等级保护管理办法》《网络安全等级保护基本要求》等法规标准规范要求，建立健全并落实符合相应等级要求的安全管理制度。主要内容要求如下：制定网络安全责任制度，明确网络安全工作的主管领导、责任部门、人员及有关岗位的信息安全责任；制定人员安全管理制度，明确人员录用、离岗、考核、教育培训等管理内容；制定系统建设管理制度，明确系统定级备案、方案设计、产品采购使用、密码使用、软件开发、工程实施、验收交付、等级测评、安全服务等管理内容；制定系统运维管理制度，明确机房环境安全、存储介质安全、设备设施安全、安全监控、网络安全、系统安全、恶意代码防范、密码保护、备份与恢复、事件处置、应急预案等管理内容。制定安全检查制度，明确检查的内容、方式、要求等，检查各项制度、措施的落实情况，并不断完善。

安全管理体系规划的核心思想是调整原有管理模式和管理策略，即从全局高度考虑整个等级保护对象，即要制定安全管理目标和统一的安全管理策略，又要从每个定级系统的实际等级、实际需求出发，选择和调整安全管理措施，最后形成统一的系统整体安全管理体系。

4．落实安全管理措施

（1）安全管理人员

安全管理人员主要包括人员录用、人员离岗、安全意识教育和培训、外部人员访问管理等内容。规范人员录用、离岗、过程，关键岗位签署保密协议，对各类人员进行安全意识教育、岗位技能培训和相关安全技术培训，对关键岗位的人员进行全面、严格的安全审查和技能考核。对外部人员允许访问的区域、系统、设备、信息等进行控制。具体依据《基本要求》中的"安全管理人员"内容。

（2）安全建设管理

安全建设管理主要包括定级和备案、安全方案设计、产品采购和使用、自行软件开发、外包软件开发、工程实施、测试验收、系统交付、等级测评、服务供应商选择等内容。具体依据《基本要求》中的"安全建设管理"内容。

通过建立定级对象及工程规划设计、软件开发、工程实施、测试验收及交付等阶段的控制措施，将这些控制措施和流程落实到管理制度文档，并进行合理的发布和实施。确保等级保护对象在规划、开发、实施、测试验收和交付阶段工作内容和工作流程的全面、规范、符合项目管理的要求。

（3）安全运维管理

安全通用要求中的安全运维管理部分是针对安全运维过程提出的安全控制要求，涉及的安全控制点包括：环境管理、资产管理、介质管理、设备维护管理、漏洞和风险管理、网络和系统安全管理、恶意代码防范管理、配置管理、密码管理、变更管理、备份与恢复管理、安全事件处置、应急预案管理和外包运维管理。

① 环境和资产管理

明确环境（包括主机房、辅机房、办公环境等）安全管理的责任部门或责任人，加强对人员出入、来访人员的控制，对有关物理访问、物品进出和环境安全等方面做出规定。对重要区域设置门禁控制手段，或使用视频监控等措施。明确资产（包括介质、设备、设施、数据和信息等）安全管理的责任部门或责任人，对资产进行分类、标识、编制与信息系统相关的软件资产、硬件资产等资产清单。

② 介质和设备维护管理

明确配套设施、软硬件设备管理、维护的责任部门或责任人，对信息系统的各种软硬件设备采购、发放、领用、维护和维修等过程进行控制，对介质的存放、使用、维护和销毁等方面做出规定，加强对涉外维修、敏感数据销毁等过程的监督控制。

③ 漏洞和风险管理

明确网络、系统日常运行维护的责任部门或责任人，对运行管理中的日常操作、账号管理、安全配置、日志管理、补丁升级、口令更新等过程进行控制和管理，制订相应的管理制度和操作规程并落实执行。定期开展安全测评，形成安全测评报告，及时采取措施应对发现中的安全问题。

④ 集中安全管理

第三级（含）以上信息系统应按照统一的安全策略、安全管理要求，统一管理信息系统的安全运行，进行安全机制的配置与管理，对设备安全配置、恶意代码、补丁升级、安全审计等进行管理，对与安全有关的信息进行汇集与分析，对安全机制进行集中管理。具体依据《基本要求》中的"系统运维管理"内容，同时可以参照《网络安全等级保护安全设计技术要求》和《信息系统安全管理要求》等。

⑤ 安全事件处置和应急预案管理

按照国家有关标准规定，确定网络安全事件的等级。结合网络安全保护等级，制定网络安全事件分级应急处置预案，明确应急处置策略，落实应急指挥部门、执行部门和技术支撑部门，建立应急协调机制。落实安全事件报告制度，第三级（含）以上信息系统发生较大、重大、特别重大安全事件时，运营使用单位按照相应预案开展应急处置，并及时向受理备案的公安机关报告。组织应急技术支撑力量和专家队伍，按照应急预案定期组织开展应急演练。具体依据《基本要求》中的"安全运维管理"内容，同时可以参照《网络安全事件分类分级指南》和《信息安全事件管理指南》等。

⑥ 备份与恢复管理

要对第三级（含）以上等级保护对象采取灾难备份措施，防止重大事故、事件发生。识别需要定期备份的重要业务信息、系统数据及软件系统等，制定数据的备份策略和恢复策略，建立备份与恢复管理相关的安全管理制度。具体依据《基本要求》中的"安全运维管理"内容和《信息系统灾难恢复规范》。

⑦ 网络和系统安全管理

开展实时安全监测，实现对物理环境、通信线路、主机、网络设备、用户行为和业务应用等的监测和报警，及时发现设备故障、病毒入侵、黑客攻击、误用和误操作等安全事件，以便及时对安全事件进行响应与处置。做好运维工具的管控，做好重要运维操作变更管理，做好运维外联的管控。具体依据《基本要求》中的"安全运维管理"。

⑧ 配置管理和密码管理

对系统运行维护过程中的其他活动，如系统变更、软件组件安装、软件版本和补丁信息、配置参数、密码使用等进行控制和管理。按国家密码管理部门的规定，对系统中密码算法和密钥的使用进行分级管理。

⑨ 外包运维管理

属于等级保护 2.0 中的新增内容。内容包括明确外包运维服务商的选择，明确外包运维的范围、工作内容。由于越来越多的企业对系统运维进行外包，其运维过程的所涉及的流程和技术，均应该根据所保护对象的网络安全级别进行安全控制。因此企业在与外包运维服务商进行协议签署时，均应该对其能力和要求进行明确，可能涉及对其敏感信息的全生命周期处理要求、系统和服务可用性要求等。

安全管理涉及管理制度和记录、文件，包括内容如下：总体方针策略类文档，物理、网络、主机系统、数据、应用、建设和运维等层面的安全管理制度类文档、系统维护手册和用户操作规程、记录表单类文档，正式发文、领导签署、单位盖章、发布范围，安全管理制度的审定或论证记录，修订版本的安全管理制度，指导和管理信息安全工作的委员会或领导小组、小组开展工作的会议纪要或相关记录，管理制度类文档、岗位职责文档、岗位人员配备情况、记录表单类文档，审批记录，审批事项、审批部门和批准人等内容，操作记录，与兄弟单位、公安机关、各类供应商、业界专家及安全组织开展了合作与沟通的记录，系统日常运行、系统漏洞和数据备份等安全检查记录，安全管理制度的执行记录，安全检查表格、安全检查记录、安全检查报告、安全检查结果通报记录，具有人员录用时对录用人身份、背景、专业资格和资质等进行审查的相关文档或记录，记录审查内容和审查结果，保密协议，交还身份证件、设备等的登记记录，信息安全教育及技能培训文档，访问重要区域和系统的书面申请文档、签字和登记记录等。

5．加强系统建设过程管理

制定系统建设相关的管理制度，明确系统定级备案、方案设计、产品采购使用、软件开发、工程实施、验收交付、等级测评、安全服务等内容的管理责任部门、具体管理内容和控制方法，并按照管理制度落实各项管理措施。具体依据《基本要求》中的"系统建设管理"内容。

6．定期组织安全自查

制定安全检查制度，明确检查的内容、方式、要求等，检查各项制度、措施的落实情况，并不断完善。定期对信息系统安全状况进行自查，第三级信息系统每年自查一次，第四级信息系统每半年自查一次。经自查，信息系统安全状况未达到安全保护等级要求的，应当进一步开展整改。具体依据《基本要求》中的"安全管理机构"内容，同时可以参照《信息系统安全管理要求》等。信息系统安全管理建设整改工作完成后，安全管理方面的等级测评与安全技术方面的测评工作一并进行。

6.3.3 如何整改安全技术措施

按照国家有关规定，依据《网络安全等级保护基本要求》，参照《网络安全等级保护安全设计技术要求》等标准规范要求，开展定级对象的安全技术建设工作。安全建设整改技术工作流程如图6-4所示。

1．开展安全保护技术现状分析

了解掌握定级对象的现状，分析定级对象的安全保护状况，明确定级对象安全技术建设整改需求，给出差距分析报告，为安全建设整改技术方案设计提供依据。

（1）定级对象现状分析

了解掌握等级保护对象的数量和等级、所处的网络区域以及等级保护对象所承载的业务应用情况，分析等级保护对象的边界、构成和相互关联情况，分析采用新技术情况如云计算、大数据、物联网、工业控制系统等，分析网络结构、内部区域、区域边界以及软、硬件资源等。具体可参照《信息系统安全等级保护实施指南》中"信息系统分析"的内容。

（2）定级对象安全保护技术现状分析

在开展安全技术建设整改之前，应通过开展安全保护技术现状分析，查找等级保护对象安全保护技术建设整改需要解决的问题，明确其安全保护技术建设整改的需求。

可采取对照检查、风险评估、等级测评等方法，分析判断目前所采取的安全技术措施与选择相应等级的基本安全要求的差距，分析系统已发生的网络安全风险事件或事故，分析安全技术方面存在的问题，形成安全技术建设整改的基本安全需求。在满足网络安全等

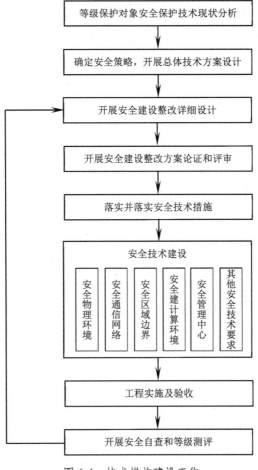

图6-4 技术措施建设工作

级保护基本要求基础上,可以结合行业特点和等级保护对象安全保护的特殊要求,提出等级保护对象的特殊安全保护需求。

这里的特殊安全需求是指等级保护相应等级的基本要求中某些方面的安全措施所达到的安全保护不能满足本单位安全保护需求,需要更强的保护。同时,由于等级保护对象的业务需求、应用模式具有特殊性,面临的威胁具有特殊性,基本要求没有提供所需要的保护措施。具体可参照《基本要求》《测评要求》和《测评过程指南》等标准。

(3)安全需求论证和确定

安全需求分析工作完成后,将等级保护对象的安全管理需求与安全技术需求综合形成安全需求报告。组织专家对安全需求进行评审论证,形成评审论证意见。安全需求分析报告应该包含以下内容:等级保护对象描述、安全管理状况、安全技术状况、存在的不足和可能的风险以及安全需求描述。

2. 设计安全技术建设整改方案

安全建设整改方案的核心思想是将复杂信息系统进行简化,抽取共性形成模型,针对保护等级能力目标和安全措施要求，指导等级保护对象中各个组织、各个安全类和各个对象安全策略和安全措施的具体实行。在安全需求分析的基础上，开展信息系统安全建设整改方案设计，包括总体设计和详细设计，制定工程预算和工程实施计划等，为后续安全建设整改工程实施提供依据。

（1）确定安全技术策略，设计总体技术方案

① 确定安全技术策略

根据安全需求分析，引入等级保护概念，确定安全建设整改策略。策略要体现对等级较高对象的重点保护，要体现资源优化配置的原则，要体现合理布局，要体现纵深防御体系，要体现业务系统分级策略、数据信息分级策略、区域互连策略和信息流控制策略等，用以指导系统安全技术体系结构设计。

针对公共共享部分，要从安全物理环境、安全通信网络、安全区域边界、安全计算环境、安全管理中心等方面进行设计。针对等级保护体系架构部分，要对比不同级别的等级保护对象对预警能力、保护能力、监测能力、响应能力、恢复能力的要求，从外到内、从各个层次实行相关能力的安全机制和措施，避免缺失某类安全机制和措施。在纵深防御架构部分，要先从网络架构上从外到内的保护，在从内部层次上考虑从下到上的保护，形成纵深防御战略。

② 设计总体技术方案

在进行等级保护对象安全建设整改技术方案设计时，应以《基本要求》为基本目标，可以针对安全现状分析发现的问题进行加固改造，缺什么补什么；也可以进行总体的安全技术设计，将不同区域、不同层面的安全保护措施形成有机的安全保护体系，落实安全物理环境及物理机房安全、安全通信网络、安全区域边界、安全计算环境、安全管理中心以及其他安全技术设计等方面基本要求，最大程度发挥安全措施的保护能力。在进行安全技术设计时，可参考《网络安全等级保护安全设计技术要求》。

（2）安全技术方案详细设计

① 安全物理环境

从安全管理设施和安全技术措施两方面对等级保护对象所涉及的主机房、辅助机房和办公环境等进行安全物理环境设计，设计内容包括物理位置选择、物理访问控制、防静电、防雷击、防火、防水和防潮、防盗窃和防破坏、温湿度控制、电力供应、电磁防护等方面。物理安全设计是对采用的安全技术设施或安全技术措施的物理部署、物理尺寸、功能指标、性能指标等内容提出具体设计参数。具体依据《基本要求》中的"安全物理环境"内容。

对于不同安全保护等级的子系统各自独立使用机房或独立使用某个区域的情况，其独立部分可根据不同安全保护等级的要求和需求独立设计。对于不同安全保护等级的子系统共同使用机房或共用某个区域的情况，其公用部分根据最高保护等级的原则进行设计。

② 安全通信网络

对等级保护对象所涉及的网络架构，如骨干网络、城域网络和其他通信网络（租用线

路），通信传输和可信验证进行安全设计，设计内容包括通信过程数据完整性、数据保密性、保证通信可靠性的设备和线路冗余、通信网络的网络管理等方面。通信网络安全设计涉及所需采用的安全技术机制或安全技术措施的设计，对技术实现机制、产品形态、具体部署形式、功能指标、性能指标和配置参数等提出具体设计细节。具体依据《基本要求》中"安全通信网络"内容。

对于不同安全保护等级的子系统各自独立使用通信网络情况，其独立部分可根据不同安全保护等级的要求和需求独立设计。对于不同安全保护等级的子系统共同使用通信网络或共用部分通信网络的情况，其公用部分根据最高保护等级的原则进行设计。对于通信网络是租用线路的情况，应将通信网络的安全保护需求告知服务方，由其提供通信网络安全保护所需要的安全技术机制或安全技术措施。

③ 安全区域边界

对等级保护对象所涉及的安全区域边界进行安全设计，内容包括对区域网络的边界保护、访问控制、入侵防范、恶意代码防范和垃圾邮件防范、安全审计、可信验证等方面。安全区域边界包括系统与外部之间边界和内部不同等级系统所在区域的边界。区域边界安全设计涉及所需采用的安全技术机制或安全技术措施的设计，对技术实现机制、产品形态、具体部署形式、功能指标、性能指标和配置策略和参数等提出具体设计细节。具体依据《基本要求》中的"安全区域边界"内容。

安全区域边界涉及的产品包括：路由器、交换机、防火墙、网闸、应用层防火墙、综合安全审计系统、上网行为管理系统、数据库审计系统、入侵保护系统、入侵检测系统、抗 APT 攻击（APT 代表高级持续威胁）、抗 DDoS 攻击（DDoS 代表分布式拒绝服务）和网络回溯等系统或设备、防病毒网关和 UTM 等提供防恶意代码功能的设备或系统、反垃圾邮件网关提供防垃圾邮件功能的设备或系统、综合网管系统、终端管理系统、无线网络设备、提供加解密功能的设备或组件。

④ 安全计算环境

对等级保护对象涉及的服务器和工作站进行主机系统安全设计，内容包括身份鉴别、访问控制、安全审计、可信验证、入侵防范、恶意代码防范、数据完整性、数据保密性、数据备份恢复和个人信息保护。安全计算环境的基本安全配置规范，不局限在身份鉴别、最小化原则、访问控制、安全审计、用户账号口令策略、认证授权等。要充分考虑与安全通信网络和安全区域边界的对应机制协同，构成纵深防御体系。具体依据《基本要求》中的"安全计算环境"内容。

安全计算环境涉及的产品包括：终端和服务器设等设备、终端和服务器等设备中的操作系统、数据库系统和中间件等系统软件、网络设备和安全设备、移动互联设备和系统、物联网设备和系统、工业控制系统控制设备、数据库、中间件、可信验证设备或组件、业务应用系统、用户数据、业务数据等。

⑤ 安全管理中心

对等级保护对象涉及的安全管理中心进行安全设计,设计内容包括系统管理、审计管理、安全管理和集中管控。具体依据《基本要求》中的"安全管理中心"内容。安全管理中心主要涉及的系统或设备包括：提供集中系统管理功能的系统,综合安全审计系统、数据库审计系统等提供集中审计功能的系统,综合网管系统等提供运行状态监测功能的系统,终端管理系统,安全运行中心,态势感知系统等。

总之,安全建设整改要充分体现一个中心,三重防御的思想,要充分强化可信计算技术使用,要增加安全管理中心的技术要求。云计算、物联网、移动互联和工业控制系统的安全扩展要求,请读者参考对应的扩展要求进行建设整改。

(3) 建设经费预算和工程实施计划

① 建设经费预算

根据等级保护对象的安全建设整改内容提出详细的经费预算,包括产品名称、型号、配置、数量、单价、总价和合计等,同时应包括集成费用、等级测评费用、服务费用和管理费用等。对于跨年度的安全建设整改或安全改建,提供分年度的经费预算。

② 工程实施计划

根据等级保护对象的安全建设整改内容提出详细的工程实施计划,包括建设内容、工程组织、阶段划分、项目分解、时间计划和进度安排等。对于跨年度的安全建设整改或安全改建,要对安全建设整改方案明确的主要安全建设整改内容进行适当的项目分解,比如分解成机房安全改造项目、网络安全建设整改项目、系统平台和应用平台安全建设整改项目等,分别制定中期和短期的实施计划,短期内主要解决目前急迫和关键的问题。

(4) 方案论证和备案

将等级保护对象安全建设整改技术方案与安全管理体系规划共同形成安全建设整改方案。组织专家对安全建设整改方案进行评审论证,形成评审意见。第三级（含）以上信息系统安全建设整改方案应报公安机关备案,并组织实施安全建设整改工程。

3．加强安全建设整改工程的实施和管理

(1) 工程实施和管理

安全建设整改工程实施的组织管理工作包括落实安全建设整改的责任部门和人员,保证建设资金足额到位,选择符合要求的安全建设整改服务商,采购符合要求的信息安全产品,管理和控制安全功能开发、集成过程的质量等方面。

(2) 工程监理和验收

为保证建设工程的安全和质量,第二级以上等级保护对象安全建设整改工程可以实施监理。监理内容包括对工程实施前期安全性、采购外包安全性、工程实施过程安全性、系

统环境安全性等方面的核查。工程验收的内容包括全面检验工程项目所实现的安全功能、设备部署、安全配置等是否满足设计要求，工程施工质量是否达到预期指标，工程档案资料是否齐全等方面。在通过安全测评或测试的基础上，组织相应信息安全专家进行工程验收。具体参照《信息系统安全工程管理要求》。

（3）安全等级测评

等级保护对象安全建设整改完成后要进行等级测评，在工程预算中应当包括等级测评费用。对第三级（含）以上信息系统每年要进行等级测评，并对测评费用做出预算。

在公安部备案的等级保护对象，备案单位应选择国家信息安全等级保护工作协调小组办公室推荐的等级测评机构实施等级测评；在省（区、市）、地市级公安机关备案的信息系统，备案单位应选择本省（区、市）信息安全等级保护工作协调小组办公室或国家信息安全等级保护工作协调小组办公室推荐的等级测评机构实施等级测评。

6.4 等级测评

等级测评主要包括测评工作流程、测评指标、测评结论、测评风险规避。

6.4.1 基本工作

1．测评概念

网络安全等级保护测评（简称"等级测评"）工作，是指测评机构依据国家网络安全等级保护制度规定，按照有关管理规范和技术标准，对已定级备案的非涉及国家秘密的网络（含信息系统、数据资源等）的安全保护状况进行检测评估的活动。测评机构，是指依据国家网络安全等级保护制度规定，符合《网络安全等级保护测评机构管理办法》规定的基本条件，经省级以上网络安全等级保护工作领导（协调）小组办公室（简称"等保办"）审核推荐，从事等级测评工作的机构。

等级测评是合规性评判活动，基本依据不是个人或者测评机构的经验，而是网络安全等级保护的国家有关标准，无论是测评指标来源，还是测评方法的选择、测评内容的确定以及结果判定等活动均应依据国家相关的标准进行，按照特定方法对等级保护对象的安全保护能力进行科学公正的综合评判过程。

2．测评作用和目的

通过进行等级保护测评，能够对等级保护对象安全防护体系能力的分析与确认；发现存在的安全隐患；帮助运营使用单位认识不足，及时改进；有效提升其信息安全防护水平；

遵循国家等级保护有关规定的要求,对等级保护对象安全建设进行符合性测评。作用如下:

① 掌握等级保护对象的安全状况、排查系统安全隐患和薄弱环节、明确等级保护对象安全建设整改需求;

② 衡量等级保护对象的安全保护管理措施和技术措施是否符合等级保护基本要求,是否具备了相应的安全保护能力。

③ 等级测评结果,为公安机关等安全监管部门开展监督、检查、指导等工作提供参照。

为了达到上述目的,开展等级测评的最好时期是安全建设整改前、安全建设整改后,及其常规性定期开展测评,如三级系统每年至少开展一次等级测评。

3. 测评标准依据

《信息安全等级保护管理办法》第十四条规定:信息系统建设完成后,运营、使用单位或者其主管部门应当选择符合本办法规定条件的测评机构,依据《网络安全等级保护测评要求》等技术标准,定期对信息系统安全等级状况开展等级测评;第三级信息系统应当每年至少进行一次等级测评,第四级信息系统应当每半年至少进行一次等级测评,第五级信息系统应当依据特殊安全需求进行等级测评。

测评机构应当依据《信息系统安全等级保护管理办法》《网络安全等级保护测评机构管理办法》《网络安全等级保护测评要求》《网络安全等级保护测评过程指南》等国家标准进行等级测评,按照 2019 年 10 月 1 日启用的《网络安全等级保护测评报告模板》格式出具测评报告。按照行业标准规范开展安全建设整改的信息安全等级保护测评报告模板,可以国家标准为依据开展等级测评,也可以行业标准规范为依据开展等级测评。

等级测评依据的两个主要标准分别是《网络安全等级保护测评要求》(GB/T 28448—2019)和《网络安全等级保护测评过程指南》(GB/T 28449—2018)。其中,《网络安全等级保护测评要求》阐述了《基本要求》中各要求项的具体测评方法、步骤和判断依据等,用来评定等级保护对象的安全保护措施是否符合《基本要求》。《网络安全等级保护测评过程指南》规定了开展等级测评工作的基本过程、流程、任务及工作产品等,规范测评机构的等级测评工作,并对在等级测评过程中何时如何使用《网络安全等级保护测评要求》提出了指导建议。二者共同指导等级测评工作。等级测评的测评对象是已经确定等级的等级保护对象。特定等级测评项目面对的被测评对象是由一个或多个不同安全保护等级的定级对象构成的信息系统。等级测评实施通常采用的测评方法是访谈、文档审查、配置检查、工具测试、实地查看。

4. 测评工作规范

等级测评工作中,应遵循以下规范和原则。

标准性原则:测评工作的开展、方案的设计和具体实施均需依据我国等级保护的相关标准进行。

规范性原则：为用户提供规范的服务，工作中的过程和文档需具有良好的规范性，可以便于项目的跟踪和控制。

可控性原则：测评过程和所使用的工具具备可控性，测评项目采用的工具都经过多次测评项目考验，或者是根据具体要求和组织的具体网络特点定制的，具有良好的可控性。

整体性原则：测评服务从组织的实际需求出发，从业务角度进行测评，而不是局限于网络、主机等单个的安全层面，涉及安全管理和业务运营，保障整体性和全面性。

最小影响原则：测评工作具备充分的计划性，不对现有的运行和业务的正常提供产生显著影响，以最小的影响系统和网络的正常运行。

保密性原则：从公司、人员、过程三方面进行保密控制：测评公司与甲方双方签署保密协议，不得利用测评中的任何数据进行其他有损甲方利益的活动；人员保密，公司内部签订保密协议；在测评过程中对测评数据严格保密。

个性化原则：根据被测对象的实际业务需求、功能需求、以及对应的安全建设情况，开展针对性较强的测评工作。

5．测评工作内容

等级测评内容覆盖组织的重要信息资产，分为技术和管理两大层面。技术层面主要是测评和分析在网络和主机上存在的安全技术风险，包括安全物理环境、安全通信网络、安全区域边界、安全计算环境和安全管理中心等软、硬件设备；管理层面包括安全管理制度、安全管理机制、安全管理人员、安全建设管理和安全运维管理等角度，分析业务运作和管理方面存在的安全缺陷。通过对以上各种安全威胁的分析和汇总，形成组织的安全测评报告，根据组织的安全测评报告和安全现状，提出相应的安全整改建议，指导下一步的网络安全和信息化建设。

6．测评要求在级差上的变化

不同等级的测评工作主要通过以下四方面来体现测评要求的级差。

不同级别使用不同测评方法：第一级主要以访谈为主进行等级测评，第二级以核查为主进行等级测评，第三级和第四级在核查基础上还要进行测试验证工作。不同级别使用不同测评方法，能体现出测评实施过程中访谈、核查和测试的测评强度的不同。

不同级别测评对象范围不同：第一级和第二级测评对象的范围为关键设备，第三级为主要设备，第四级为所有设备。不同级别测评对象范围不同，能体现出测评实施过程中访谈、核查和测试的测评广度的不同。

不同级别现场测评实施工作不同：第一级和二级以核查安全机制为主，第三级和第四级先核查安全机制，再核查安全策略有效性。

现场测评方法使用不同：在实际现场测评实施过程中，安全技术方面的测评方法以配置核查和测试验证为主，几乎没有访谈。安全管理方面可以使用访谈方式进行测评。

6.4.2 测评工作流程有哪些

一个二级或三级的系统现场测评周期为一般 1 周左右，具体时间还要根据信息系统数量及信息系统的规模，以及双方的配合度等有所增减。小规模安全整改（管理制度、策略配置技术整改）为 2~3 周，出具报告时间为 1 周，整体持续周期为 1~2 个月。如果整改不及时或牵涉到购买设备，时间不好确定，但总的要求 1 年内完成。为确保等级测评工作的顺利开展，需要了解等级测评的工作流程和方法，以便对等级测评工作过程进行控制。

1. 基本工作流程和方法

（1）基本工作流程

等级测评过程分为四个基本测评活动：测评准备活动、方案编制活动、现场测评活动、分析及报告编制活动。而测评双方之间的沟通与洽谈应贯穿整个等级测评过程。基本工作流程如表 6-3 所示。

表 6-3 等级测评过程

测评活动	主要工作任务
测评准备活动	工作启动
	信息收集和分析
	工具和表单准备
方案编制活动	测评对象确定
	测评指标确定
	测评内容确定
	工具测试方法确定
	测评指导书开发
	测评方案编制
现场测评活动	现场测评准备
	现场测评和结果记录
	结果确认和资料归还
报告编制活动	单项测评结果判定
	单元测评结果判定
	整体测评
	系统安全保障评估
	安全问题风险分析
	等级测评结论形成
	测评报告编制

① 测评准备活动

本活动是开展等级测评工作的前提和基础，是整个等级测评过程有效性的保证。测评准备工作是否充分直接关系到后续工作能否顺利开展。本活动的主要任务是掌握被测系统的详细情况，准备测试工具，为编制测评方案做好准备。

② 方案编制活动

本活动是开展等级测评工作的关键活动，为现场测评提供最基本的文档和指导方案。本活动的主要任务是确定与被测信息系统相适应的测评对象、测评指标及测评内容等，并根据需要重用或开发测评指导书测评指导书，形成测评方案。

③ 现场测评活动

本活动是开展等级测评工作的核心活动。本活动的主要任务是按照测评方案的总体要求，严格执行测评指导书测评指导书，分步实施所有测评项目，包括单元测评和整体测评两个方面，以了解系统的真实保护情况，获取足够证据，发现系统存在的安全问题。

④ 分析与报告编制活动

本活动是给出等级测评工作结果的活动，是总结被测系统整体安全保护能力的综合评价活动。本活动的主要任务是根据现场测评结果，通过单项测评结果判定、单元测评结果判定、整体测评、系统安全保障评估、安全问题风险分析、等级测评结论形成和测评报告编制等方法，找出整个系统的安全保护现状与相应等级的保护要求之间的差距，并分析这些差距导致被测系统面临的风险，从而给出等级测评结论，形成测评报告文本。

（2）工作方法

测评主要工作方法包括访谈、文档审查、配置核查、测试验证和实地察看。

访谈是指测评人员与被测系统有关人员（个人/群体）进行交流、讨论等活动，获取相关证据，了解有关信息。访谈的对象是人员，访谈涉及的技术安全和管理安全测评的测评结果，要提供记录或录音。典型的访谈人员包括：信息安全主管、等级保护对象安全管理员、系统管理员、网络管理员、资产管理员等。

文档审查主要是依据技术和管理标准，对被测评单位的安全方针文件，安全管理制度，安全管理的执行过程文档，系统设计方案，网络设备的技术资料，系统和产品的实际配置说明，系统的各种运行记录文档，机房建设相关资料，机房出入记录。检查信息系统建设必须具有的制度、策略、操作规程等文档是否齐备，制度执行情况记录是否完整，文档内容完整性和这些文件之间的内部一致性等问题。

配置核查是指利用上机验证的方式检查对应等级的网络安全通用基本要求和安全扩展要求的配置是否符合要求，是否正确，是否与文档、相关设备和部件保持一致，对文档审核的内容进行核实（包括日志审计等），并记录测评结果。配置核查是衡量一家测评机构实力的重要体现。配置核查通过观察、查验和分析，帮助测评人员理解、澄清或取得证据，对象包括数据库系统、操作系统、中间件、网络设备、网络安全设备。核查的同时，还要求对安全策略进行测试严重。

工具测试是利用各种测试工具，通过对目标系统的扫描、探测等操作，使其产生特定的响应等活动，通过查看、分析响应结果，获取证据以证明信息系统安全保护措施是否得以有效实施的一种方法。测试验证包括漏洞扫描、策略有效性验证、数据抓包分析、数据通信监听、数据备份恢复、应急响应和渗透测试等。

实地查看根据被测系统的实际情况，测评人员到系统运行现场通过实地的观察人员行为、技术设施和物理环境状况判断人员的安全意识、业务操作、管理程序和系统物理环境等方面的安全情况，测评其是否达到了相应等级的安全要求。

2．测评实施准备

由于等级保护对象安全测评受到组织的业务战略、业务流程、安全需求、系统规模和结构等方面的影响，因此，在测评实施前，应充分做好测评前的各项准备工作。测评实施准备工作主要包括如下内容：明确测评目标、确定测评范围、组建测评团队、召开测评实施工作启动会议、系统调研、确定系统测评标准、确定测评工具、制定测评方案、测评工作协调、文档管理和测评风险规避等11项准备工作。同时，信息系统安全测评涉及组织内部有关重要信息，被评估组织应慎重选择评估单位、评估人员的资质和资格，并遵从国家或行业相关管理要求。下面分别描述11项准备工作。

（1）明确测评目标

等级保护测评目标是验证等级保护对象是否达到定级基本要求。

（2）确定测评范围

等级保护对象测评范围，可以是系统组织全部信息及与信息处理相关的各类资产、管理机构，也可以是某个独立信息系统、关键业务流程等。通常依据下面几个原则来作为测评范围边界的界定方法：业务系统的业务逻辑边界、网络及设备载体边界、物理环境边界、组织管理权限边界等。在等级、分级测评中，如果出现在边界处共用设备，则通常将该设备划分到较高等级的范围内。

（3）组建测评团队

测评实施团队应由被测评组织、测评机构等共同组建测评小组；由被测评组织领导、相关部门负责人，以及测评机构相关人员成立测评工作领导小组；聘请相关专业的技术专家和技术骨干组成专家组。为确保测评的顺利有效进行，应采用合理的项目管理机制。通常测评机构角色主要包括测评组长、技术测评人员、管理测评人员、质量管控人员。被测评单位角色主要包括测评组长、信息安全管理人员、业务人员、运维人员、开发人员、协调人员。

（4）测评实施工作启动会议

为保障测评工作的顺利开展，确立工作目标、统一思想、协调各方资源，应召开测评实施工作启动会议。启动会一般由测评工作领导小组负责人组织召开，参与人员应该包括测评小组全体人员，相关业务部门主要负责人，如有必要可邀请相关专家组成员参加。启动会主要内容主要包括：被测评组织领导宣布此次评估工作的意义、目的、目标，以及评估工作中的责任分工；被测评组织项目组长说明本次评估工作的计划和各阶段工作任务，以及需配合的具体事项；测评机构项目组长介绍评估工作一般性方法和工作内容等。通过启动会可对被测评组织参与测评人员以及其他相关人员进行测评方法和技术培训，使全体人员了解和理解测评工作的重要性，以及各工作阶段所需配合的工作内容。测评实施启动会议需要进行会议记录，形成会议摘要。

（5）系统调研

系统调研是了解、熟悉被测评对象的过程，测评实施小组应进行充分的系统调研，以确定系统测评的依据和方法。系统调研可采取问卷调查、现场面谈、人员访谈、资料查阅、实地查看相结合的方式进行。

在等级保护测评工作中，系统调研主要收集与信息系统相关的物理环境信息、网络信息、主机信息、应用信息、管理信息。其中网络信息包括网络拓扑图、网络结构、系统外联、网络设备、安全设备。将上述信息通过表格方式进行保存，为下一步制定测评方案、开展现场测评、形成测评报告提供前提。

（6）确定系统测评标准

因业务、行业、主管部门、地区等不同，系统测评标准依据存在个性化差异。等级保护对象测评依据应包括：1）适用的法律、法规；2）现有国际标准、国家标准、行业标准；3）行业主管机关的业务系统的要求和制度；4）与网络安全保护等级相应的基本要求；5）被测评组织的安全要求；6）系统自身的实时性或性能要求等。

（7）确定测评工具

主要包括测评前的表格、文档、检测工具等各项准备工作。测评工作通常包括根据评估对象和评估内容合理选择相应的测评工具，测评工具的选择和使用应遵循以下原则：

① 脆弱性发现工具，应具备全面的已知系统脆弱性核查与检测能力；

② 测评工具的检测规则库应具备更新功能，能够及时更新；

③ 测评工具使用的检测策略和检测方式不应对等级保护对象造成不正常影响；

④ 可采用多种测评工具对同一测试对象进行检测，如果出现检测结果不一致的情况，应进一步采用必要的人工检测和关联分析，并给出与实际情况最为相符的结果判定；

⑤ 评估工具的选择和使用必须符合国家有关规定。

测评工具应包括：主机检查、服务器检查、数据库检查、中间件检查、Web 检查、专用业务检查、协议检查、口令检查、安全设备检查、网络设备检查、性能压力检查等。

（8）制定测评方案

测评方案是测评工作实施活动总体计划，用于管理评估工作的开展，使测评各阶段工作可控。测评方案是测评项目验收的主要依据之一，是测评人员进行内部工作交流、明确工作任务的操作指南。通常测评方案给出具体的现场测评的工作思路、方法、方式和具体测评对象及其内容。测评方案应得到被评估组织的确认和认可。

（9）测评工作协调

为了确保测评工作的顺利开展,测评方案应得到被评估组织最高管理者的支持、批准。同时,须对管理层和技术人员进行传达,在组织范围内就测评相关内容进行培训,以明确有关人员在评估工作中的任务。在测评工作中,可能需要测评双方多次沟通,就测评具体细节进行协调。

（10）文档管理

文档是测评工作的最终体现方式。为确保文档资料的完整性、准确性和安全性,应遵循以下原则。

① 指派专人负责管理和维护项目进程中产生的各类文档,确保文档的完整性和准确性。

② 文档的存储应进行合理的分类和编目,确保文档结构清晰可控。

③ 所有文档都应注明项目名称、文档名称、版本号、审批人、编制日期、分发范围等信息。

④ 不得泄露给与本项目无关的人员或组织,除非预先征得被评估组织项目负责人的同意。同时,测评组织需要有专门的存储介质、安全柜和人员,对测评所产生的记录文档进行一定时间的保存。如等级保护三级系统所产生的测评报告和记录需要保持3年以上。

（11）测评风险规避

测评工作自身也存在风险,一是结果是否准确有效,能够达到预先目标存在风险;二是测评中的某些测试操作可能给被测评组织或信息系统引入新的风险。应通过技术培训和保密教育、制定测评过程管理相关规定、编制应急预案等措施进行风险规避。同时双方应签署保密协议,测评单位和测评人员签署个人保密协议。

3．测评方案编制

方案编制过程是开展等级测评工作的关键活动,为现场测评提供最基本的文档和指导方案。本过程的主要任务是确定与被测信息系统相适应的测评对象、测评指标及测评内容等,并根据需要重用或开发测评指导书测评指导书,形成测评方案。

确定测评对象。一般采用抽查的方法,即：抽查等级保护对象中具有代表性的组件作为测评对象。在确定测评对象时,需遵循以下原则。

① 重要性：应抽查对被测评对象来说重要的服务器、数据库和网络设备等。

② 安全性：应抽查对外暴露的网络边界。

③ 共享性：应抽查共享设备和数据交换平台/设备。

④ 代表性：抽查应尽量覆盖等级保护对象各种设备类型、操作系统类型、数据库系统类型和应用系统类型；

⑤ 恰当性：选择的设备、软件系统等应能符合相应等级的测评强度要求。

确定测评指标及测评内容。根据被测对象调查表格,得出被测对象的定级结果,包括业务信息安全保护等级和系统服务安全保护等级。对于由多个不同等级的信息系统组成的被测对象，应分别确定各个定级对象的测评指标。如果多个定级对象共用物理环境或管理体系，而且测评指标不能分开，则不能分开的这些测评指标应采用就高原则。

确定测评工具接入点。一般来说，测评工具的接入采取从外到内，从其他网络到本地网段的逐步逐点接入，即：测评工具从被测系统边界外接入、在被测系统内部与测评对象不同网段及同一网段内接入等方式。从被测系统边界外接入时，测评工具一般接在系统边界设备（通常为交换设备）上。在该点接入漏洞扫描器，扫描探测被测系统的主机、网络设备对外暴露的安全漏洞情况；从系统内部与测评对象不同网段接入时，测评工具一般接在与被测对象不在同一网段的内部核心交换设备上；在系统内部与测评对象同一网段内接入时，测评工具一般接在与被测对象在同一网段的交换设备上；结合网络拓扑图，采用图示的方式描述测评工具的接入点、测评目的、测评途径和测评对象等相关内容。

确定测评内容与方法。将测评对象与测评指标进行映射构成测评内容，并针对不同的测评内容，合理地选择测评方法形成具体的测评实施内容。

确定测评指导书。测评指导书是指导和规范测评人员现场测评活动的文档，包括测评项、测评方法、操作步骤和预期结果等四部分。在测评对象和指标确定的基础上，将测评指标映射到各测评对象上，然后结合测评对象的特点，选择应采取的测评方法并确定测评步骤和预期结果，形成不同测评对象的具体测评指导书。

确定测评方案。综合以上结果内容，以及测评工作计划形成测评方案。测评方案主要内容包括测评概述、目标系统概述、定级情况、网络结构、主机设备情况、应用情况、测评方法与工具、测评内容、时间安排、风险揭示与规避等。

4．现场测评

现场测评是测评工作的重要阶段。风险评估中的风险识别阶段，对应现场测评，通过对组织和信息系统中资产、威胁、脆弱性等要素的识别，是进行信息系统安全风险分析的前提。现场测评活动通过与测评委托单位进行沟通和协调，为现场测评的顺利开展打下良好基础，然后依据测评方案实施现场测评工作，将测评方案和测评工具等具体落实到现场测评活动中。现场测评工作应取得分析与报告编制活动所需的、足够的证据和资料。

现场测评活动包括现场测评准备、现场测评和结果记录、结果确认和资料归还三项主要任务。

（1）现场测评准备

为保证测评机构能够顺利实施测评，测评准备工作需要包括以下内容：

① 测评委托单位签署现场测评授权书。

② 召开测评现场首次会，测评机构介绍测评工作，交流测评信息，进一步明确测评计划和方案中的内容，说明测评过程中具体的实施工作内容，测评时间安排等，以便于后面的测评工作开展。

③ 测评双方确认现场测评需要的各种资源,包括测评委托单位的配合人员和需要提供

的测评条件等，确认被测系统已备份过系统及数据。

④ 测评人员根据会议沟通结果，对测评结果记录表单和测评程序进行必要的更新。

（2）现场测评和结果记录

现场测评一般包括访谈、文档审查、配置检查、工具测试和实地察看五方面。现场测评覆盖到被测系统安全技术的五层和安全管理的五方面。安全技术的五个层面具体为：安全物理环境、安全通信网络、安全区域边界、安全计算环境和安全管理中心，安全管理的五方面具体为：安全管理制度、安全管理机构、安全管理人员、安全建设管理和安全运维管理。

安全通用要求中的安全物理环境部分是针对物理机房提出的安全控制要求。主要对象为物理环境、物理设备和物理设施等；涉及的安全控制点包括物理位置的选择、物理访问控制、防盗窃和防破坏、防雷击、防火、防水和防潮、防静电、温湿度控制、电力供应和电磁防护。

安全通用要求中的安全通信网络部分是针对通信网络提出的安全控制要求。主要对象为广域网、城域网和局域网等；涉及的安全控制点包括网络架构、通信传输和可信验证。

安全通用要求中的安全区域边界部分是针对网络边界提出的安全控制要求。主要对象为系统边界和区域边界等；涉及的安全控制点包括边界防护、访问控制、入侵防范、恶意代码防范、安全审计和可信验证。

安全通用要求中的安全计算环境部分是针对边界内部提出的安全控制要求。主要对象为边界内部的所有对象，包括网络设备、安全设备、服务器设备、终端设备、应用系统、数据对象和其他设备等；涉及的安全控制点包括身份鉴别、访问控制、安全审计、入侵防范、恶意代码防范、可信验证、数据完整性、数据保密性、数据备份与恢复、剩余信息保护和个人信息保护。

安全通用要求中的安全管理中心部分是针对整个系统提出的安全管理方面的技术控制要求，通过技术手段实现集中管理。涉及的安全控制点包括系统管理、审计管理、安全管理和集中管控。

安全通用要求中的安全管理制度部分是针对整个管理制度体系提出的安全控制要求，涉及的安全控制点包括安全策略、管理制度、制定和发布以及评审和修订。

安全通用要求中的安全管理机构部分是针对整个管理组织架构提出的安全控制要求，涉及的安全控制点包括岗位设置、人员配备、授权和审批、沟通和合作以及审核和检查。

安全通用要求中的安全管理人员部分是针对人员管理模式提出的安全控制要求，涉及的安全控制点包括人员录用、人员离岗、安全意识教育和培训以及外部人员访问管理。

安全通用要求中的安全建设管理部分是针对安全建设过程提出的安全控制要求，涉及的安全控制点包括定级和备案、安全方案设计、安全产品采购和使用、自行软件开发、外包软件开发、工程实施、测试验收、系统交付、等级测评和服务供应商管理。

安全通用要求中的安全运维管理部分是针对安全运维过程提出的安全控制要求，涉及的安全控制点包括环境管理、资产管理、介质管理、设备维护管理、漏洞和风险管理、网络和系统安全管理、恶意代码防范管理、配置管理、密码管理、变更管理、备份与恢复管理、安全事件处置、应急预案管理和外包运维管理。

如果被测评等级保护对象中还包括云计算、物联网、移动互联、工业控制系统，则现场测评也需要安全扩展要求。

云计算安全扩展要求是针对云计算平台提出的安全通用要求之外额外需要实现的安全要求。云计算安全扩展要求涉及的控制点包括基础设施位置、网络架构、网络边界的访问控制、网络边界的入侵防范、网络边界的安全审计、集中管控、计算环境的身份鉴别、计算环境的访问控制、计算环境的入侵防范、镜像和快照保护、数据安全性、数据备份恢复、剩余信息保护、云服务商选择、供应链管理和云计算环境管理。

移动互联安全扩展要求是针对移动终端、移动应用和无线网络提出的特殊安全要求，它们与安全通用要求一起构成针对采用移动互联技术的等级保护对象的完整安全要求。移动互联安全扩展要求涉及的控制点包括无线接入点的物理位置、无线和有线网络之间的边界防护、无线和有线网络之间的访问控制、无线和有线网络之间的入侵防范、移动终端管控、移动应用管控、移动应用软件采购、移动应用软件开发和配置管理。

物联网安全扩展要求涉及的控制点包括感知节点的物理防护、感知网的入侵防范、感知网的接入控制、感知节点设备安全、网关节点设备安全、抗数据重放、数据融合处理和感知节点的管理。

工业控制系统安全扩展要求是针对现场控制层和现场设备层提出的特殊安全要求，它们与安全通用要求一起构成针对工业控制系统的完整安全要求。工业控制系统安全扩展要求涉及的控制点包括室外控制设备防护、网络架构、通信传输、访问控制、拨号使用控制、无线使用控制、控制设备安全、产品采购和使用以及外包软件开发。

现场测评需要记录大量信息，产生各种文档，这些需要进行结果记录。

（3）结果确认和资料归还

现场测评结束时，需要做好记录和确认工作，并将测评的结果征得评测双方认同确认。主要包括测评人员在现场测评完成之后，应首先汇总现场测评的测评记录，对漏掉和需要进一步验证的内容实施补充测评；召开测评现场结束会，测评双方对测评过程中发现的问题进行现场确认。测评机构归还测评过程中借阅的所有文档资料，并由测评委托单位文档资料提供者签字确认。需要注意的是现场测评中发现的问题要及时汇总，保留证据和证据源记录，同时提供测评委托单位的书面认可文件。

6.4.3　网络安全等级保护 2.0 测评指标

1. 安全通用技术要求测评指标

安全技术层面包括安全物理环境、安全通信网络、安全区域边界、安全计算环境和安全管理中心，一级～四级测评指标数量如表 6-4 所示。

表 6-4　安全通用技术指标

要求名称	序号	控制点	一级	二级	三级	四级
安全物理环境	1	物理位置的选择	0	2	2	2
	2	物理访问控制	1	1	1	2
	3	防盗窃和防破坏	1	2	3	3
	4	防雷击	1	1	2	2
	5	防火	1	2	3	3
	6	防水和防潮	1	2	3	3
	7	防静电	0	1	2	2
	8	温湿度控制	1	1	1	1
	9	电力供应	1	2	3	4
	10	电磁防护	0	1	2	2
安全通信网络	1	网络架构	0	2	5	6
	2	通信传输	1	1	2	4
	3	可信验证	1	1	1	1
安全区域边界	1	边界防护	1	1	4	6
	2	访问控制	3	4	5	5
	3	入侵防范	0	1	4	4
	4	恶意代码防范	0	1	2	2
	5	安全审计	0	3	4	3
	6	可信验证	1	1	1	1
安全计算环境	1	身份鉴别	2	3	4	4
	2	访问控制	3	4	7	7
	3	安全审计	0	3	4	4
	4	入侵防范	2	5	6	6
	5	恶意代码防范	1	1	1	1
	6	可信验证	1	1	1	1
	7	数据完整性	1	1	2	3
	8	数据保密性	0	0	2	2
	9	数据备份与恢复	1	2	3	4
	10	剩余信息保护	0	1	2	2
	11	个人信息保护	0	2	2	2
安全管理中心	1	系统管理	2	2	2	2
	2	审计管理	2	2	2	2
	3	安全管理	0	2	2	2
	4	集中管控	0	0	6	7

2. 安全通用管理要求测评指标

安全管理层面包括安全管理制度、安全管理机构、安全管理人员、安全建设管理和安全运维管理，一级～四级测评指标数量如表6-5所示。

表6-5 安全通用管理指标

要求名称	序号	控制点	一级	二级	三级	四级
安全管理制度	1	安全策略	0	1	1	1
	2	管理制度	1	2	3	3
	3	制定和发布	0	2	2	2
	4	评审和修订	0	1	1	1
安全管理机构	1	岗位设置	1	2	3	3
	2	人员配备	1	1	2	3
	3	授权和审批	1	2	3	3
	4	沟通和合作	0	3	3	3
	5	审核和检查	0	1	3	3
安全管理人员	1	人员录用	1	2	3	4
	2	人员离岗	1	1	2	2
	3	安全意识教育和培训	1	1	3	3
	4	外部人员访问管理	1	3	4	5
安全建设管理	1	定级和备案	1	4	4	4
	2	安全方案设计	1	3	3	3
	3	安全产品采购和使用	1	2	3	4
	4	自行软件开发	0	2	7	7
	5	外包软件开发	0	2	3	3
	6	工程实施	1	2	3	3
	7	测试验收	1	2	2	2
	8	系统交付	2	3	3	3
	9	等级测评	0	3	3	3
	10	服务供应商管理	2	2	3	3
安全运维管理	1	环境管理	2	3	3	4
	2	资产管理	0	1	3	3
	3	介质管理	1	2	2	2
	4	设备维护管理	1	2	4	4
	5	漏洞和风险管理	1	1	2	2
	6	网络和系统安全管理	2	5	10	10
	7	恶意代码防范管理	2	3	2	2
	8	配置管理	0	1	2	2
	9	密码管理	0	2	2	3
	10	变更管理	0	1	3	3
	11	备份与恢复管理	2	3	3	3
	12	安全事件处置	2	3	4	5
	13	应急预案管理	0	2	4	5
	14	外包运维管理	0	2	4	5

3．安全扩展要求测评指标

云计算、移动互联、物联网和工业控制系统的安全扩展要求的测评指标如表6-6所示。

表6-6 安全扩展要求指标总表

安全扩展要求	序号	控制点	一级	二级	三级	四级
云计算安全扩展要求	1	基础设施位置	1	1	1	1
	2	网络架构	2	3	5	8
	3	网络边界的访问控制	1	2	2	2
	4	网络边界的入侵防范	0	3	4	4
	5	网络边界的安全审计	0	2	2	2
	6	集中管控	0	0	4	4
	7	计算环境的身份鉴别	0	0	1	1
	8	计算环境的访问控制	2	2	2	2
	9	计算环境的入侵防范	0	0	3	3
	10	镜像和快照保护	0	2	3	3
	11	数据安全性	1	3	4	4
	12	数据备份恢复	0	2	4	4
	13	剩余信息保护	0	2	2	2
	14	云服务商选择	3	4	5	5
	15	供应链管理	1	2	3	3
	16	云计算环境管理	0	1	1	1
移动互联安全扩展要求	1	无线接入点的物理位置	1	1	1	1
	2	无线和有线网络之间的边界防护	1	1	1	1
	3	无线和有线网络之间的访问控制	1	1	1	1
	4	无线和有线网络之间的入侵防范	0	5	6	6
	5	移动终端管控	0	0	2	3
	6	移动应用管控	1	2	3	4
	7	移动应用软件采购	1	2	2	2
	8	移动应用软件开发	0	2	2	2
	9	配置管理	0	0	1	1
物联网安全扩展要求	1	感知节点的物理防护	2	2	4	4
	2	感知网的入侵防范	0	2	2	2
	3	感知网的接入控制	1	1	1	1
	4	感知节点设备安全	0	0	3	3
	5	网关节点设备安全	0	0	4	4
	6	抗数据重放	0	0	2	2
	7	数据融合处理	0	0	1	2
	8	感知节点的管理	1	2	3	3
工业控制系统安全扩展要求	1	室外控制设备防护	2	2	2	2
	2	网络架构	2	3	3	3
	3	通信传输	0	1	1	1
	4	访问控制	1	2	2	2
	5	拨号使用控制	0	1	2	3
	6	无线使用控制	2	2	4	4
	7	控制设备安全	2	2	5	5
	8	产品采购和使用	0	1	1	1
	9	外包软件开发	0	1	1	1

6.4.4 网络安全等级保护 2.0 测评结论

测评结论包括优、良、中、差四种结果情况。

优：被测对象中存在安全问题，但不会导致被测对象面临中、高等级安全风险，且系统综合得分即系统安全保障情况得分为 90 分以上（含 90 分）。

良：被测对象中存在安全问题，但不会导致被测对象面临高等级安全风险，且系统综合得分即系统安全保障情况得分为 80 分以上（含 80 分）。

中：被测对象中存在安全问题，但不会导致被测对象面临高等级安全风险，且系统综合得分即系统安全保障情况得分为 70 分以上（含 70 分）。

差：被测对象中存在安全问题，而且会导致被测对象面临高等级安全风险，或系统综合得分即系统安全保障情况得分低于 70 分。

等级保护测评结论差表示目前该信息系统存在高危风险或整体安全性较差，不符合等保的相应标准要求。但是这并不代表等级保护工作白做了，即使你拿着不符合的测评报告，主管单位也是承认你们单位今年的等级保护工作已经开展过了，只是目前的问题较多，没达到相应的标准。

6.4.5 谁来开展等级测评

等级测评应委托具有测评资质的测评机构开展。测评机构是指具备规范的基本条件，经能力评估和审核，由省级以上信息安全等级保护工作协调（领导）小组办公室推荐，从事测评工作的机构。省级以上等保办负责等级测评机构的审核和推荐工作。公安部信息安全等级保护评估中心负责测评机构的能力评估和培训工作。

测评机构或测评人员违反《网络安全等级保护测评机构管理办法》的规定，给被测单位造成损失的，应当依法承担民事责任。

6.4.6 如何规避测评风险

网络安全等级测评行业是一个极具挑战性的行业，整个测评流程不单单局限于技术层面，还涉及单位的管理层面，整个测评工作的生命周期内会出现各种各样的问题，如何管理和规避测评工作中的风险，成为测评工作是否取得成功的关键。

风险规避，是指针对信息安全测评工作中可能出现的风险，对风险进行应对和规划，降低威胁的方法和行动。不论什么风险，最后都是降低消极风险，提高积极风险，才能使工作顺利有序进行。针对测评过程可以采取以下措施进行规避风险：

1. 制定测评计划书

充分考虑各种潜在因素，适当留有余地；任务分解详细度适中，便于考核；在执行过程中，强调测评按进度执行的重要性，在考虑任何问题时，都将保持进度作为先决条件；同时，合理利用赶工及快速跟进等方法，充分利用资源。

2．制定质量管理计划

定义出项目各子系统需要满足的质量标准，对测评各阶段的输出文档、测评记录数据几方面进行控制，记录备案并以文件的形式下达，降低风险发生的概率。

3．签署委托测评协议

在测评工作正式开始之前，以委托测评协议的方式明确测评工作的目标、范围、人员组成、计划安排、执行步骤和要求，以及双方的责任和义务等。使得测评双方对测评过程中的基本问题达成共识，后续的工作也以此为基础，避免以后的工作出现大的分歧。

4．签署保密协议

签署完善的、合乎法律规范的保密协议，以约束测评双方现在及将来的行为。

5．签署现场测评授权书

在现场测评工作开始之前，以测评授权的方式明确测评工作中双方的责任，揭示可能的风险，避免可能出现的纠纷和分歧。

6．现场测评工作风险的规避

进行验证测试和工具测试时，安排好测试时间，尽量避开业务高峰期，在系统资源处于空闲状态时进行，并需要相关技术人员对整个测评过程进行监督；在进行工具测试前，需要对关键数据做好备份工作，并对可能出现的影响制定相应的处理方案。

7．测评现场还原

测评工作完成后，测评人员应交回测评工程中获取的所有特权，归还测评过程中借阅的相关文档，并严格清理测评过程中植入被测系统中的相关代码W程序。

8．规范化的实施过程

为保证按实施计划、高质量地完成测评工作，需明确测评记录和测评报告要求，需明确测评过程中每一个阶段需要产生的相关文档，使测评工作有章可循。在委托测评协议、现场测评授权书和测评方案中，明确双方的人员职责、测评对象、时间计划、测评内容要求等。

9．沟通与交流

为避免测评工作中可能出现的争议，在测评开始前与测评过程中，需要进行积极有效的沟通和交流，及时解决测评过程中出现的问题，这对保证测评的过程质量和结果质量有重要的作用。

10．测评实施中的风险监控

采取必要措施对测评实施中的风险进行监控，以防止危及测评成败的风险发生。建立并及时更新测评风险列表及风险排序。测评管理人员随时关注与关键风险相关因素的变化情况，及时决定何时、采用何种风险应对措施。

6.5 监督检查

6.5.1 等级保护监督检查内容

网络安全等级保护主要围绕下面 10 个内容进行全面检查。

① 等级保护工作组织开展、实施情况。安全责任落实情况，信息系统安全岗位和安全管理人员设置情况。

② 按照信息安全法律法规、标准规范的要求制定具体实施方案和落实情况。

③ 信息系统定级备案情况，信息系统变化及定级备案变动情况。

④ 信息安全设施建设情况和信息安全整改情况。

⑤ 信息安全管理制度建设和落实情况。

⑥ 信息安全保护技术措施建设和落实情况。

⑦ 选择使用信息安全产品情况。

⑧ 聘请测评机构按规范要求开展技术测评工作情况，根据测评结果开展整改情况。

⑨ 自行定期开展自查情况。

⑩ 开展信息安全知识和技能培训情况。

具体展开来讲，主要项目如下：

1．等级保护工作部署和组织实施情况

① 是否下发开展网络安全等级保护工作的文件，出台有关工作意见或方案，了解组织开展网络安全等级保护工作。

② 是否建立或明确安全管理机构，落实信息安全责任，落实安全管理岗位和人员。

③ 是否依据国家信息安全法律法规、标准规范等要求制定具体信息安全工作规划或实施方案。

④ 是否制定本行业、本部门网络安全等级保护行业标准规范并组织实施。

2．信息系统安全等级保护定级备案情况

① 是否存在未定级、备案信息系统情况以及定级信息系统有关情况，定级信息系统是否存在定级不准。

② 现场查看备案的信息系统，核对备案材料，备案单位提交的备案材料是否与实际情况相符合。

③ 是否补充提交《信息系统安全等级保护备案登记表》表四中有关备案材料。

④ 信息系统所承载的业务、服务范围、安全需求等是否发生变化，以及网络安全保护等级是否变更。

⑤ 新建信息系统是否在规划、设计阶段确定安全保护等级并备案。

3．信息安全设施建设情况和信息安全整改情况

① 是否部署和组织开展信息安全建设整改工作。

② 是否制定信息安全建设规划、信息系统安全建设整改方案。

③ 是否按照国家标准或行业标准建设安全设施，落实安全措施。

4．信息安全管理制度建立和落实情况

① 是否建立基本安全管理制度，包括机房安全管理、网络安全管理、系统运行维护管理、系统安全风险管理、资产和设备管理、数据及信息安全管理、用户管理、备份与恢复、密码管理等制度。

② 是否建立安全责任制，系统管理员、网络管理员、安全管理员、安全审计员是否与本单位签订信息安全责任书。

③ 是否建立安全审计管理制度、岗位和人员管理制度。

④ 是否建立技术测评管理制度，信息安全产品采购、使用管理制度。

⑤ 是否建立安全事件报告和处置管理制度，制定信息系统安全应急处置预案，定期组织开展应急处置演练。

⑥ 是否建立教育培训制度，是否定期开展信息安全知识和技能培训。

5．信息安全产品选择和使用情况

① 是否按照《信息安全等级保护管理办法》要求的条件选择使用信息安全产品。

② 是否要求产品研制、生产单位提供相关材料。包括营业执照，产品的版权或专利证书，提供的声明、证明材料，计算机信息系统安全专用产品销售许可证等。

③ 采用国外信息安全产品的，是否经主管部门批准，并请有关单位对产品进行专门技术检测。

6．聘请测评机构开展技术测评工作情况

① 是否按照《信息安全等级保护管理办法》的要求部署开展技术测评工作。对第三级信息系统每年开展一次技术测评，对第四级信息系统每半年开展一次技术测评。

② 是否按照《信息安全等级保护管理办法》规定的条件选择技术测评机构。

③ 是否要求技术测评机构提供相关材料。包括营业执照、声明、证明及资质材料等。

④ 是否与测评机构签订保密协议。

⑤ 是否要求测评机构制定技术检测方案。

⑥ 是否对技术检测过程进行监督，采取了哪些监督措施。

⑦ 是否出具技术检测报告，检测报告是否规范、完整，检查结果是否客观、公正。

⑧ 是否根据技术检测结果，对不符合安全标准要求的，进一步进行安全整改。

7．定期自查情况

① 是否定期对信息系统安全状况、安全保护制度及安全技术措施的落实情况进行自查。第三级信息系统是否每年进行一次自查，第四级信息系统是否每半年进行一次自查。

② 经自查，信息系统安全状况未达到安全保护等级要求的，运营、使用单位是否进一步进行安全建设整改。

公安机关在对信息系统检查时，下发《信息安全等级保护监督检查通知书》和《信息安全等级保护监督检查记录》，就上述检查内容进行告知。

6.5.2 检查方式和检查要求

① 公安机关开展检查工作，应当按照"严格依法，热情服务"的原则，遵守检查纪律，规范检查程序，主动、热情地为运营使用单位提供服务和指导。

② 检查工作采取询问情况，查阅、核对材料，调看记录、资料，现场查验等方式进行。

③ 每年对第三级信息系统的运营使用单位信息安全等级保护工作检查一次，每半年对第四级信息系统的运营使用单位信息安全等级保护工作检查一次。公安机关按照"谁受理备案，谁负责检查"的原则开展检查工作。具体要求是：对跨省或者全国联网运行、跨市或者全省联网运行等跨地域的信息系统，由部、省、市级公安机关分别对所受理备案的信息系统进行检查。对辖区内独自运行的信息系统，由受理备案的公安机关独自进行检查。对跨省或者全国联网运行的信息系统进行检查时，需要会同其主管部门。因故无法会同的，公安机关可以自行开展检查。

④ 公安机关开展检查前，应当提前通知被检查单位，并发送《信息安全等级保护监督检查通知书》。

⑤ 检查时，检查民警不得少于两人，从事检查工作的民警应当经过省级以上公安机关组织的信息安全等级保护监督检查岗位培训。并应当向被检查单位负责人或其他有关人员出示工作证件。检查中填写《信息系统安全等级保护监督检查记录》。检查完毕后，《信息系统安全等级保护监督检查记录》应当交被检查单位主管人员阅后签字；对记录有异议或者拒绝签名的，监督、检查人员应当注明情况。《信息系统安全等级保护监督检查记录》应当存档备查。

⑥ 公安机关实施信息安全等级保护监督检查的法律文书和记录，应当统一存档备查。并对检查工作中涉及的国家秘密、工作秘密、商业秘密和个人隐私等应当予以保密。

⑦ 对备案单位重要信息系统发生的事件、案件及时进行调查和立案侦查，并制定单位开展应急处置工作，为备案单位提供有力支持。

⑧ 公安机关进行安全检查时不得收取任何费用。

6.5.3 整改通报

检查时，发现不符合信息安全等级保护有关管理规范和技术标准要求，具有下列情形之一的，应当通知其运营使用单位限期整改，并发送《信息系统安全等级保护限期整改通知书》。逾期不改正的，给予警告，并向其上级主管部门通报：

（一）未按照《信息安全等级保护管理办法》开展信息系统定级工作的；

（二）信息系统安全保护等级定级不准确的；

（三）未按《信息安全等级保护管理办法》规定备案的；

（四）备案材料与备案单位、备案系统不符合的；

（五）未按要求及时提交《信息系统安全等级保护备案登记表》表四的有关内容的；

（六）系统发生变化，安全保护等级未及时进行调整并重新备案的；

（七）未按《信息安全等级保护管理办法》规定落实安全管理制度、技术措施的；

（八）未按《信息安全等级保护管理办法》规定开展安全建设整改和安全技术测评的；

（九）未按《信息安全等级保护管理办法》规定选择使用信息安全产品和测评机构的；

（十）未定期开展自查的；

（十一）违反《信息安全等级保护管理办法》其他规定的。

公安机关针对检查发现的问题，需要信息系统单位限期整改的，应当出具《整改通知》，自检查完毕之日起 10 个工作日内送达被检查单位。同时，信息系统运营使用单位整改完成后，应当将整改情况报公安机关，公安机关应当对整改情况进行检查。

Chapter 7

第 7 章
关键信息基础设施安全保护条例

《网络安全法》重点对关键信息基础设施概念、安全保护基本要求、部门分工以及主体责任等问题作了基本法层面的总体制度安排，并明确指出"关键信息基础设施的具体范围和安全保护办法应由国务院制定"。以此为规范依据，2017 年 7 月 11 日，国家互联网信息办公室公布《关键信息基础设施安全保护条例（征求意见稿）》（为描述方便，下称《关键信息基础设施安全保护条例》），揭开了中国关键信息基础设施安全保护立法进程的新篇章。2020 年 7 月 8 日，国务院办公厅印发国务院 2020 年立法工作计划的通知（国办法〔2020〕18 号），将《关键信息基础设施安全保护条例》纳入 2020 年立法计划，标志着国家即将进入关键信息基础设施安全保护阶段。

7.1 关键信息基础设施法律政策和标准依据

7.1.1 《网络安全法》

《网络安全法》属于关键信息基础设施有关的法律。《网络安全法》界定了关键信息基础设施的基本概念，规定了关键信息基础设施的具体范围和安全保护要求，明确了关键信息基础设施运营者应当履行的义务，提出了关键信息基础设施与安全同步建设的原则。本法要求关键信息基础设施的运营者应当自行或者委托网络安全服务机构对其网络的安全性和可能存在的风险每年至少进行一次检测评估，并将检测评估情况和改进措施报送负责关键信息基础设施安全保护工作的相关部门。

关于网络安全法和关键信息基础设施的基础知识，请读者参考前面章节。

7.1.2 《关键信息基础设施安全保护条例》

《关键信息基础设施安全保护条例》属于关键信息基础设施有关的法律条例。《关键信息基础设施安全保护条例》作为《网络安全法》的重要配套法规，以保障关键信息基础设施安全为出发点，明确了关键信息基础设施的规划范围，规定了关键岗位实行执证上岗制度、运营者应建立关键信息基础设施安全检测评估制度，规定了关键信息基础设施运营者的责任和义务，列出了产品服务安全以及运营安全的具体条例，对从事危害关键信息基础设施的活动和行为提出了相关处罚措施，为开展关键信息基础设施的安全保护工作提供了重要的法律支撑。本条例适用于在中华人民共和国境内规划、建设、运营、维护、使用关键信息基础设施，以及开展关键信息基础设施的安全保护工作。

《关键信息基础设施安全保护条例》以 8 章共计 55 条的篇幅对关键信息基础设施保护相关的一系列制度要素作了更为具体的规定。具体包括总则，支持与保障，关键信息基础设施范围，运营者安全保护，产品和服务安全，监测预警、应急处置和检测评估，法律责任和附则。

关于《关键信息基础设施安全保护条例》的具体内容，本章后续内容将具体剖析。

7.1.3 国家网络空间安全战略

《国家网络空间安全战略》属于关键信息基础设施有关的政策，提出应采取一切必要措施保护关键信息基础设施及其重要数据不受攻击破坏，提出坚持技术和管理并重、保护和震慑并举，着眼识别、防护、检测、预警、响应、处置等环节，建立实施关键信息基础设施保护制度。本文件提出从管理、技术、人才、资金等方面加大投入，依法综合施策，切实加强关键信息基础设施安全防护。本文件还从建立实施网络安全审查制度、加强供应链安全管理、提高产品和服务的安全性和可控性等方面提出了网络安全管理的具体要求。

7.1.4 关键信息基础设施安全检查评估指南

《信息安全技术　关键信息基础设施安全检查评估指南》（报批稿）是关键信息基础设施有关的标准，明确了关键信息基础设施检查评估工作的方法、流程和内容，规定了关键信息基础设施检查评估工作准备、实施、总结各环节的流程要求及合规检查的具体要求和内容。本指南适用于指导关键信息基础设施运营者和网络安全服务机构的相关人员开展关键信息基础设施检查评估工作。

7.1.5 关键信息基础设施安全保障评价指标体系

国家标准《信息安全技术 关键信息基础设施安全保障评价指标体系》是关键信息基础设施有关的标准。本标准以《信息安全技术 信息安全保障指标体系及评价方法 第二部分：指标体系》（GB/T 31495.2—2015）中的"指标体系框架"为基础，结合关键信息基础设施的特征，制定了关键信息基础设施安全保障指标体系框架，明确了关键信息基础设施安全保障指标测量方法。本标准适用于关键信息基础设施安全保障评价工作，为政府管理部门的信息安全态势判断和宏观决策提供支持，为关键信息基础设施的管理部门及运营单位的信息安全管理和安全保障工作提供参考。

运行能力指标：包括安全防护指标、安全监测指标、应急处置指标和信息对抗指标，这些指标体系为衡量关基安全建设提供很好的思路。

安全防护指标：主要评价关键信息基础设施安全保障措施防护攻击和破坏行为的有效性，包括系统级安全测评情况、网络信任体系建设情况等。

安全监测指标：主要评价关键信息基础设施安全保障措施信息共享与通报、安全风险评估活动开展情况、隐患监测活动开展情况等。

应急处置指标：主要评价关键信息基础设施安全保障措施应对安全事件的有效性，包括对安全事件的预警和响应能力，以及在出现危险、事故、侵害后的恢复能力。

信息对抗指标：主要评价关键信息基础设施安全保障措施应对大规模网络攻击的有效性。

7.1.6 关键信息基础设施网络安全保护基本要求

本文件是关键信息基础设施有关的标准，基于《信息安全技术 信息安全风险评估规范》（GB/T 20984）和《信息安全技术 网络安全等级保护基本要求》（GB/T 22239—2019），主要内容包括关键信息基础设施的识别认定、安全防护、检测评估、监测预警和事件处置等环节。明确关键信息基础设施网络安全保护的四原则为重点保护、整体防护、动态防护和协同参与。

重点保护是指关键信息基础设施网络安全保护应首先符合网络安全等级保护政策及GB/T 22239—2019等标准相关要求，在此基础上加强关键信息基础设施关键业务的安全保护。

整体防护是指基于关键信息基础设施承载的业务，对业务涉及的多个网络和信息系统（含工业控制系统）等进行全面防护。

动态风控是指以风险管理为指导思想，根据关键信息基础设施所面临的安全风险对其安全控制措施进行调整，以及时有效的防范应对安全风险。

协同参与是指关键信息基础设施安全保护所涉及的利益相关方，共同参与关键信息基础设施的安全保护工作。

7.2 强化关键信息基础设施的安全特色

《关键信息基础设施安全保护条例》对关系到国家安全、国计民生、公共利益的关键信息基础设施在网络安全等级保护制度的基础上实行重点保护，彰显关键信息基础设施的安全保障特色。

7.2.1 网络安全对抗风险高

当前网络安全的主要风险来自别有用心的国家之间的冲突。对民主制度合法性的质疑，对霸权的挑战以及对经济实力的追求，这些因素都会引发持续的破坏性网络行动。网络空间战争行动的攻击对象主要是和国家安全、国际民生、公共利益的关键信息基础设施，且表现在网络攻击效果的不确定性、网络攻击目标的易触性、网络攻击的长期性。因此，关键信息基础设施面临国家级别的网络安全高对抗风险。

7.2.2 网络安全法律要求高

《网络安全法》要求关键信息基础设施必须在网络安全等级保护制度的基础上，实行重点保护。这意味着，一旦关键信息基础设施的安全保护没有做好，会面临网络安全等级保护制度和关键信息基础设施保护制度的法律监管和处罚。

7.2.3 网络安全建设要求高

关键信息基础设施是国家基础设施，网络安全建设的起点和标准高，不仅要履行一般安全保护义务，还要落实增强的安全保护义务。一般安全保护义务，主要包括网络安全等级保护、工作责任制、管理制度、操作规范、传统安全、追踪溯源、数据安全、个人信息保护、违法信息传播、实名制、案事件调查。增强安全保护义务，主要包括事项逐级审批、方案评审、背景审查、持证上岗、服务机构管理、态势感知、监测预警、测评、风险评估、上线监测、技术维护留存、重大活动安保、境外攻防。安全保护义务中的每项要求对关键信息基础设施运营者来讲都是挑战和机会。

7.2.4 网络安全测评要求高

关键信息基础设施必须在网络安全等级保护制度的基础上实行重点保护，关键信息基础设施每年至少进行一次检测评估，那么等级保护测评算不算？等级保护测评是合规性评估，但合规不代表安全，等级保护也不同于关键信息基础设施保护。《关键信息基础设施安全保护条例》的出台也意味着关键信息基础设施的网络安全测评要求高。

7.2.5　网络安全监管要求高

公共通信和信息服务、能源、交通、水利、金融、公共服务、电子政务、国防科技工业等重要行业和领域的基础网络、大型专网、核心业务系统、云平台、大数据平台、物联网、工业控制系统、智能制造系统、新型互联网、新兴通信设施等重点保护对象，需要纳入关键信息基础设施。重要行业的保护对象不仅包括重要信息系统，还包括工业控制系统，因此关键信息基础设施的网络运营者面临分管网络安全等级保护、关键信息基础设施保护、工业控制系统包含、密码保护、涉密信息系统保护等业务部门的监督，呈现网络安全监管要求高的特色。

7.2.6　网络安全日常运维成本高

关键信息基础设施涉及民生，拥有大量社会资源，因此成为黑客的攻击重点。当前地下黑产为代表的爆炸式的增长，这需要网络运营者树立动态、综合的主动防御理念。随着攻击自动化、智能化，攻防对抗的关键最终是人，不是设备也不是技术，运营者必须修订边界防御的传统思维，树立"数据在，安全在"的网络安全运行思维方式，修订"要求高、活多、钱少"的不合理要求。

7.2.7　网络安全主体责任格局高

随着云、大、物、移、智在关键信息基础设施中的广泛应用，新技术模糊了安全责任边界，运营者纷纷上 APT、追踪溯源、态势感知和供应链等网络安全设备或管理设备，从而降低网络风险，进一步避免安全责任。但是，关键信息基础设施的主体责任格局高，责任不仅表现在岗位责任，还有自己本身应该承担的社会责任。随着《网络安全法》、网络安全等级保护、关键信息基础设施安全保护的执行，关键信息基础设施运营者需要把网络安全主体责任放在第一位，即主体责任 > 社会责任 > 岗位责任。

7.2.8　网络安全思维层次高

在网络安全生态中，一旦一个产品软件高危漏洞被暴露，很多依附在生态链上的产品都需要进行修复，通俗来讲，就是"一人生病大家吃药"，这也是大家不容易理解的地方。网络安全防护如同防火，需要"以人为鉴，可以明得失；以史为鉴，可以知兴替"的思维方式，做到"事前预防、事中响应、事后审计"，就需要做好日志审计、追踪溯源、态势感知、通报中心、监测预警等策略部署工作。

7.2.9 网络安全事件应急要求高

众所周知，网络安全滞后网络技术，网络安全建设标准滞后网络安全攻击，从而造成网络安全事件频发。深入分析后可知，一方面是利益驱动，另一方面是自身应急能力差。国内在重点安保或者重要时刻，关键信息基础设施很多部门采取断网、关闭服务等方式被动响应网络安全要求，从侧面反映了网络运营者的能力。

7.2.10 网络安全人才质量高

网络安全具有综合性、交叉性特点。网络安全对人才的质量要求高，具体来讲，需要网络安全"五懂人"，即懂管理、懂技术、懂报表、懂报告、懂汇报。但在关键信息基础设施运营中面临人在哪里的困境。网络安全人才的培养关键在于本单位、本行业，通过合同工或者购买网络安全服务只能救济或救急。

7.3 细化网络运营者的安全义务

7.3.1 赋予的安全保护

除了《网络安全法》，国家也出台多个文件对关键信息基础设施进行安全保护。《关键信息基础设施安全保护条例》则对其细化，明确关键信息基础设施需开展的安全保护。如《关键信息基础设施安全保护条例》第十六条明确禁止任何个人和组织不得从事下列危害关键信息基础设施的活动和行为：

（一）攻击、侵入、干扰、破坏关键信息基础设施；

（二）非法获取、出售或者未经授权向他人提供可能被专门用于危害关键信息基础设施安全的技术资料等信息；

（三）未经授权对关键信息基础设施开展渗透性、攻击性扫描探测；

（四）明知他人从事危害关键信息基础设施安全的活动，仍然为其提供互联网接入、服务器托管、网络存储、通讯传输、广告推广、支付结算等帮助；

（五）其他危害关键信息基础设施的活动和行为。

7.3.2 做好"网络安全三同步"

网络安全等级保护制度在执行过程中，要求要严格履行"网络安全三同步"原则，即同步规划、同步建设、同步使用。"网络安全三同步"作为管理策略或者建设理念，在网络运行中发挥很好的指挥棒作用，并常见于网络安全执法案例中。因此，《关键信息基础设施安全保护条例》第二十一条要求，建设关键信息基础设施应当确保其具有支持业务稳定、持续运行的性能，并保证安全技术措施同步规划、同步建设、同步使用。这也与《网络安全法》第三十三条保持一样。

7.3.3 网络安全主体责任制

《网络安全法》第三十四条第一款明确，关键信息基础设施"设置专门安全管理机构和安全管理负责人，并对该负责人和关键岗位的人员进行安全背景审查"，因此，《关键信息基础设施安全保护条例》明确关键信息基础设施运营者主要负责人为第一负责人，将第一负责人的责任进行了界定。运营者主要负责人是本单位关键信息基础设施安全保护工作第一责任人，负责建立健全网络安全责任制并组织落实，对本单位关键信息基础设施安全保护工作全面负责。这要求第一责任人不仅负责组织落实，还担负全面负责的责任。通俗来讲，出人出钱出政策，需要亲力亲为，做好关键信息基础设施的保障工作。

7.3.4 关键信息基础设施保护义务进一步强化

除了继承《网络安全法》，《关键信息基础设施安全保护条例》对安全保护义务进行了强化，如严格实施身份认证和权限管理。

《关键信息基础设施安全保护条例》第二十三条规定，运营者应当按照网络安全等级保护制度的要求，履行下列安全保护义务，保障关键信息基础设施免受干扰、破坏或者未经授权的访问，防止网络数据泄漏或者被窃取、篡改：

（一）制定内部安全管理制度和操作规程，严格身份认证和权限管理。

（二）采取技术措施，防范计算机病毒和网络攻击、网络侵入等危害网络安全行为。

（三）采取技术措施，监测、记录网络运行状态、网络安全事件，并按照规定留存相关的网络日志不少于六个月。

（四）采取数据分类、重要数据备份和加密认证等措施。

《关键信息基础设施安全保护条例》还强化了《网络安全法》第三十四条，加强对系统漏洞的补救措施的保护要求。

《关键信息基础设施安全保护条例》第二十四条，除本条例第二十三条外，运营者还应当按照国家法律法规的规定和相关国家标准的强制性要求，履行下列安全保护义务：

（一）设置专门网络安全管理机构和网络安全管理负责人，并对该负责人和关键岗位人员进行安全背景审查。

（二）定期对从业人员进行网络安全教育、技术培训和技能考核。

（三）对重要系统和数据库进行容灾备份，及时对系统漏洞等安全风险采取补救措施。

（四）制定网络安全事件应急预案并定期进行演练。

（五）法律、行政法规规定的其他义务。

7.3.5　强化的网络安全管理与人员管理

《关键信息基础设施安全保护条例》除了定性描述安全管理，还量化了人员管理。在关键信息基础设施行业，部门一把手通常管理出身或者非技术科班出身，因此《关键信息基础设施安全保护条例》首先明确了网络安全管理责任人的岗位职责，要求运营者网络安全管理负责人履行下列职责：

（一）组织制定网络安全规章制度、操作规程并监督执行。

（二）组织对关键岗位人员的技能考核。

（三）组织制定并实施本单位网络安全教育和培训计划。

（四）组织开展网络安全检查和应急演练，应对处置网络安全事件。

（五）按规定向国家有关部门报告网络安全重要事项、事件。

在关键信息基础设施人员管理方面，运营者网络安全关键岗位专业技术人员实行执证上岗制度，运营者应当组织从业人员网络安全教育培训，每人每年教育培训时长不得少于1个工作日，关键岗位专业技术人员每人每年教育培训时长不得少于3个工作日。

7.3.6　监测预警

网络安全是整体的、动态的，要完成这个目标，需要一套机制来实现，如情报、信息共享、态势感知和监测预警。《关键信息基础设施安全保护条例》要求国家行业主管应当建立健全本行业、本领域的关键信息基础设施网络安全监测预警和信息通报制度，及时掌握本行业、本领域关键信息基础设施运行状况和安全风险，向有关运营者通报安全风险和相关工作信息。国家行业主管应当组织对安全监测信息进行研判，认为需要立即采取防范应对措施的，应当及时向有关运营者发布预警信息和应急防范措施建议，并按照国家网络安全事件应急预案的要求向有关部门报告。

监测预警工作是行业主管部门的保护义务，在执行的过程中会面临先行试点，或者数据分散，或者技术能力不平衡的特点，因此，建议关键信息基础设施运营者在主管部门的规划下，分步骤分场景建立。

7.3.7　应急处置

网络安全应急处置如同救火，考验的是运营者的力量建设和协同组织能力。国家行业主管组织制定本行业、本领域的网络安全事件应急预案，并定期组织演练，提升网络安全事件应对和灾难恢复能力。发生重大网络安全事件或接到网信部门的预警信息后，应立即启动应急预案组织应对，并及时报告有关情况。

应急处置能力要达到事前预警、事中处置、事后溯源的要求，需要态势感知、监测预警、信息共享的配合，这些要求本身不单单涉及技术，更多涉及协同和管理。因此，关键信息基础设施运营者要把工作做到平时，密切对外联系，主动寻找外援。

7.3.8 检测评估

网络安全是开放的、相对的，这就迫使关键信息基础设施运营者要开展检测评估工作。检测评估可以借助自己的力量开展，也可以委托中立的第三方。这个第三方就是《关键信息基础设施安全保护条例》中所指的有关部门。

国家行业主管部门应当定期组织对本行业、本领域关键信息基础设施的安全风险以及运营者履行安全保护义务的情况进行抽查检测，提出改进措施，指导、督促运营者及时整改检测评估中发现的问题。有关部门组织开展关键信息基础设施安全检测评估，应坚持客观公正、高效透明的原则，采取科学的检测评估方法，规范检测评估流程，控制检测评估风险。运营者应当对有关部门依法实施的检测评估予以配合，对检测评估发现的问题及时进行整改。

《关键信息基础设施安全保护条例》中并没有指出有关部门是哪些，因此在技术能力较高的地方，提出可以利用检测工具或委托网络安全服务机构进行技术检测，从而为主管部门打开一个口子。有关部门组织开展关键信息基础设施安全检测评估，可采取下列措施：要求运营者相关人员就检测评估事项做出说明；查阅、调取、复制与安全保护有关的文档、记录；查看网络安全管理制度制订、落实情况以及网络安全技术措施规划、建设、运行情况；利用检测工具或委托网络安全服务机构进行技术检测；经运营者同意的其他必要方式。

《关键信息基础设施安全保护条例》对有关部门进行约束，核心是不能收费，不能参与系统安全建设。这些要求是检测评估通用的要求，也只是表现在明文上。有关部门组织开展关键信息基础设施安全检测评估，不得向被检测评估单位收取费用，不得要求被检测评估单位购买指定品牌或者指定生产、销售单位的产品和服务。网络安全责任制应该进一步加大对测评服务、安全建设单位的责任追究，尊重网络安全的整体性、动态性、开放性、相对性、共同性的特点，不能隔离或割裂。

同时，有关部门以及网络安全服务机构在关键信息基础设施安全检测评估中获取的信息，只能用于维护网络安全的需要，不得用于其他用途。

7.4 主体责任

《关键信息基础设施安全保护条例》第二章的支持与保障中，对国家、政府、监管部门、行业主管部门、能源、电信、交通、公安部门给出了责任约束。

7.4.1 国家主导网络安全生态

国家为关键信息基础设施提供一个安全、可靠、可信的网络安全生态。

安全是指，采取措施，监测、防御、处置来源于中华人民共和国境内外的网络安全风险和威胁，保护关键信息基础设施免受攻击、侵入、干扰和破坏，依法惩治网络违法犯罪活动。

可信是指，国家制定产业、财税、金融、人才等政策，支持关键信息基础设施安全相关的技术、产品、服务创新，推广安全可信的网络产品和服务，培养和选拔网络安全人才，提高关键信息基础设施的安全水平。

可靠是指，国家建立和完善网络安全标准体系，利用标准指导、规范关键信息基础设施安全保护工作，从而进一步打造网络安全生态建设，国家鼓励政府部门、运营者、科研机构、网络安全服务机构、行业组织、网络产品和服务提供者开展关键信息基础设施安全合作。国家立足开放环境维护网络安全，积极开展关键信息基础设施安全领域的国际交流与合作。

7.4.2 监管部门

《关键信息基础设施安全保护条例》确立了各部门统筹协作、分工负责的监管机制，涉及的监管部门包括国家网信部门、国家行业主管或监管部门、公安、国家安全、国家保密行政管理、国家密码管理部门以及县级以上地方人民政府有关部门等。

国家网信部门负责统筹协调关键信息基础设施安全保护工作和相关监督管理工作。

公安机关指导监督关键信息基础设施安全保护工作。各单位、各部门应加强关键信息基础设施安全的法律体系、政策体系、标准体系、保护体系、保卫体系和保障体系建设，建立并实施关键信息基础设施安全保护制度，在落实网络安全等级保护制度基础上，突出保护重点，强化保护措施，切实维护关键信息基础设施安全。

地市级以上人民政府应当将关键信息基础设施安全保护工作纳入地区经济社会发展总体规划，加大投入，开展工作绩效考核评价。

7.4.3 行业主管部门

《关键信息基础设施安全保护条例》赋予国家行业主管部门的监管权力和职责如下：

① 负责指导和监督本行业、本领域的关键信息基础设施安全保护工作。

② 赋予任何个人和组织发现危害关键信息基础设施安全的行为，有权向网信、电信、公安等部门以及行业主管或监管部门举报。

③ 国家行业主管或监管部门应当设立或明确专门负责本行业、本领域关键信息基础设施安全保护工作的机构和人员，编制并组织实施本行业、本领域的网络安全规划，建立健全工作经费保障机制并督促落实。

④ 新建、停运关键信息基础设施，或关键信息基础设施发生重大变化的国家行业主管或监管部门应当根据运营者报告的情况及时进行识别调整，并按程序报送调整情况。

⑤ 运营者应当建立健全关键信息基础设施安全检测评估制度，关键信息基础设施上线运行前或者发生重大变化时应当进行安全检测评估。

⑥ 国家行业主管部门要约束关键信息基础设施的运行维护应当在境内实施。

⑦ 国家行业主管部门应当建立健全本行业、本领域的关键信息基础设施网络安全监测预警和信息通报制度，及时掌握本行业、本领域关键信息基础设施运行状况和安全风险，向有关运营者通报安全风险和相关工作信息。

⑧ 国家行业主管部门应当组织制定本行业、本领域的网络安全事件应急预案，并定期组织演练，提升网络安全事件应对和灾难恢复能力。发生重大网络安全事件或接到网信部门的预警信息后，应立即启动应急预案组织应对，并及时报告有关情况

⑨ 国家行业主管部门应当定期组织对本行业、本领域关键信息基础设施的安全风险以及运营者履行安全保护义务的情况进行抽查检测，提出改进措施，指导、督促运营者及时整改检测评估中发现的问题。

⑩ 能源、电信、交通等行业。应当为关键信息基础设施网络安全事件应急处置与网络功能恢复提供电力供应、网络通信、交通运输等方面的重点保障和支持。

同时，在《贯彻落实网络安全等级保护制度和关键信息基础设施安全保护制度的指导意见》中，要求公共通信和信息服务、能源、交通、水利、金融、公共服务、电子政务、国防科技工业等重要行业和领域的主管、监管部门应制定本行业、本领域关键信息基础设施认定规则并报公安部备案。主管、监管部门根据认定规则负责组织认定本行业、本领域关键信息基础设施，及时将认定结果通知相关设施运营者并报公安部。要求其依据关键信息基础设施安全保护标准，加强安全保护和保障，并进行安全检测评估。要梳理网络资产，建立资产档案，强化核心岗位人员管理、整体防护、监测预警、应急处置、数据保护等重点保护措施，合理分区分域，收敛互联网暴露面，加强网络攻击威胁管控，强化纵深防御，积极利用新技术开展网络安全保护，构建以密码技术、可信计算、人工智能、大数据分析等为核心的网络安全保护体系，不断提升关键信息基础设施内生安全、主动免疫和主动防御能力。有条件的运营者应组建自己的安全服务机构，承担关键信息基础设施安全保护任务，也可通过迁移上云或购买安全服务等方式，提高网络安全专业化、集约化保障能力。

7.4.4 公安机关

《关键信息基础设施安全保护条例》对公安机关的要求不多，主要是依法侦查打击针对

和利用关键信息基础设施实施的违法犯罪活动,以及《网络安全法》及有关条例中规定的监管要求。

具体来讲,任何个人和组织不得从事下列危害关键信息基础设施的活动和行为:

(一)攻击、侵入、干扰、破坏关键信息基础设施。

(二)非法获取、出售或者未经授权向他人提供可能被专门用于危害关键信息基础设施安全的技术资料等信息。

(三)未经授权对关键信息基础设施开展渗透性、攻击性扫描探测。

(四)明知他人从事危害关键信息基础设施安全的活动,仍然为其提供互联网接入、服务器托管、网络存储、通信传输、广告推广、支付结算等帮助。

(五)其他危害关键信息基础设施的活动和行为。

在《贯彻落实网络安全等级保护制度和关键信息基础设施安全保护制度的指导意见》中,明确公安部负责关键信息基础设施安全保护工作的顶层设计和规划部署,会同相关部门健全完善关键信息基础设施安全保护制度体系。要求各地公安机关加强对关键信息基础设施安全服务机构的安全管理,为运营者开展安全保护工作提供支持。要求行业主管部门、网络运营者应配合公安机关每年组织开展的网络安全监督检查、比武演习等工作,不断提升安全保护能力和对抗能力。要求公安机关将网络安全工作纳入社会治安综合治理考核评价体系,每年组织对各地区网络安全工作进行考核评价,每年评选网络安全等级保护、关键信息基础设施安全保护工作先进单位,并将结果报告党委政府,通报网信部门。

第 8 章
网络安全等级保护条例

2018年6月27日,公安部发布《网络安全等级保护条例(征求意见稿)》(为方便叙述,下简称《等保条例》)。作为《网络安全法》的重要配套法规,《等保条例》对网络安全等级保护的适用范围、各监管部门的职责、网络运营者的安全保护义务以及网络安全等级保护建设提出了更加具体、操作性更强的要求,为开展等级保护工作提供了重要的法律支撑。《等保条例》是关键信息基础设施运营者需要遵循的安全条例。

8.1 必要性和意义

8.1.1 完善网络安全法的需要

在2017年全国人大常委会执法检查组关于检查网络安全法、全国人大常委会关于加强网络信息保护的决定实施情况的报告中指出,我国网络安全监管"九龙治水"现象仍然存在,网络安全执法体制有待进一步理顺。网络安全监管部门权责不清、各自为战、执法推诿、效率低下等问题尚未有效解决,法律赋予网信部门的统筹协调职能履行不够顺畅。一些地方网络信息安全多头管理问题比较突出,但在发生信息泄露、滥用用户个人信息等信息安全事件后,用户又经常遇到投诉无门、部门之间推诿扯皮的问题。《网络安全法》明确规定国家实行网络安全等级保护制度，标志着网络安全等级保护制度从1994年国务院条例（第147号令）上升为国家法律要求，及时制定出台《等保条例》为能合理定位、准确厘清部门之间的职责具有重要指导意义。

细化《网络安全法》中的违反条款的需要。就网络运营者违反网络安全等级保护相关要求应承担的法律责任，《等保条例》直接援引了《网络安全法》关于不履行网络安全保护义务法律责任的相关规定，法律责任包括由公安机关责令改正，给予警告；拒不改正或者导致危害网络安全等后果的，处1万元以上10万元以下罚款，对直接负责的主管人员处5000元以上5万元以下罚款。《等保条例》同时规定在第三级以上网络运营者违反前述网络安全等级保护要求时，应从重处罚。

除了法律责任，《等保条例》中的"监督管理"措施更具威慑力。在特定情况和条件下，公安机关可以责令网络运营者采取阻断信息传输、暂停网络运行、备份相关数据等紧急措施；紧急情况下公安机关可以责令其停止联网、停机整顿；可以约谈网络运营者的法定代表人、主要负责人及其行业主管部门。

8.1.2 落实网络安全等级保护制度的需要

《网络安全法》明确规定国家实行网络安全等级保护制度，但是网络安全等级保护制度在定级备案、安全建设整改、等级测评、网络安全大检查等工作，缺乏有力的执行手段，因此有必要将这一基础性制度通过行政法规的形式固定下来，把多年来网络安全工作中行之有效的方法和措施固化下来，确保《网络安全法》规定的网络安全基本制度有效实施。

随着移动应用、大数据、物联网、人工智能、区块链等新技术的飞速发展，"信息系统安全"等级保护制度已明显不适应新的技术、经济环境。《网络安全法》颁布后，全国信息安全标准化技术委员会陆续发布草案对原"信息系统安全"网络安全等级保护相关的国家标准进行修订，并使用了"网络安全"等级保护的表述。从《等保条例》以及国家标准的修订来看，"网络安全"等级保护不是一个独立于"信息系统安全"等级保护的新制度体系，而是"信息系统安全"等级保护在新技术、新经济背景下的迭代更新。

8.1.3 解决网络安全突出问题的需要

近年来，网络安全形势越来越严峻，网络安全事件（案件）频发，面临境内外的网络攻击威胁也越来越大。许多单位没有依照法律规定留存网络日志，这可能导致发生网络安全事件时无法及时进行追溯和处置；有的单位从未对重要信息系统进行风险评估，对可能面临的网络安全态势缺乏认知。在许多单位，内网和专网安全建设没有引起足够重视，有的单位对内网系统未部署任何安全防护设施，长期不进行漏洞扫描，存在重大网络安全隐患。随着各地区各领域信息化建设的推进，各行业各领域数据化、在线化、远程化趋势更加明显，对网络安全提出了更高要求。从公安机关开展网络安全事件处置，以及打击黑客攻击类网络违法犯罪案件的情况看，有超过 80% 的网络安全事件（案件）都是因为网络运营者自身安全保护重视不够，基本安全保护措施不落实等原因造成。

公安部网络安全保卫局总工程师郭启全同志在解读《网络安全等级保护条例（征求意见稿）》中指出，《信息安全等级保护管理办法》（公通字〔2007〕43 号）属于规范性文件，不具备法律效力，适用范围仅限政府部门内部，约束性差，导致公安机关、保密部门、密码管理部门的监督管理力度不大，对不落实等级保护制度要求的单位无法进行行政处罚。因此，需要以《网络安全法》和《网络安全等级保护条例》共同支撑国家网络安全等级保护制度的全面有效地贯彻落实。

8.2 主要内容

《等保条例》共八章七十三条，由总则、支持与保障、网络的安全保护、涉密网络的安全保护、密码管理、监督管理、法律责任和附则组成。

8.2.1 总则和国家意志

总则中对立法依据、适用范围、工作原则和保护重点、职责分工、网络运营者责任义务和行业要求等做了明确规定。

第一条【立法依据】，为加强网络安全等级保护工作，提高网络安全防范能力和水平，维护网络空间主权和国家安全、社会公共利益，保护公民、法人和其他组织的合法权益，促进经济社会信息化健康发展，依据《中华人民共和国网络安全法》《中华人民共和国保守国家秘密法》等法律，制定本条例。

第二条【适用范围】，在中华人民共和国境内建设、运营、维护、使用网络，开展网络安全等级保护工作以及监督管理，适用本条例。个人及家庭自建自用的网络除外。

第三条【确立制度】，国家实行网络安全等级保护制度，对网络实施分等级保护、分等级监管。

第四条【工作原则和保护重点】，网络安全等级保护工作应当按照突出重点、主动防御、综合防控的原则，建立健全网络安全防护体系，重点保护涉及国家安全、国计民生、社会公共利益的网络的基础设施安全、运行安全和数据安全。

第五条【职责分工】，中央网络安全和信息化领导机构统一领导网络安全等级保护工作。国家网信部门负责网络安全等级保护工作的统筹协调。

国务院公安部门主管网络安全等级保护工作，负责网络安全等级保护工作的监督管理，依法组织开展网络安全保卫。国家保密行政管理部门主管涉密网络分级保护工作，负责网络安全等级保护工作中有关保密工作的监督管理。国家密码管理部门负责网络安全等级保护工作中有关密码管理工作的监督管理。国务院其他有关部门依照有关法律法规的规定，在各自职责范围内开展网络安全等级保护相关工作。县级以上地方人民政府依照本条例和有关法律法规规定，开展网络安全等级保护工作。

第六条【网络运营者责任义务】，网络运营者应当依法开展网络定级备案、安全建设整改、等级测评和自查等工作，采取管理和技术措施，保障网络基础设施安全、网络运行安全、数据安全和信息安全，有效应对网络安全事件，防范网络违法犯罪活动。

第七条【行业要求】，行业主管部门应当组织、指导本行业、本领域落实网络安全等级保护制度。

总则体现国家的安全意志，是国家综合治理的意志实现。网络安全等级保护制度在十多年成功实践的基础上，结合当前信息技术的发展和形势需要，不断与时俱进、健全完善。一是将风险评估、安全监测、通报预警、案事件调查、数据防护、灾难备份、应急处置、自主可控、供应链安全、效果评价、综治考核等重点措施纳入等级保护制度并实施。二是将网络基础设施、重要信息系统、网站、大数据中心、云计算平台、物联网、工控系统、公众服务平台、互联网企业等全部纳入等级保护监管。网络安全等级保护工作重点保护的是涉及国家安全、国计民生、社会公共利益的网络的基础设施安全、运行安全和数据安全。同时，总则中强调了网络安全的三同步原则，即网络运营者在网络建设过程中，应当同步规划、同步建设、同步运行网络安全保护、保密和密码保护措施。此外，总则中还规定了中央网信办、公安部门、保密行政管理部门、国家密码管理部门以及国务院其他有关部门、行业主管部门在网络安全等级保护工作中的职责。

8.2.2 支持保障和职能部门

《等保条例》第二章中明确了国家和政府落实网络安全等级保护制度的职责任务，重点体现在总体保障、标准制定、技术支持、保障考核、宣传培训和鼓励创新等方面，从国家层面保障支持等级保护制度的实施和落地，形成自上而下的等级保护工作推进体系。

第八条【总体保障】，国家建立健全网络安全等级保护制度的组织领导体系、技术支持体系和保障体系。

各级人民政府和行业主管部门应当将网络安全等级保护制度实施纳入信息化工作总体规划，统筹推进。

第九条【标准制定】，国家建立完善网络安全等级保护标准体系。国务院标准化行政主管部门和国务院公安部门、国家保密行政管理部门、国家密码管理部门根据各自职责，组织制定网络安全等级保护的国家标准、行业标准。

国家支持企业、研究机构、高等学校、网络相关行业组织参与网络安全等级保护国家标准、行业标准的制定。

第十条【投入和保障】，各级人民政府鼓励扶持网络安全等级保护重点工程和项目，支持网络安全等级保护技术的研究开发和应用，推广安全可信的网络产品和服务。

第十一条【技术支持】，国家建设网络安全等级保护专家队伍和等级测评、安全建设、应急处置等技术支持体系，为网络安全等级保护制度提供支撑。

第十二条【绩效考核】，行业主管部门、各级人民政府应当将网络安全等级保护工作纳入绩效考核评价、社会治安综合治理考核等。

第十三条【宣传教育培训】，各级人民政府及其有关部门应当加强网络安全等级保护制度的宣传教育，提升社会公众的网络安全防范意识。

国家鼓励和支持企事业单位、高等院校、研究机构等开展网络安全等级保护制度的教育与培训，加强网络安全等级保护管理和技术人才培养。

第十四条【鼓励创新】，国家鼓励利用新技术、新应用开展网络安全等级保护管理和技术防护，采取主动防御、可信计算、人工智能等技术，创新网络安全技术保护措施，提升网络安全防范能力和水平。

国家对网络新技术、新应用的推广，组织开展网络安全风险评估，防范网络新技术、新应用的安全风险。

可以看出，《等保条例》要求各职能部门，如各级人民政府、行业主管部门、公安部门、保密部门、密码管理部门、企业、研究机构、高校、网络行业组织、专家队伍、技术支持团队等，做好各自职能范围内的保障工作。例如，第八条规定国家建立健全网络安全等级保护制度的组织领导体系、技术支持体系和保障体系。各级人民政府和行业主管部门应当将网络安全等级保护制度实施纳入信息化工作总体规划，统筹推进。第九条规定国家建立完善等级保护标准体系。标准化部门和公安、保密、密码部门根据各自职责，组织制定等级保护国家标准、行业标准。在投入和保障方面，各级人民政府鼓励扶持网络安全等级保护重点工程和项目，支持网络安全等级保护技术的研究开发和应用。在技术支持方面，国家建设网络安全等级保护专家队伍和等级测评、安全建设、应急处置等技术支持体系，为网络安全等级保护制度提供支撑。

8.2.3　网络安全保护和网络运营者

《等保条例》第三章中规定了网络安全等级保护制度体系的基本框架、具体内容、要求和相关主体的责任义务。沿用等级保护2.0中的等级保护常规动作，并进行了细化。

一是明确了网络运营者依法落实网络安全等级保护制度。按照《等保条例》规定开展网络定级、备案、测评、整改、自查工作，公安机关对网络分级监督管理的职责及其在备案审核、服务机构管理、事件调查、执法检查中的职责。《等保条例》中的内容与《关键信息基础设施保护条例（征求意见稿）》有关内容进行了协调衔接。

二是规定了网络的定级和备案要求。根据网络在国家安全、经济建设、社会生活中的重要程度，以及其一旦遭到破坏、丧失功能或者数据被篡改、泄露、丢失、损毁后，对国家安全、社会秩序、公共利益以及相关公民、法人和其他组织的合法权益的危害程度等因素，网络分为五个安全保护等级。网络运营者或主管部门应参考《信息安全技术 网络安全等级保护定级指南》的要求，梳理出定级对象并合理确定其所属网络的安全保护等级、确定其安全责任单位和具体责任人。定级时应当注意以下几方面：一是网络运营者应当在规划设计阶段确定网络的安全保护等级；当网络功能、服务范围、服务对象和处理的数据等发生重大变化时，网络运营者应当依法变更网络的安全保护等级；网络定级应按照网络运营者拟定网络等级、专家评审、主管部门核准、公安机关审核的流程进行。对于基础网络、云计算平台和大数据平台等起支撑作用的网络系统，应根据其承载或将要承载的等级保护对象的重要程度确定其安全保护等级，原则上应不低于其承载的等级保护对象的安全保护等级。原则上大数据的安全等级不低于第三级。

三是《等保条例》在《网络安全法》规定的网络运营者安全保护义务的基础上，对不同安全保护等级网络的运营者的安全保护义务做了明确、细化的要求。第二十条规定了网络运营者应当依法履行的 11 项一般性安全保护义务，包括落实责任制，建立并落实安全管理和技术保护制度，制定并落实机房安全管理、设备和介质安全管理等操作规范和工作流程，落实身份识别、防范恶意代码感染传播和网络入侵攻击的管理和技术措施，落实监测、记录网络运行状态、网络安全事件、违法犯罪活动的管理和技术措施，相关网络日志留存以及落实数据分类、重要数据备份和加密、个人信息保护措施，对网络中发生的案事件应当向属地公安机关报告等网络安全保护义务。第三级以上网络的运营者，除履行上述网络安全保护义务之外，根据第二十二条规定，还应当履行的其他八项安全保护义务包括：强化网络安全管理机构的职责，重大事项逐级审批，网络安全管理负责人和关键岗位的人员安全背景审查，采取网络安全态势感知监测预警措施进行动态监测分析以及落实备份和恢复措施、定期开展等级测评等网络安全保护义务，突出强化了国家对关键信息基础设施和其他重要网络的重点保护和管理。

四是规定了第三级以上网络运营者在开展技术维护、监测预警、信息通报、应急处置以及数据信息安全等工作时应当履行的责任义务。同时，《等保条例》中就测评服务、安全监测、运维、数据应用等其安全服务机构管理提出了明确的管理要求，提出了新技术新应用的风险管控规定。

8.2.4 涉密网络系统的安全保护

《等保条例》第四章中提出了涉密网络安全保密总体要求，以及涉密网络分级保护要求和涉密网络使用管理要求，明确了涉密网络全过程管理，规定了涉密网络密级确定、方案论证、建设实施、测评审查、风险评估、重大变化以及废止等环节的保密管理要求。

8.2.5 密码管理

《等保条例》第五章中明确提出了密码配备使用、管理和应用安全性评估的有关要求，对网络的密码保护做出规定。其中，对涉密网络，明确密码检测、装备、采购、使用以及系统设计、运行维护、日常管理等要求；对非涉及国家秘密网络、第三级以上网络提出密码保护要求，明确规定网络运营者应在网络规划、建设和运行阶段委托专业测评机构开展密码应用安全性评估，并对评估结果备案提出了要求。具体参考《密码法》相关章节。

8.2.6 监督管理和监管部门

《等保条例》第六章规定了公安机关、行业主管（监管）部门等在网络安全监督管理中的职责和监管要求，就重大隐患处置、安全服务机构监管、事件调查以及保密、密码的监督管理等分别做了明确规定，提出了网络运营者和技术支持单位应履行的执法协助义务。

8.3 公安机关和网络安全等级保护条例

《等保条例》作为公安机关牵头起草的法规，是公安机关近30年的网络安全等级保护工作经验总结，在基于现有问题工作方法之上，形成的一套有效的网络安全保护机制。

8.3.1 安全监督管理

《等保条例》赋予县级以上公安机关监督网络安全等级保护制定落实情况。这是首次以法规形式对县级以上公安机关的赋权，其主要原因在于当前地市公安机关并没有专门的等级保护办公室，因此，在落实监督管理工作的时候会面临诸多问题和挑战。比如，如何掌握三级以上等级保护对象工作情况，如何配备技术人员开展监督和检查等。公安机关在开展网络安全监管，主要包括网络运营者、测评机构、安全建设机构、网络运营者的关键岗位人员，以及为网络运营者提供安全服务的人员。

第四十九条【安全监督管理】，县级以上公安机关对网络运营者依照国家法律法规规定和相关标准规范要求，落实网络安全等级保护制度，开展网络安全防范、网络安全事件应急处置、重大活动网络安全保护等工作，实行监督管理；对第三级以上网络运营者按照网络安全等级保护制度落实网络基础设施安全、网络运行安全和数据安全保护责任义务，实行重点监督管理。

县级以上公安机关对同级行业主管部门依照国家法律法规规定和相关标准规范要求，组织督促本行业、本领域落实网络安全等级保护制度，开展网络安全防范、网络安全事件应急处置、重大活动网络安全保护等工作情况，进行监督、检查、指导。

地市级以上公安机关每年将网络安全等级保护工作情况通报同级网信部门。

第五十三条【对测评机构和安全建设机构的监管】，国家对网络安全等级测评机构和安全建设机构实行推荐目录管理，指导网络安全等级测评机构和安全建设机构建立行业自律组织，制定行业自律规范，加强自律管理。

第五十四条【关键人员管理】，第三级以上网络运营者的关键岗位人员以及为第三级以上网络提供安全服务的人员，不得擅自参加境外组织的网络攻防活动。

8.3.2 安全检查

公安机关开展安全检查，是落实网络安全等级保护的重要抓手。一方面可以全面了解本地辖区网络安全态势，另一方面可以提前谋划，做好网络安全保卫工作。《等保条例》一旦真正落实，县级公安机关面临人员、编制、技术、政策等方面的制约。

第五十条【安全检查】，县级以上公安机关对网络运营者开展下列网络安全工作情况进行监督检查：

（一）日常网络安全防范工作；

（二）重大网络安全风险隐患整改情况；

（三）重大网络安全事件应急处置和恢复工作；

（四）重大活动网络安全保护工作落实情况；

（五）其他网络安全保护工作情况。

公安机关对第三级以上网络运营者每年至少开展一次安全检查。涉及相关行业的可以会同其行业主管部门开展安全检查。必要时，公安机关可以委托社会力量提供技术支持。

公安机关依法实施监督检查，网络运营者应当协助、配合，并按照公安机关要求如实提供相关数据信息。

8.3.3 安全处置手段

网络安全等级保护制度威慑力增强。《等保条例》赋予公安机关责令、整改、通报、停网、停机、打击违反犯罪、罚款、吊销等处置手段。其中，第六十七条对违反执法协助义务进行了细化，如数据安全保护、监督配合、应急调度等。

第五十一条【检查处置】，公安机关在监督检查中发现网络安全风险隐患的，应当责令网络运营者采取措施立即消除；不能立即消除的，应当责令其限期整改。

公安机关发现第三级以上网络存在重大安全风险隐患的，应当及时通报行业主管部门，并向同级网信部门通报。

第五十二条【重大隐患处置】，公安机关在监督检查中发现重要行业或本地区存在严重威胁国家安全、公共安全和社会公共利益的重大网络安全风险隐患的，应报告同级人民政府、网信部门和上级公安机关。

第五十五条【事件调查】，公安机关应当根据有关规定处置网络安全事件，开展事件调查，认定事件责任，依法查处危害网络安全的违法犯罪活动。必要时，可以责令网络运营者采取阻断信息传输、暂停网络运行、备份相关数据等紧急措施。

第五十六条【紧急情况断网措施】，网络存在的安全风险隐患严重威胁国家安全、社会秩序和公共利益的，紧急情况下公安机关可以责令其停止联网、停机整顿。

第六十二条【网络安全约谈制度】，省级以上人民政府公安部门、保密行政管理部门、密码管理部门在履行网络安全等级保护监督管理职责中，发现网络存在较大安全风险隐患或者发生安全事件的，可以约谈网络运营者的法定代表人、主要负责人及其行业主管部门。

第六十四条【违反技术维护要求】，网络运营者对第三级以上网络实施境外远程技术维护，未进行网络安全评估、未采取风险管控措施、未记录并留存技术维护日志的，由公安机关和相关行业主管部门依据各自职责责令改正，依照《中华人民共和国网络安全法》第五十九条第一款的规定处罚。

第六十五条【违反数据安全和个人信息保护要求】，网络运营者擅自收集、使用、提供数据和个人信息的，由网信部门、公安机关依据各自职责责令改正，依照《中华人民共和国网络安全法》第六十四条第一款的规定处罚。

第六十六条【网络安全服务责任】，违反第二十六条第三款、第二十七条第二款规定的，由公安机关责令改正，可以根据情节单处或者并处警告、没收违法所得、处违法所得1倍以上10倍以下罚款，没有违法所得的，处100万元以下罚款，对直接负责的主管人员和其他直接责任人员处1万元以上10万元以下罚款；情节严重的，并可以责令暂停相关业务、停业整顿，直至通知发证机关吊销相关业务许可证或者吊销营业执照。违反本条例第二十七条第二款规定，泄露、非法出售或者向他人提供个人信息的，依照《中华人民共和国网络安全法》第六十四条第二款的规定处罚。

第六十七条【违反执法协助义务】，网络运营者违反本条例规定，有下列行为之一的，由公安机关、保密行政管理部门、密码管理部门、行业主管部门和有关部门依据各自职责责令改正；拒不改正或者情节严重的，依照《中华人民共和国网络安全法》第六十九条的规定处罚。

（一）拒绝、阻碍有关部门依法实施的监督检查的；

（二）拒不如实提供有关网络安全保护的数据信息的；

（三）在应急处置中拒不服从有关主管部门统一指挥调度的；

（四）拒不向公安机关、国家安全机关提供技术支持和协助的；

（五）电信业务经营者、互联网服务提供者在重大网络安全事件处置和恢复中未按照本条例规定提供支持和协助的。

8.3.4 安全责任

《等保条例》对公安机关主要的责任约束是渎职，具体是指玩忽职守、滥用职权、徇私舞弊，泄露、出售、非法提供秘密、个人信息和重要数据。

第六十九条【监管部门渎职责任】，网信部门、公安机关、国家保密行政管理部门、密码管理部门以及有关行业主管部门及其工作人员有下列行为之一，对直接负责的主管人员和其他直接责任人员，或者有关工作人员依法给予处分：

（一）玩忽职守、滥用职权、徇私舞弊的；

（二）泄露、出售、非法提供在履行网络安全等级保护监管职责中获悉的国家秘密、个人信息和重要数据；或者将获取其他信息，用于其他用途的。

8.4 网络运营者和网络安全等级保护条例

8.4.1 承担责任和安全要求

《等保条例》除了网络运营者做好网络安全等级保护常规动作安全要求之外，还规定在产品服务采购、应急处置、技术维护、态势感知监测预警、数据安全保护、审核审计、新风险管控等方面承担责任，做好安全要求。

第十六条【网络定级】，网络运营者应当在规划设计阶段确定网络的安全保护等级。

第十七条【定级评审】，对拟定为第二级以上的网络，其运营者应当组织专家评审；有行业主管部门的，应当在评审后报请主管部门核准。

第十八条【定级备案】，第二级以上网络运营者应当在网络的安全保护等级确定后 10 个工作日内，到县级以上公安机关备案。

第十九条【备案审核】，公安机关应当对网络运营者提交的备案材料进行审核。对定级准确、备案材料符合要求的，应在 10 个工作日内出具网络安全等级保护备案证明。

第二十二条【上线检测】，新建的第二级网络上线运行前应当按照网络安全等级保护有关标准规范，对网络的安全性进行测试。

第二十三条【等级测评】第三级以上网络的运营者应当每年开展一次网络安全等级测评，发现并整改安全风险隐患，并每年将开展网络安全等级测评的工作情况及测评结果向备案的公安机关报告。

第二十四条【安全整改】，网络运营者应当对等级测评中发现的安全风险隐患，制定整改方案，落实整改措施，消除风险隐患。

第二十五条【自查工作】，网络运营者应当每年对本单位落实网络安全等级保护制度情况和网络安全状况至少开展一次自查，发现安全风险隐患及时整改，并向备案的公安机关报告。

第二十八条【产品服务采购使用的安全要求】，网络运营者应当采购、使用符合国家法律法规和有关标准规范要求的网络产品和服务。

第二十九条【技术维护要求】，第三级以上网络应当在境内实施技术维护，不得境外远程技术维护。因业务需要，确需进行境外远程技术维护的，应当进行网络安全评估，并采取风险管控措施。实施技术维护，应当记录并留存技术维护日志，并在公安机关检查时如实提供。

第三十条【监测预警和信息通报】，地市级以上人民政府应当建立网络安全监测预警和信息通报制度，开展安全监测、态势感知、通报预警等工作。

第三十一条【数据和信息安全保护】，网络运营者应当建立并落实重要数据和个人信息安全保护制度；采取保护措施，保障数据和信息在收集、存储、传输、使用、提供、销毁过程中的安全；建立异地备份恢复等技术措施，保障重要数据的完整性、保密性和可用性。

第三十二条【应急处置要求】，第三级以上网络的运营者应当按照国家有关规定，制定网络安全应急预案，定期开展网络安全应急演练。

第三十三条【审计审核要求】，网络运营者建设、运营、维护和使用网络，向社会公众提供需取得行政许可的经营活动的，相关主管部门应当将网络安全等级保护制度落实情况纳入审计、审核范围。

第三十四条【新技术新应用风险管控】，网络运营者应当按照网络安全等级保护制度要求，采取措施，管控云计算、大数据、人工智能、物联网、工控系统和移动互联网等新技术、新应用带来的安全风险，消除安全隐患。

从上述来看，网络运营者的安全义务和要求基本沿袭了五级等级保护体系，是网络安全等级保护制度中的继承和细化，使《等保条例》的适用范围非常宽泛，几乎所有的企业都会落入《等保条例》范畴。

8.4.2 履行安全保护义务

《等保条例》不仅细化了《网络安全法》第二十一条要求，同时细分为一般安全保护义务和特殊安全保护义务，其中特殊安全保护义务特指国家关键信息基础设施安全保护。

第二十条【一般安全保护义务】，网络运营者应当依法履行下列安全保护义务，保障网络和信息安全：

（一）确定网络安全等级保护工作责任人，建立网络安全等级保护工作责任制，落实责任追究制度；

（二）建立安全管理和技术保护制度，建立人员管理、教育培训、系统安全建设、系统安全运维等制度；

（三）落实机房安全管理、设备和介质安全管理、网络安全管理等制度，制定操作规范和工作流程；

（四）落实身份识别、防范恶意代码感染传播、防范网络入侵攻击的管理和技术措施；

（五）落实监测、记录网络运行状态、网络安全事件、违法犯罪活动的管理和技术措施，并按照规定留存六个月以上可追溯网络违法犯罪的相关网络日志；

（六）落实数据分类、重要数据备份和加密等措施；

（七）依法收集、使用、处理个人信息，并落实个人信息保护措施，防止个人信息泄露、损毁、篡改、窃取、丢失和滥用；

（八）落实违法信息发现、阻断、消除等措施，落实防范违法信息大量传播、违法犯罪证据灭失等措施；

（九）落实联网备案和用户真实身份查验等责任；

（十）对网络中发生的案事件，应当在二十四小时内向属地公安机关报告；泄露国家秘密的，应当同时向属地保密行政管理部门报告。

（十一）法律、行政法规规定的其他网络安全保护义务。

第二十一条【特殊安全保护义务】，第三级以上网络的运营者除履行本条例第二十条规定的网络安全保护义务外，还应当履行下列安全保护义务：

（一）确定网络安全管理机构，明确网络安全等级保护的工作职责，对网络变更、网络接入、运维和技术保障单位变更等事项建立逐级审批制度；

（二）制定并落实网络安全总体规划和整体安全防护策略，制定安全建设方案，并经专业技术人员评审通过；

（三）对网络安全管理负责人和关键岗位的人员进行安全背景审查，落实持证上岗制度；

（四）对为其提供网络设计、建设、运维和技术服务的机构和人员进行安全管理；

（五）落实网络安全态势感知监测预警措施，建设网络安全防护管理平台，对网络运行状态、网络流量、用户行为、网络安全案事件等进行动态监测分析，并与同级公安机关对接；

（六）落实重要网络设备、通信链路、系统的冗余、备份和恢复措施；

（七）建立网络安全等级测评制度，定期开展等级测评，并将测评情况及安全整改措施、整改结果向公安机关和有关部门报告；

（八）法律和行政法规规定的其他网络安全保护义务。

8.4.3　测评机构管理要求

测评机构作为公安机关开展网络安全等级保护的一支重要队伍，对安全保护能力的研判、定性具有重要作用。因此，《等保条例》要求测评机构必须安全、客观、公正的开展等级测评服务，要严守国家秘密和被测对象敏感信息。

第二十六条【测评活动安全管理】，网络安全等级测评机构应当为网络运营者提供安全、客观、公正的等级测评服务。

网络安全等级测评机构应当与网络运营者签署服务协议，并对测评人员进行安全保密教育，与其签订安全保密责任书，明确测评人员的安全保密义务和法律责任，组织测评人员参加专业培训。

网络安全等级测评机构等网络服务提供者应当保守服务过程中知悉的国家秘密、个人信息和重要数据。不得非法使用或擅自发布、披露在提供服务中收集掌握的数据信息和系统漏洞、恶意代码、网络入侵攻击等网络安全信息。

8.4.4 网络服务机构管理

网络服务机构是指为网络运营者提供网络建设、运行维护、安全监测、数据分析等网络服务的机构，这些机构本身也是网络运营者，需要接受双重管理。

第二十七条【网络服务机构要求】，网络服务提供者为第三级以上网络提供网络建设、运行维护、安全监测、数据分析等网络服务，应当符合国家有关法律法规和技术标准的要求。

8.5 引起关注的典型问题或困境

8.5.1 合规成本与企业发展之间的矛盾

安全是发展的前提和基础。网络运营者在利用网络的同时，要承担《等保条例》中规定的一般安全保护义务，如果网络运营者是三级以上保护对象，则必须强化安全，开展特殊安全保护义务。网络安全需要投入财力、人力，对于中小型互联网企业或者不特别依赖网络的企业来说，把整个网络安全等级保护工作做完，并持续动态改进，可能带来不小的合规成本。因此，如何协调安全和信息化发展的平衡关系，如何针对企业规模、企业对网络的依赖程度甚至安全自查的方式做好网络安全等级保护工作，也是可以值得商讨的问题。

8.5.2 监管部门与行业主管部门之间的关系

一是指监管部分之间的责任分工关系有待理清楚。尽管《等保条例》对各监管部门的职责分工有所区分，但是对于第三级以上的网络运营者来讲，主要是指关键信息基础设施、重要信息系统和工业控制系统，对于这些保护对象，职责如何划分有待进一步梳理清楚。否则，仍然会出现"存在不同执法部门对同一单位、同一事项重复检查且检查标准不一等问题，不同法律实施主管机关采集的数据还不能实现互联互通，经常给网络运营商增加额外负担"。因此，要形成网信、工信、公安、保密等各部门协调联动机制，既要防止职能交叉、多头管理,又要避免执法推诿、管理空白,不断提高执法效率,有效维护网络空间的安全。同时,考虑到互联网跨区域性强、地域边界不明显的特点,要健全完善网络安全异地执法协作机制,实现区域之间执法联动。还要破除部门利益,打通数据和信息壁垒,减少重复建设,建立共享数据平台,切实做到不同部门收集的数据能够共享,提高网络安全防范能力。

二是指特殊行业网络运营者的网络安全等保工作需要由行业主管部门来落实。对于金融、医疗、民航、传统制造业等专业性较强的行业,公安、网信、保密等监管部门可能缺乏相关行业经验和专业知识。因此,监管部门与各行业主管部门之间的关系和分工,不能像《等保条例》中一句话描述"第七条【行业要求】 行业主管部门应当组织、指导本行业、本领域落实网络安全等级保护制度"。网络安全等级保护已经纳入法律范畴,工作开展不仅仅是监管的事情,更要由行业主管部门的职责,如果没有进一步明确,这可能会给企业、直属单位的合规合法带来困惑。

8.5.3 网络安全等级保护配套法规有待完善

一是尽快梳理清楚网络安全等级保护常规动作配套法规。目前,等级保护中关于定级、测评、建设的国家标准已经出台,但是在网络安全等级保护 2.0 时代中的如何开展备案、如何安全整改、如何监管却还是沿用网络安全等级保护 1.0,即信息安全等级保护制度中的条款。

二是尽快厘清《网络安全等级保护条例》与《信息安全等级保护管理办法》之间的关系。网络安全等级保护制度并非"横空出世",它继承自信息系统安全等级保护制度,在制度架构上,二者的主管机关、定级标准、工作流程等方面十分相似。出台于 2007 年的《信息安全等级保护管理办法》(公通字〔2007〕43 号)属于规范性文件,不具备法律效力,适用范围仅限政府部门内部,约束性差,导致公安机关、保密部门、密码管理部门的监督管理力度不大,对不落实等级保护制度要求的单位无法进行行政处罚。《等保条例》生效后,公安机关、保密部门、密码管理部门的监督管理和处罚力度加大。那么,原《管理办法》是否失效,两项制度间的关系究竟是并行、替代还是互为补充,这类问题在条例的最后没有交代。

8.5.4 条例和部门规章

条例是国家权力机关或行政机关依照政策和法令而制定并发布的,针对政治、经济、文化等领域内的某些具体事项而做出的,比较全面系统、具有长期执行效力的法规性公文。条例是法的表现形式之一。之前国务院有过明确规定,国务院各部门和地方各级人民政府制定的规章不能称其为"条例"。其制发者必须是国家权力机关或行政机关以及受这些机关委派的组织(如全国人大、军委、国务院、最高法(检查)院)出台。

《等保条例》采用了"条例"的名称。正如上面所说,"条例"应由全国人大常务委员会制定或国务院制定，形成法律或行政法规。但是，《等保条例》的发布单位是国务院下属的公安部，并会同中央网信办、国家保密局、国家密码管理局起草制定，从发布单位看，应属于部门规章。因此，《等保条例》任重道远。

总体来讲，《等保条例》的出台对国家网络安全工作是巨大进步，正如十八届四中全会提出的：法律的生命力在于实施，法律的权威也在于实施。参照公安部最新出台的《贯彻落实网络安全等级保护制度和关键信息基础设施安全保护制度的指导意见》，建议关键信息基础设施网络运营者深入贯彻落实网络安全等级保护制度。

① 网络运营者应全面梳理本单位各类网络，特别是云计算、物联网、新型互联网、大数据、智能制造等新技术应用的基本情况，并根据网络的功能、服务范围、服务对象和处理数据等情况，科学确定网络的安全保护等级，对第二级以上网络依法向公安机关备案，并向行业主管部门报备。

② 网络运营者应依据有关标准规范，对已定级备案网络的安全性进行检测评估，查找可能存在的网络安全问题和隐患。第三级以上网络运营者应委托符合国家有关规定的等级测评机构，每年开展一次网络安全等级测评，并及时将等级测评报告提交受理备案的公安机关和行业主管部门。新建第三级以上网络应在通过等级测评后投入运行。

③ 网络运营者应在网络建设和运营过程中，同步规划、同步建设、同步使用有关网络安全保护措施。应依据《网络安全等级保护基本要求》《网络安全等级保护安全设计技术要求》等国家标准，在现有安全保护措施的基础上，全面梳理分析安全保护需求，并结合等级测评过程中发现的问题隐患，按照"一个中心（安全管理中心）、三重防护（安全通信网络、安全区域边界、安全计算环境）"的要求，认真开展网络安全建设和整改加固，全面落实安全保护技术措施。网络运营者可将网络迁移上云，或将网络安全服务外包，充分利用云服务商和网络安全服务商提升网络安全保护能力和水平。应全面加强网络安全管理，建立完善人员管理、教育培训、系统安全建设和运维等管理制度，加强机房、设备和介质安全管理，强化重要数据和个人信息保护，制定操作规范和工作流程，加强日常监督和考核，确保各项管理措施有效落实。

④ 行业主管部门、网络运营者应依据《网络安全法》等法律法规和有关政策要求，按照"谁主管谁负责、谁运营谁负责"的原则，厘清网络安全保护边界，明确安全保护工作责任，建立网络安全等级保护工作责任制，落实责任追究制度，做到"守土有责、守土尽责"。

⑤ 网络运营者应加强网络关键人员的安全管理，第三级以上网络运营者应对为其提供设计、建设、运维、技术服务的机构和人员加强管理，评估服务过程中可能存在的安全风险，并采取相应的管控措施。

⑥ 网络运营者应贯彻落实《密码法》等有关法律法规规定和密码应用相关标准规范。第三级以上网络应正确、有效采用密码技术进行保护，并使用符合相关要求的密码产品和服务。第三级以上网络运营者应在网络规划、建设和运行阶段，按照密码应用安全性评估管理办法和相关标准，在网络安全等级测评中同步开展密码应用安全性评估。

Chapter 9

第 9 章
工业控制系统安全

工业控制系统是电力、交通、能源、水利、冶金、航空航天等国家重要基础设施的"大脑"和"中枢神经",超过80%的涉及国计民生的关键基础设施依靠工业控制系统实现自动化作业。因此,工业控制系统安全关系国家安全、社会秩序和公共利益。工业和信息化部指导和管理全国工业企业工控安全防护和保障工作,对工业控制系统安全具有监督管理权。

9.1 工业控制系统概述

9.1.1 工业控制系统的概念和定义

工业控制系统(Industrial Control System,ICS)是几种类型控制系统的总称,包括数据采集与监视控制(Supervisory Control And Data Acquisition,SCADA)系统、集散控制系统(Distributed Control Systems,DCS)、可编程控制器(Programmable Logic Controllers,PLC)、人机交互界面设备(Human Machine Interface,HMI)以及确保各组件通信的接口技术。ICS 通常用于电力、水和污水处理、石油和天然气、化工、交通运输、制药、纸浆和造纸、食品和饮料以及离散制造(如汽车、航空航天和耐用品)等行业。从广义上说,工业控制系统是对工业生产过程安全、信息安全和可靠运行产生作用和影响的人员、硬件和软件的集合。

除了上述控制系统，ICS 也涉及一些相关的信息系统，如先进控制或多变量控制、在线优化器、专用设备监视器、图形界面、过程历史记录、制造执行系统（MES）和企业资源计划（ERP）管理系统，以及为连续的、批处理、离散的和其他过程提供控制、安全和制造操作功能的相关部门、人员、网络或机器接口等。工业控制系统包括用于制造业和流程工业的控制系统、楼宇控制系统、地理上分散的操作诸如公共设施（如电力、天然气和自来水）、管道和石油生产及分配设施、其他工业和应用如交通运输网络，那些使用自动化的或远程被控制或监视的资产。

工业控制系统主要由过程级、操作级以及各级之间和内部的通信网络构成，对于大规模的控制系统，也包括管理级。过程级包括被控对象、现场控制设备和测量仪表等，操作级包括工程师和操作员站、人机界面和组态软件、控制服务器等，管理级包括生产管理系统和企业资源系统等，通信网络包括商用以太网、工业以太网、现场总线等。

1. SCADA 数据采集与监视控制系统

SCADA（数据采集与监视控制）系统是用于控制地理上资产高度分散的大规模分布式系统，往往分散数千平方公里，其中集中的数据采集和控制功能是 SCADA 系统运行的关键。SCADA 系统主要采用远程通信技术，如广域网、广播、卫星、电话线等技术，对跨地区的远程站点执行集中的监视和控制。控制中心根据从远程站点收到的信息，自动或操作员手动产生监督指令，再传送到远程站点的控制装置上，即现场设备。现场设备控制本地操作，如打开和关闭阀门和断路器，从传感器系统收集数据，以及监测本地环境的报警条件。

SCADA 系统主要由区域控制中心、主控制中心、冗余控制中心和多个远程站点构成。控制中心和所有远程站点之间采用远程通信技术进行点对点连接，区域控制中心提供比主控制中心更高级别的监督控制，企业管理网络可以通过广域网访问所有控制中心，并且站点也可以被远程访问以进行故障排除和维护操作。

SCADA 系统的主要特点是利用远程通信技术将地理位置分散的远程测控站点进行集中监控，主要应用在石油和天然气管道、电力电网、轨道交通等行业。

2. DCS 集散控制系统

DCS（集散控制系统）是用于控制资产设备处于同一地理位置的规模化生产系统。DCS 主要采用局域网技术进行通信，对通信速率和实时性要求高。DCS 采用集中监控的方式协调本地控制器以执行整个生产过程，本地控制器可以包括多种类型，如 PLC、过程控制器和单回路控制器可同时作为控制器应用在 DCS 中。产品和过程控制通常通过部署反馈或前馈控制回路实现，关键产品或过程条件自动保持在一个所需的设定点范围内。

DCS 主要由过程级、操作级和管理级构成。过程级主要包括分布式控制器、过程仪表、执行机构、I/O 单元等，操作级主要包括操作员站、工程师站、控制服务器等，管理级主要包括生产管理系统等。

DCS 的主要特点是利用局域网对控制回路进行集中监视和分散控制，主要应用于过程控制行业，如发电厂、炼油厂、水和废水处理、食品和医药加工等。

3．PLC

PLC（可编程逻辑控制器）广泛应用于几乎所有的工业生产过程中。PLC 需要配合工程师站和组态软件运行，主要采用局域网技术进行通信，传输速率高，可靠性好。PLC 主要由工程师站、历史数据站、PLC 控制器、现场设备和局域网络构成。PLC 由工程师站上的编程接口访问，通过局域网控制现场设备，数据存储在历史数据库中。PLC 的主要特点是逻辑控制功能强，同时具有性能稳定、可靠性高、技术成熟的特点，使其被广泛用于工厂自动化行业中。

4．RTU 远程终端单元

RTU（远程终端单元）是 SCADA 系统中远程站点使用的专用数据采集和控制单元。RTU 主要具备两种功能，数据采集和处理、数据传输（网络通信），兼具 PID 控制和逻辑控制功能等。RTU 的主要特点是能对远程站点的现场数据测量，作为 SCADA 系统的基本组成单元，主要应用在石油和天然气、电力等行业。RTU 的组成部分与 PLC 系统类似，需要配合工程师站和组态软件运行，区别在于，RTU 系统使用的控制组件是 RTU，而 PLC 系统使用控制组件的是 PLC。表 9-1 说明了 SCADA 系统、DCS、PLC 控制系统和 RTU 控制系统在以下各方面的区别。

表 9-1　SCADA 系统、DCS 系统、PLC 系统、RTU 系统的区别

	SCADA 系统	DCS 系统	PLC 系统	RTU 系统
主要特点	利用远程通信技术将地理位置分散的远程测控站点进行集中监控	利用局域网对控制回路进行集中监视和分散控制，用于连续变量、多回路的复杂控制	逻辑控制功能强，用于数字量、开关量的控制	对远程站点的现场数据测量功能强
地理范围	地理位置高度分散	地理位置集中（如工厂或以工厂为中心的区域）	地理位置集中	危险、恶劣的远程生产现场
应用领域	远程监控行业（如石油和天然气管道、电力电网、轨道交通运输系统（含铁路运输系统与城市轨道交通系统））	过程控制行业（如发电、炼油、食品和化工等）	工业自动化（如生产线等）	远程监控行业
通信技术	广域网、广播、卫星和电话或电话网等远程通信技术	局域网技术	局域网技术	远程通信技术
规模大小	大规模系统，现场站点多	控制回路复杂，测控点数多		作为 SCADA 系统的组成部分

9.1.2　工业控制系统分层模型

参考 IEC 62264-1 的层次结构模型划分，同时将 SCADA 系统、DCS 和 PLC 系统等

模型的共性进行抽象，形成分层架构模型，从上到下分为五层，依次为企业资源层、生产管理层、过程监控层、现场控制层和现场设备层，不同层级的实时性要求不同。

企业资源层主要包括 ERP 系统功能单元，为企业决策层员工提供决策运行手段。

生产管理层主要包括 MES 系统功能单元，对生产过程进行管理，如制造数据管理、生产调度管理等。

过程监控层主要包括监控服务器与 HMI 系统功能单元，对生产过程数据进行采集与监控，并利用 HMI 系统实现人机交互。

现场控制层主要包括各类控制器单元，如 PLC、DCS 等，对各执行设备进行控制。

现场设备层主要包括各类过程传感设备与执行设备单元，对生产过程进行感知与操作。

在工业控制系统安全中，各层具体应保护的资产如下。

企业资源层：应保护与企业资源相关的财务管理、资产管理、人力管理等系统的软件和数据资产不被恶意窃取，硬件设施不遭到恶意破坏。

生产管理层：应保护与生产制造相关的仓储管理、先进控制、工艺管理等系统的软件和数据资产不被恶意窃取，硬件设施不遭到恶意破坏。

过程监控层：应保护各操作员站、工程师站、OPC 服务器等物理资产不被恶意破坏，同时应保护运行在这些设备上的软件和数据资产，如组态信息、监控软件、控制程序/工艺配方等不被恶意篡改或窃取。

现场控制层：应保护各类控制器、控制单元、记录装置等不被恶意破坏或操控，同时应保护控制单元内的控制程序或组态信息不被恶意篡改。

现场设备层：保护各类变送器、执行机构、保护装置等不被恶意破坏。

9.1.3 工业控制系统与传统信息系统的区别

工业控制系统偏重实时、可靠和快速响应，信息系统偏重高并发、操作简单，与传统信息系统的区别如表 9-2 所示。

表 9-2 工业控制系统与传统信息系统的区别

需 求	工控系统	传统信息系统
建设周期	5~10 年	1~2 年
生命周期	15~20 年	3~5 年
性能要求	实时通信，短响应，适度的吞吐量	不要求实时通信，可忍受高时延，高吞吐量
资源限制	资源受限	资源充裕
使用性要求	高可用性，365 天不间断	可以忍受重启系统和缺陷
操作要求	操作复杂，升级或修改需要不同程度专业知识	操作简单，可以利用自动部署工具进行升级
变更管理	变更前需要进行彻底测试和部署增量，中断前必须制定详细计划	可以进行自动软件更新
通信方式	专用工业总线通信协议，如 Modbus、HSE、CC-Link 等	TCP/IP 等通用协议通信

9.1.4 工业控制主机与传统计算机主机的区别

当前工控安全的防护重点是终端主机,防护的关键点和落脚点也是终端主机。工控主机和传统 IT 主机对安全需求的不同,决定了当前工控主机的防护需求。表 9-3 所示,从安全防护、软件兼容、业务保护、系统补丁、移动介质和外部设备方面给出两者之间的区别。

表 9-3 工业控制主机和传统计算机主机的区别

需　求	工业控制主机	传统计算机主机
安全防护	未安装防病毒软件或杀毒软件未升级病毒库	安装杀毒软件或防火墙
软件兼容	杀毒软件与业务软件不兼容,可能会导致误杀	杀毒软件与系统软件,业务软件兼容度高
业务保护	对重要业务程序缺乏保护,导致恶意程序篡改	在杀毒软件保护下,基本不容易被篡改
系统补丁	不安装补丁导致 Windows 系统漏洞增多	基本实时在线打补丁
移动介质	移动介质的管理不严,U 盘,光驱随意使用	杀毒软件防护
外部设备	关键工控设备存在漏洞,通信协议设计安全性弱	通信协议简单,不会明文传输

9.2 工业控制系统安全现状

与传统的信息系统安全需求不同,ICS 系统设计需要兼顾应用场景与控制管理等多方面因素,以优先确保系统的高可用性和业务连续性。在这种设计理念的影响下,缺乏有效的工业安全防御和数据通信保密措施是很多工业控制系统所面临的通病。

9.2.1 震网安全事件带来的启示

2010 年 7 月,美国联合以色列采用"震网"病毒(stuxnet)攻击伊朗核设施,导致浓缩铀工厂 1/5 的离心机报废。震网病毒实施过程如下:① 该病毒在互联网上进行传播,大量感染的主机成为携带病毒的机器;② 病毒利用被感染的主机感染在其上面使用过的 U 盘;③ 如果 U 盘在局域网上使用,病毒会利用漏洞传播到内部网络;④ 到达内部局域网后,病毒会通过系统漏洞,进行局域网之间的传播;⑤ 最后病毒抵达装有目标软件主机后,展开攻击。

2010 年,伊朗爆发"震网"病毒揭开了从软攻击升级到硬摧毁。"震网"病毒事件震惊全球,它是一种带有政治意图的"超级武器",是第一个针对现实世界目标进行实体攻击的网络战武器,标志着网络攻击从传统"软攻击"阶段升级为直接攻击电力、金融、通信、核设施等核心要害系统的"硬摧毁"阶段。一直以来被认为相对封闭、相对专业和相对安全的工业控制系统已成为黑客、不法组织,甚至是网络战的攻击目标。

"震网"安全事件标志着病毒上升到国家核武器。"震网"病毒的攻击目标非常精确,"震网"病毒并不以刺探情报为目的,而是按照设计者的设想定向破坏离心机等要害目标。该病毒已经感染了超过 10 万台个人计算机和数万个工业控制系统,但只对伊朗设施的离心机造成损害。

9.2.2 工业控制安全风险现状

工业控制系统由原始的封闭独立走向开放、由单机走向互联、由自动化走向智能化。在传统工业企业获得巨大发展动能的同时,也出现了大量安全隐患,伊朗核电站遭受"震网"病毒攻击事件、乌克兰电网遭受持续攻击事件和委内瑞拉大规模停电事件等更为我们敲响了警钟。

我国工业控制系统控制权在国外。纵观我国工业控制系统的整体现状,西门子、洛克韦尔、IGSS 等国际知名厂商生产的工控设备占据主动地位,由于缺乏核心知识产权和相关行业管理实施标准,在愈发智能开放的 ICS 系统架构与参差不齐的网络运维现实前,存储于控制系统、数据采集与监控系统、现场总线以及相关联的 ERP、CRM、SCM 系统中的核心数据、控制指令、机密信息随时可能被攻击者窃取或篡改破坏。

与此同时,我国工业控制系统信息安全管理工作中仍存在不少问题,主要是对工业控制系统信息安全问题重视不够,管理制度不健全,相关标准规范缺失,技术防护措施不到位,安全防护能力和应急处置能力不高等,威胁着工业生产安全和社会正常运转。

从现有事件中,可以发现工业控制系统存在下列风险:

① 未进行安全域划分,安全边界模糊。大多数行业的工控系统各子系统之间没有隔离防护,未根据区域重要性和业务需求对工控网络进行安全区域划分,。

② 操作系统存在漏洞,主机安全防护不足。工程师站和操作员站一般是基于 Windows 平台,通常不安装或运行杀毒软件,系统补丁在特殊情况下才进行更新或升级。同时,移动存储介质和软件运行权限管理缺失,控制系统极易感染病毒。

③ 通信协议的安全性考虑不足,容易被攻击者利用。专用的工控通信协议或规约在设计之初一般只考虑通信的实时性和可用性,很少或根本没有考虑安全性问题,工控协议多采用明文传输,易于被劫持和修改。

④ 安全策略和管理制度不完善,人员安全意识不足。目前大多数行业尚未形成完整合理的信息安全保障制度和流程,对工控系统规划、设计、建设、运维、评估等阶段的信息安全需求考虑不充分,配套的事件处理流程、人员责任体制、供应链管理机制有所欠缺。

9.2.3 深入组件理解工控安全事件

因为工业控制系统关系国计民生,一些居心叵测组织或个人通过对工业设施和工业系统进行网络攻击,谋求达成政治诉求或经济诉求,所以一直成为基于政治攻击的目标和基于经济因素攻击的目标。造成这些事件的背后内因本质上还是工业控制系统的组成部件存在天生隐患。

1．组成工业控制网络的现场总线控制脆弱性分析

现场总线控制网络利用总线技术（如 Profibus 等）将传感器/计数器等设备与 PLC 以及其他控制器相连，PLC 或者 RTU 可以自行处理一些简单的逻辑程序，不需要主系统的介入即能完成现场的大部分控制功能和数据采集功能，如控制流量和温度或者读取传感器数据，使得信息处理工作实现了现场化。

现场总线控制网络由于通常处于作业现场，因此环境复杂，部分控制系统网络采用各种接入技术作为现有网络的延伸，如无线和微波，这也将引入一定的安全风险。

同时，PLC 等现场设备在现场维护时，也可能因不安全的串口连接（如缺乏连接认证）或缺乏有效的配置核查，而造成 PLC 设备运行参数被篡改，从而对整个工业控制系统的运行造成危害，如伊朗核电站离心机转速参数被篡改造成的危害。

现场总线控制网络包含了大量的工业控制设备存在工控安全漏洞，如 PLC 漏洞、DCS 系统漏洞等。同时，在该网络内传输的工业控制系统数据没有进行加密，因此存在被篡改和泄露的威胁。现场总线控制网络缺少工业控制网络安全审计与检测及入侵防御的措施，容易对该网络内的设备和系统数据造成破坏。

2．过程控制与监控系统脆弱性分析

过程控制与监控网络中主要部署 SCADA 服务器、历史数据库、实时数据库以及人机界面等关键工业控制系统组件、不安全的移动维护设备（如笔记本电脑、U 盘等）的未授权接入，而造成木马、病毒等恶意代码在网络中的传播。

监控网络与 RTU/PLC 之间不安全的无线通信，可能被利用以攻击工业控制系统。例如，SCADA 系统的现场设备层和过程控制层主要使用现场总线协议和工业以太网协议。现场总线协议在设计时大多没有考虑安全因素，缺少认证、授权和加密机制，数据与控制系统以明文方式传递。

3．企业办公网络脆弱性分析

一是对工业用户而言，其根深蒂固的"物理隔离即绝对安全"的理念正在被慢慢颠覆。

二是信息资产自身漏洞的脆弱性。2010 年发生的伊朗核电站"震网病毒"事件就是同时利用了工控系统、Windows 系统的多个漏洞。

三是，网络互连给系统带来的脆弱性。一旦存在互联网通信，就可能存在来自互联网的安全威胁内部管理机制缺失带来的脆弱性，访问过程中多数情况并未能实现基本访问控制及认证机制，同时存在设备随意接入、非授权访问、越权访问等多种风险。

四是，缺乏安全意识带来的脆弱性。"和平日久"造成人员的安全意识淡薄。

9.3 工业控制系统安全建设和管理

9.3.1 工控安全法律法规

1.《国务院关于深化制造业与互联网融合发展的指导意见》

2016年，国务院发布《国务院关于深化制造业与互联网融合发展的指导意见》，在提高工业信息系统安全水平这一部分中对开展工控安全给出指导意见，指出要实施工业控制系统安全保障能力提升工程，制定完善工业信息安全管理等政策法规，健全工业信息安全标准体系，建立工业控制系统安全风险信息采集汇总和分析通报机制，组织开展重点行业工业控制系统信息安全检查和风险评估。组织开展工业企业信息安全保障试点示范，支持系统仿真测试、评估验证等关键共性技术平台建设，推动访问控制、追踪溯源、商业信息及隐私保护等核心技术产品产业化。以提升工业信息安全监测、评估、验证和应急处置等能力为重点，依托现有科研机构，建设国家工业信息安全保障中心，为制造业与互联网融合发展提供安全支撑。

本意见对工业控制系统安全具有重要的战略和指导意义。

2.《中华人民共和国网络安全法》

关键信息基础设施中能源、交通、水利、医疗服务等公共服务领域和重要行业，大量依靠工业控制系统来实现自动化作业。《中华人民共和国网络安全法》明确指出要在网络安全等级保护制度的基础上，对关键信息基础设施实施重点保护。随着"两化融合"的深入贯彻执行，管理信息系统与工业控制网络之间实现了互联、互通，这些行业和领域的网络一旦遭到破坏、丧失功能，将给国家安全、公共安全、民生福祉造成不可估量的危害。

3.《工业控制系统信息安全防护指南》

2016年10月，工业和信息化部印发《工业控制系统信息安全防护指南》，指导工业企业开展工控安全防护工作。本指南以当前我国工业控制系统面临的安全问题为出发点，注重防护要求的可执行性，从管理、技术两方面明确工业企业工控安全防护要求。指南所列11项要求充分体现了《网络安全法》中网络安全支持与促进、网络运行安全、网络信息安全、监测预警与应急处置等法规在工控安全领域的要求，是《国家网络安全法》在工业领域的具体应用。

指南涵盖工业控制系统设计、选型、建设、测试、运行、检修、废弃各阶段防护工作要求，从安全软件选型、访问控制策略构建、数据安全保护、资产配置管理等方面提出了具体实施细则。具体参考后面的章节。

4.《关于加强工业控制系统信息安全管理的通知》

针对震网病毒造成的巨大影响，2011年9月，工业和信息化部印发《关于加强工业控制系统信息安全管理的通知》，明确指出，工业控制系统信息安全管理的重点领域包括核设施、钢铁、有色、化工、石油石化、电力、天然气、先进制造、水利枢纽、环境保护、铁路、城市轨道交通、民航、城市供水供气供热以及其他与国计民生紧密相关的领域。要求重点领域做好连接管理要求，组网管理要求，配置管理要求；做好设备选择与升级管理要求，数据管理要求；并要求建立工业控制系统安全测评检查和漏洞发布制度，加强工业控制系统信息安全工作的组织领导。

5.《工业控制系统信息安全事件应急管理工作指南》

2017年制定的《工业控制系统信息安全事件应急管理工作指南》，旨在加强工业控制系统信息安全事件应急管理，提升工控安全事件应急处置能力，预防和减少工控安全事件造成的损失和危害，保障工业生产正常运行。本指南对工控安全风险监测、信息报送与通报、应急处置、敏感时期应急管理等工作提出了一系列管理要求，明确了责任分工、工作流程和保障措施。

9.3.2 基于安全技术的建设措施

参考工业和信息化部对《工业控制系统信息安全防护指南》的解读，建议工业控制系统运营者从10个角度做好工业控制系统安全技术建设措施。

1. 安全软件选择与管理

一是在工业主机上采用经过离线环境中充分验证测试的防病毒软件或应用程序白名单软件，只允许经过工业企业自身授权和安全评估的软件运行。工业控制系统对系统可用性、实时性要求较高，工业主机如 MES 服务器、OPC 服务器、数据库服务器、工程师站、操作员站等应用的安全软件应事先在离线环境中进行测试与验证，其中，离线环境指的是与生产环境物理隔离的环境。验证和测试内容包括安全软件的功能性、兼容性及安全性等。

二是建立防病毒和恶意软件入侵管理机制，对工业控制系统及临时接入的设备采取病毒查杀等安全预防措施。工业企业需要建立工业控制系统防病毒和恶意软件入侵管理机制，对工业控制系统及临时接入的设备采用必要的安全预防措施。安全预防措施包括定期扫描病毒和恶意软件、定期更新病毒库、查杀临时接入设备（如临时接入U盘、移动终端等外设）等。

2. 配置和补丁管理

做好工业控制网络、工业主机和工业控制设备的安全配置，建立工业控制系统配置清单，定期进行配置审计。工业企业应做好虚拟局域网隔离、端口禁用等工业控制网络安全配置，远程控制管理、默认账户管理等工业主机安全配置，口令策略合规性等工业控制设备安全配置，建立相应的配置清单，制定责任人定期进行管理和维护，并定期进行配置核查审计。

对重大配置变更制定变更计划并进行影响分析，配置变更实施前进行严格安全测试。当发生重大配置变更时，工业企业应及时制定变更计划，明确变更时间、变更内容、变更责任人、变更审批、变更验证等事项。其中，重大配置变更是指重大漏洞补丁更新、安全设备的新增或减少、安全域的重新划分等。同时，应对变更过程中可能出现的风险进行分析，形成分析报告，并在离线环境中对配置变更进行安全性验证。

密切关注重大工控安全漏洞及其补丁发布，及时采取补丁升级措施。在补丁安装前，需对补丁进行严格的安全评估和测试验证。工业企业应密切关注 CNVD、CNNVD 等漏洞库及设备厂商发布的补丁。当重大漏洞及其补丁发布时，根据企业自身情况及变更计划，在离线环境中对补丁进行严格的安全评估和测试验证，对通过安全评估和测试验证的补丁及时升级。

3．边界安全防护

分离工业控制系统的开发、测试和生产环境。工业控制系统的开发、测试和生产环境需执行不同的安全控制措施，工业企业可采用物理隔离、网络逻辑隔离等方式进行隔离。

通过工业控制网络边界防护设备对工业控制网络与企业网或互联网之间的边界进行安全防护，禁止没有防护的工业控制网络与互联网连接。工业控制网络边界安全防护设备包括工业防火墙、工业网闸、单向隔离设备及企业定制的边界安全防护网关等。工业企业应根据实际情况，在不同网络边界之间部署边界安全防护设备，实现安全访问控制，阻断非法网络访问，严格禁止没有防护的工业控制网络与互联网连接。

通过工业防火墙、网闸等防护设备对工业控制网络安全区域之间进行逻辑隔离安全防护。工业控制系统网络安全区域根据区域重要性和业务需求进行划分。区域之间的安全防护，可采用工业防火墙、网闸等设备进行逻辑隔离安全防护。

4．物理和环境安全防护

对重要工程师站、数据库、服务器等核心工业控制软硬件所在区域采取访问控制、视频监控、专人值守等物理安全防护措施。工业企业应对重要工业控制系统资产所在区域，采用适当的物理安全防护措施。

拆除或封闭工业主机上不必要的 USB、光驱、无线等接口。若确需使用，通过主机外设安全管理技术手段实施严格访问控制。USB、光驱、无线等工业主机外设的使用，为病毒、木马、蠕虫等恶意代码入侵提供了途径，拆除或封闭工业主机上不必要的外设接口可减少被感染的风险。确需使用时，可采用主机外设统一管理设备、隔离存放有外设接口的工业主机等安全管理技术手段。

5. 身份认证

在工业主机登录、应用服务资源访问、工业云平台访问等过程中使用身份认证管理。对于关键设备、系统和平台的访问采用多因素认证。用户在登录工业主机、访问应用服务资源及工业云平台等过程中，应使用口令密码、USB-key、智能卡、生物指纹、虹膜等身份认证管理手段，必要时可同时采用多种认证手段。

合理分类设置账户权限，以最小特权原则分配账户权限。工业企业应以满足工作要求的最小特权原则来进行系统账户权限分配，确保因事故、错误、篡改等原因造成的损失最小化。工业企业需定期审计分配的账户权限是否超出工作需要。

强化工业控制设备、SCADA 软件、工业通信设备等的登录账户及密码，避免使用默认口令或弱口令，定期更新口令。工业企业可参考供应商推荐的设置规则，并根据资产重要性，为工业控制设备、SCADA 软件、工业通信设备等设定不同强度的登录账户及密码，并进行定期更新，避免使用默认口令或弱口令。

加强对身份认证证书信息保护力度，禁止在不同系统和网络环境下共享。工业企业可采用 USB-key 等安全介质存储身份认证证书信息，建立相关制度对证书的申请、发放、使用、吊销等过程进行严格控制，保证不同系统和网络环境下禁止使用相同的身份认证证书信息，减小证书暴露后对系统和网络的影响。

6. 远程访问安全

原则上严格禁止工业控制系统面向互联网开通 HTTP、FTP、Telnet 等高风险通用网络服务。工业控制系统面向互联网开通 HTTP、FTP、Telnet 等网络服务，易导致工业控制系统被入侵、攻击、利用，工业企业应原则上禁止工业控制系统开通高风险通用网络服务。

确需远程访问的，采用数据单向访问控制等策略进行安全加固，对访问时限进行控制，并采用加标锁定策略。工业企业确需进行远程访问的，可在网络边界使用单向隔离装置、VPN 等方式实现数据单向访问，并控制访问时限。采用加标锁定策略，禁止访问方在远程访问期间实施非法操作。

确需远程维护的，采用虚拟专用网络（VPN）等远程接入方式进行。工业企业确需远程维护的，应通过对远程接入通道进行认证、加密等方式保证其安全性，如采用虚拟专用网络（VPN）等方式，对接入账户实行专人专号，并定期审计接入账户操作记录。

保留工业控制系统的相关访问日志，并对操作过程进行安全审计。工业企业应保留工业控制系统设备、应用等访问日志，并定期进行备份，通过审计人员账户、访问时间、操作内容等日志信息，追踪定位非授权访问行为。

7. 安全监测和应急预案演练

在工业控制网络部署网络安全监测设备，及时发现、报告并处理网络攻击或异常行为。工业企业应在工业控制网络部署可对网络攻击和异常行为进行识别、报警、记录的网络安全监测设备,及时发现、报告并处理包括病毒木马、端口扫描、暴力破解、异常流量、异常指令、工业控制系统协议包伪造等网络攻击或异常行为。

在重要工业控制设备前端部署具备工业协议深度包检测功能的防护设备,限制违法操作。在工业企业生产核心控制单元前端部署可对 Modbus、Ethernet/IP、OPC 等主流工业控制系统协议进行深度分析和过滤的防护设备,阻断不符合协议标准结构的数据包、不符合业务要求的数据内容。

制定工控安全事件应急响应预案,当遭受安全威胁导致工业控制系统出现异常或故障时,应立即采取紧急防护措施,防止事态扩大,并逐级报送直至属地省级工业和信息化主管部门,同时注意保护现场,以便进行调查取证。工业企业需要自主或委托第三方工控安全服务单位制定工控安全事件应急响应预案。预案应包括应急计划的策略和规程、应急计划培训、应急计划测试与演练、应急处理流程、事件监控措施、应急事件报告流程、应急支持资源、应急响应计划等内容。

定期对工业控制系统的应急响应预案进行演练,必要时对应急响应预案进行修订。工业企业应定期组织工业控制系统操作、维护、管理等相关人员开展应急响应预案演练,演练形式包括桌面演练、单项演练、综合演练等。必要时,企业应根据实际情况对预案进行修订。

8. 资产安全

建设工业控制系统资产清单,明确资产责任人,以及资产使用及处置规则。工业企业应建设工业控制系统资产清单,包括信息资产、软件资产、硬件资产等。明确资产责任人,建立资产使用及处置规则,定期对资产进行安全巡检,审计资产使用记录,并检查资产运行状态,及时发现风险。

对关键主机设备、网络设备、控制组件等进行冗余配置。工业企业应根据业务需要,针对关键主机设备、网络设备、控制组件等配置冗余电源、冗余设备、冗余网络等。

9. 数据安全

对静态存储和动态传输过程中的重要工业数据进行保护,根据风险评估结果对数据信息进行分级分类管理。工业企业应对静态存储的重要工业数据进行加密存储,设置访问控制功能,对动态传输的重要工业数据进行加密传输,使用 VPN 等方式进行隔离保护,并根据风险评估结果,建立和完善数据信息的分级分类管理制度。

定期备份关键业务数据。工业企业应对关键业务数据,如工艺参数、配置文件、设备运行数据、生产数据、控制指令等进行定期备份。

对测试数据进行保护。工业企业应对测试数据,包括安全评估数据、现场组态开发数据、系统联调数据、现场变更测试数据、应急演练数据等进行保护,如签订保密协议、回收测试数据等。

10. 供应链管理

在选择工业控制系统规划、设计、建设、运维或评估等服务商时，优先考虑具备工控安全防护经验的企事业单位，以合同等方式明确服务商应承担的信息安全责任和义务。工业企业在选择工业控制系统规划、设计、建设、运维或评估服务商时，应优先考虑有工控安全防护经验的服务商，并核查其提供的工控安全合同、案例、验收报告等证明材料。在合同中应以明文条款的方式约定服务商在服务过程中应当承担的信息安全责任和义务。

以保密协议的方式要求服务商做好保密工作，防范敏感信息外泄。工业企业应与服务商签订保密协议，协议中应约定保密内容、保密时限、违约责任等内容。防范工艺参数、配置文件、设备运行数据、生产数据、控制指令等敏感信息外泄。

9.3.3 基于等级保护2.0的建设措施

在等级保护2.0中，一级～四级的工业控制系统安全扩展要求给出较为详细的规定。工控安全建设除了满足对应一级～四级通用安全基本要求，集中体现在安全物理环境、安全通信网络、安全区域边界和安全计算环境以及安全建设管理上。下面以三级等级保护对象为例，给出建设措施。

1. 安全物理环境

由于工业控制系统网络设备的应用环境和具体业务应用场景具有多样性的特点，所以室外环境安装控制设备、网络设备和安全设备场景较多，针对室外控制设备给出物理防护要求。安全物理环境涉及两点室外控制设备物理防护要求：一是室外控制设备应放置于箱体或装置中，箱体或装置还要具备散热、防火和防雨等能力；二是室外控制设备远离强电磁干扰、强热源等环境。

2. 安全通信网络

在安全通信网络中，主要的网络架构技术思想是分区分域。一是，要求工业控制系统与企业其他系统之间应划分为两个区域，区域间应采用单向的技术隔离手段。二是，工业控制系统内部应根据业务特点划分为不同的安全域，安全域之间应采用技术隔离手段。三是，涉及实时控制和数据传输的工业控制系统，应使用独立的网络设备组网，在物理层面上实现与其他数据网及外部公共信息网的安全隔离。如电力行业安全区域划分为生产控制大区和管理信息大区，生产控制大区分为控制区（安全1区）和非控制区（安全2区），管理信息大区分为生产管理区（安全3区）和管理信息（安全4区）。工业企业应根据实际情况，在不同网络边界之间部署边界安全防护设备，实现安全访问控制，阻断非法网络访问，严格禁止没有防护的工业控制网络与互联网连接。

在安全通信网络中，主要的通信传输技术思想是确保控制指令和数据交互安全。要求在工业控制系统内使用广域网进行控制指令或相关数据交换的应采用加密认证技术手段实现身份认证、访问控制和数据加密传输。如果工业控制系统使用广域网传输数据，应通过对远程接入通道进行认证、加密等方式保证其安全性，如采用虚拟专用网络（VPN）等方式或者其他加密认证装置保障其控制指令及数据传输的安全性。

3．安全区域边界

在安全区域边界，涉及访问控制、拨号使用控制和无线使用控制。

访问控制的技术目标是禁用通用网络服务。基本要求规定如下：

一是应在工业控制系统与企业其他系统之间部署访问控制设备，配置访问控制策略，禁止任何穿越区域边界的 E-mail、Web、Telnet、Rlogin、FTP 等通用网络服务。由于工业控制系统面向互联网开通 E-mail、Web、Telnet、Rlogin、FTP 等网络服务，易导致工业控制系统被入侵、攻击、利用，工业企业应原则上禁止工业控制系统开通高风险通用网络服务。通过在工业控制系统与企业其他系统之间部署工业控制防火墙，开启访问控制策略禁用 E-mail、Web、Telnet、Rlogin、FTP 等通用网络服务。

二是在边界防护机制失效时，需要及时报警。在工业控制网络中部署工业检测审计类系统实时监控边界防护设备的工作状态，出现故障后能够及时通报给相关维护人员及管理人员。

由于部分工业控制系统还仍然使用拨号技术，因此在拨号使用控制方面，第三级要求，工业控制系统确需使用拨号访问服务的，应限制具有拨号访问权限的用户数量，并采取用户身份鉴别和访问控制等措施；拨号服务器和客户端均应使用经安全加固的操作系统，并采取数字证书认证、传输加密和访问控制等措施。通过部署工业控制运维审计产品，在工业控制系统访问中采用多种身份鉴别机制，限制用户的数量和访问权限。在拨号服务器和客户端上可采用工业控制白名单系统进行操作系统安全加固。

在无线使用控制上，则要求对用户（人员、软件进程或设备）进行标识、鉴别、授权和传输加密。要求同时提到，应对所有参与无线通信的用户（人员、软件进程或者设备）提供唯一性标识和鉴别、授权以及执行使用进行限制。同时，应对无线通信采取传输加密的安全措施，对采用无线通信技术进行控制的工业控制系统，应能识别其物理环境中发射的未经授权的无线设备。这可以通过部署安全准入系统实现无线通信的用户认证、授权及审计行为。

4．安全计算环境

安全计算环境主要涉及控制设备安全。

一是控制设备自身应实现相应级别安全通用要求提出的身份鉴别、访问控制和安全审计等安全要求，如受条件限制控制设备无法实现上述要求，应由其上位控制或管理设备实现同等功能或通过管理手段控制。也就是说，如控制设备自身无法满足身份鉴别、访问控制和安全审计等安全，需通过工业运维审计系统、工业控制防火墙、工业控制白名单等产品实现相应工业安全控制。

二是应在经过充分测试评估后，在不影响系统安全稳定运行的情况下对控制设备进行补丁更新、固件更新等工作。即，当设备重大漏洞及其补丁、固件发布时，根据企业自身情况及变更计划，在离线环境中对补丁进行严格的安全评估和测试验证，对通过安全评估和测试验证的补丁、固件及时升级。

三是应关闭或拆除控制设备的软盘驱动、光盘驱动、USB 接口、串行口或多余网口等，确需保留的应通过相关的技术措施实施严格的监控管理。USB、光驱、串行口等工业主机外设的使用，为病毒、木马、蠕虫等恶意代码入侵提供了途径，拆除或封闭工业主机上不必要的外设接口可减少被感染的风险。确需使用时，可采用主机外设统一管理软件、隔离存放有外设接口的工业主机等安全管理技术手段。

四是应使用专用设备和专用软件对控制设备进行更新。为确保安全，建议采用信任的、准入的设备进行更新操作。

五是应保证控制设备在上线前经过安全性检测，避免控制设备固件中存在恶意代码程序。使用工业控制设备上线前在应事先在离线环境中进行测试与验证，其中，离线环境指的是与生产环境物理隔离的环境。验证和测试内容包括安全软件的功能性、兼容性及安全性等。

5．安全建设管理

安全建设管理主要涉及产品采购和使用、外包软件开发。

在产品采购和使用方面，工业控制系统重要设备应通过专业机构的安全性检测后方可采购使用。也就是说，选购的产品必须通过专业机构的安全性检测和相关产品资质证明材料（如销售许可证、检测报告等）。

在外包软件开发方面，应在外包开发合同中规定针对开发单位、供应商的约束条款，包括设备及系统在生命周期内有关保密、禁止关键技术扩散和设备行业专用等方面的内容。在双方签到合同时，要对工业控制系统软件外包提出有关保密和专业性的要求内容，可在外包服务时签署保密协议。

第 10 章
工业互联网安全

工业互联网起源工业控制系统，将工业生产网络与新一代信息通信技术进行融合升级改造，从而赋能传统工业，助力传统工业效能提升。工业互联网打破了传统封闭的生产网络，传统网络安全问题与生产网络自身安全交叉共生。工业互联网安全得到国家高度重视。

10.1 工业互联网概述

10.1.1 工业互联网的概念和定义

工业关系国家命脉，世界各国纷纷从顶层设计上融合互联网技术，赋能工业产能和智能，出台国家战略，如德国的工业 4.0、美国的工业互联网计划等战略计划，内涵均为工业与互联网的融合。在此背景下，中国的工业互联网体系应运而生。

Industrial Internet（工业互联网）的名称出现于 2012 年，由美国通用电气公司首次提出。美国通用电气公司认为，工业互联网就是把人、数据和机器连接起来。人、数据、机器共同构成工业互联网的三要素。人与人的连接就是传统的互联网，物与物（机器）之间的连接就是物联网。数据是工业互联网存在的核心，蕴藏巨大价值，这也是各国重视工业互联网的关键。

工业互联网是互联网的组成部分，如图 10-1 所示。互联网由消费互联网和产业互联网组成，工业互联网属于产业互联网。

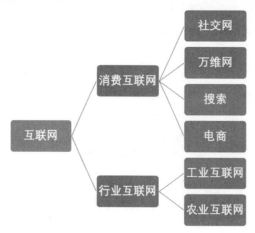

图 10-1　互联网组成

工业互联网是架构的整合，如图 10-2 所示。工控系统从分散性控制系统，演化到利用现场总线技术（私有协议或标准）为基础的网络，进一步发展到将以太网进入工业控制系统，形成工业互联网。因此，工业互联网更多的是架构的整合，是把互联网中成熟的网络架构和技术移植到工业生产的应用，用于效率的提升。

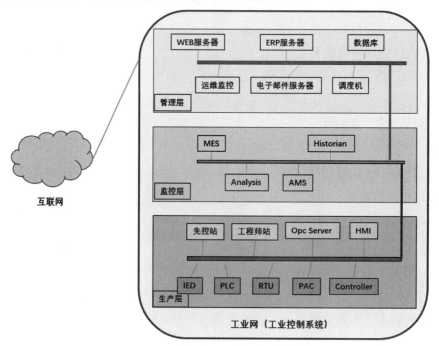

图 10-2　工业互联网是工业网和互联网的融合

从图 10-2 可知，工业互联网实现了两网融合，即融合了互联网和工业网。实现生产现场设备组建的工业网（Operate Technology Network，又称生产网，即工业网）到信息技术组建的互联网（Information Technology Network，又称信息网，即互联网）的无缝链接，完成两网融合。互联网具备开放、低成本、易组网的优势,解决了传统工业控制系统(传统工业网)面临的兼容性、互通、互操作问题。

综上,工业互联网(Industrial Internet)是互联网和新一代信息技术在工业领域、全产业链、全价值链中的融合集成应用,是实现工业智能化的综合信息基础设施。工业互联网的核心是,通过自动化、网络化、数字化、智能化等新技术手段激发企业生产力,从而实现企业资源的优化配置,最终重构工业产业格局。

10.1.2 工业互联网的地位和作用

国家大力促进和支持工业互联网发展,一是国家制造强国需要,二是工业创新需要。

1. 国家制造强国需要

通过加速建设和发展工业互联网,使得互联网、大数据、人工智能、5G 等新一代信息技术和工业实体经济能够深度融合,对发展先进制造业,支持传统产业优化升级,具有重要的意义。

一方面为制造强国建设提供新动能。工业互联网是以数字化、网络化、智能化为主要特征的新工业革命的关键基础设施,加快其发展有利于加速智能制造发展,更大范围、更高效率、更加精准地优化生产和服务资源配置,促进传统产业转型升级,催生新技术、新业态、新模式,为制造强国建设提供新动能。工业互联网还具有较强的渗透性,可从制造业扩展成为各产业数字化、网络化、智能化升级必不可少的基础设施,实现产业上下游、跨领域的广泛互联互通,打破"信息孤岛",促进集成共享,并为保障和改善民生提供重要依托。

另一方面为推进网络强国建设提供新机遇。发展工业互联网,有利于促进网络基础设施演进升级,推动网络应用从虚拟到实体、从生活到生产的跨越,极大拓展网络经济空间,为推进网络强国建设提供新机遇。当前,全球工业互联网正处在产业格局未定的关键期和规模化扩张的窗口期,亟需发挥我国体制优势和市场优势,加强顶层设计、统筹部署,扬长避短、分步实施,努力开创我国工业互联网发展新局面。

2. 工业创新需要

改革开放以来,我国制造业发展迅速,已成为世界第一制造大国。目前,在 500 多种主要的工业产品中,我国有 200 多种产量位居世界第一。

国际金融危机后,发达国家(或地区)纷纷提出以重振制造业和大力发展实体经济为核心的"再工业化"战略,如美国的"高端制造业回归计划"、德国的工业 4.0 等。他们的核心都不是简单的提高制造业的产值比重,而是通过现代信息技术与制造业相融合、提高复杂产品的制造能力,快速满足消费者个性化需求能力,使得制造业重新获得竞争优势,这被看成一轮全新的工业革命。

在此背景下，国家出台"互联网+先进制造业"发展工业互联网的指导意见，其目的在于减少我国工业核心技术和高端产品对外依存度较高的现象，提升企业数字化网络化水平，使之与我们国家提出的建设制造强国和网络强国的目标相符合。因此，通过"两网融合"，使其新一代信息技术赋能传统工业，具体表现为：提高工业生产力，提升产业创新能力；减少工业能源及资源消耗，助力产业模式转型升级；实现企业、产业各生产组成部分有机整合；实现生产各个环节互联互通；赋能生产过程跨时间、跨地域的生产模式成为常态；赋能生产活动呈现数字化、网络化、智能化；赋能"设计、生产、物流、销售、服务"全产业链一体化上下游紧密结合的产业模式。

10.1.3 工业互联网的组成

工业互联网从网络边界上来划分，包括工业企业内网和工业企业外网。工业企业内网实现工厂内生产装备、信息采集设备、生产管理系统和人等生产要素的广泛互联。在工业企业内网方面，我国自主产品相对较少。传统工业现场总线、工业以太网等网络技术、标准和产品主要集中于少数发达国家。近年来，我国提出了工厂自动化以太网（EPA）、工业过程/工厂自动化无线网络（WIA-PA/FA）等技术，但产业化和商用水平低。工业企业外网实现生产企业与智能产品、用户、协作企业等工业全环节的广泛互联。在工业企业外网方面，国内外都高度重视新技术新网络的研究与应用部署，积极探索利用IPv6、窄带物联网（NB-IoT）、软件定义网络（SDN）、5G等技术构建满足高可靠、低时延、广覆盖、可定制等要求的企业外网络。

工业互联网从技术体系上划分，包括网络、标识、平台和安全四部分。首先，**网络是基础**，工业互联网借助公共互联网这个外网，实现企业之间的网络化协同。工业互联网要将IPv6、5G、工业以太网等全部新型网络技术应用到工业内网中，实现企业升级改造，赋能企业生产力提升。其次，**标识是身份**，是机器和物品的"身份证"，是实现全球供应链系统和企业生产系统精准对接、产品全生命周期管理和智能化服务的前提和基础。其次，**平台是核心**。平台是数据的汇聚，通过感知层数据的采集，利用平台实现工厂内部的相关知识进行建模和提取。最后，**安全是保障**。工业互联网安全不同于互联网安全。典型的工业互联网安全包括网络安全、设备安全、控制安全、数据安全和平台安全等，因此企业需要提升各自在不同方面保障安全的能力。

10.1.4 深入理解工业互联网的改变

相对传统工业生产网络，工业互联网带来的是体系架构、安全架构的改变，带来的是协作方式和协作过程安全机制的改变。

工业互联网带来体系架构及安全架构的改变。传统工控系统的主要产品形态包括：可编程控制器（PLC）、分布式控制系统（DCS）、数据采集监控系统（SCADA）等，控制系统在整个工业系统中处于核心，工业系统与互联网结合后的体系架构由控制为中心转变为工业大数据为核心。从而使得工业互联网面临由控制为中心转变为工业大数据为核心，从保障传统功能安全转换到保障数据安全。

工业互联网带来协作方式及协作过程安全机制的改变。由工业终端与控制中心的协作方式转变到终端、控制中心与工业云三者之间的协作方式。协作方式的变化进一步引发接入云带来的通信安全，终端和云连接面临的工控信号传递实时性风险，终端和云协作为传统分层防护方案（设备层、网络层、物理机层、云层、应用层）引入整体、动态防护挑战。

10.1.5 关键支撑技术

工业互联网的发展基于诸多关键支撑技术的成熟和应用。5G、云计算、边缘计算、大数据、人工智能、区块链、数字孪生逐步成为影响工业互联网发展的关键支撑技术，迸发出强大的生产力。

1．5G 技术与工业设备互联

5G 就是第五代通信技术，其主要特点是波长为毫米级、超宽带、超高速率、超低时延。实现工业自动化，需要更精准的工业控制和海量设备的连接、数据的实时处理，需要端到端毫秒级的超低时延和接近100%的高可靠性通信做保障。

5G 技术对工业互联网赋能主要表现在两点。一是 5G 低时延、高吞吐量的特性保障工业海量数据的实时采集和回传；二是 5G 的网络切片技术可以为工业互联网提高不同场景连接，适应工业互联网的网络通信需求。

2．边缘计算与工业控制

边缘计算是一种新型计算模型。通过在靠近物或数据源头的网络边缘侧，融合网络、计算、存储、应用核心能力的开放平台，就近提供边缘智能服务，满足行业数字在敏捷连接、实时业务、数据优化、应用智能、安全与隐私保护等方面的关键需求。

边缘计算赋能工业互联网，一是降低工业生产网络的复杂性，从而更易于实时收集和分析数据，二是提高工业数据计算的实时性和可靠性。随着工业互联网、传感器、智能设备的增多，以及工业信息化程度的进一步提高，一方面数据量在进一步激增，对数据传输的带宽和速率提出了更高的要求；另一方面，工业控制、智能制造领域，对高精度、实时性的响应也有更高的要求。

3．工业大数据和工业云平台

工业大数据，是指企业经营相关的业务数据、机器设备互联的数据以及企业外部的数据。通过大数据技术，可以对营销、生产、制造、物流等所有流程的数据进行存储和分析，挖掘其中的数据价值，辅助企业精准决策。将工业大数据上云，运用工业云平台强大的运算能力、存储能力和网络带宽，满足众多或庞大的工厂、车间和生产设备的感知和协调管理，才能让更多的合作伙伴互利，激发生产活力。

4．人工智能和精准决策

人工智能擅长经验数据分析。在工业企业长期的发展过程中，面向不同行业、不同场景、不同学科积累了大量经验与知识，这些工业"智能"的理解和提炼能够对生产过程和现象进行精准描述和有效分析，对工业生产和管理的优化起到重要作用。

人工智能与工业互联网结合，通过以专家系统、知识图谱和自动控制为代表的知识参与指导和决策，通过以深度学习、机器学习为代表的统计模型参与预测和分类，可以实现生产状况自感知、生产工艺自学习、生产装备自执行、生产系统自组织。

5．区块链与工业安全

区块链技术基于共识机制、共享账本、智能合约、权限隐私等技术优势，是数字加密技术、网络技术、计算技术融合的产物。将区块链的不可否认特性，应用到高价值制造数据上可以解决工业互联网的数据溯源问题。依托其去中介化的加密算法和共识机制，能够有效解决工业互联网各环节的价值互信问题。此外，工业领域有大量的设备，人员、物料在里面交互，可以用区块链技术来解决人机物的可信身份，从而保证工业安全。

6．数字孪生技术与工业制造模式

数字孪生体是实体或逻辑对象在数字空间的全生命周期的动态复制体。基于工业丰富的历史和实时数据和先进的算法模型，利用数字孪生技术可以实现对对象状态和行为高保真度的数字化表征、模拟试验和预测。可以看出，数字孪生是制造技术、信息技术交叉融合的产物，通过将不同数据源的数据进行实时同步，把生产过程和设备发生的变化掌握在生产管理手中，从而赋能工业制造模式的改革与创新。目前，数字孪生技术处于发展初期。

10.2 工业互联网安全

10.2.1 工业互联网安全需求分析

工业互联网安全一方面来自内部传统工业控制系统安全，另一方面来自融合后传统互联网引入的安全。

1．工业控制系统的内生安全分析

网络安全可以分为外生安全和内生安全。外生安全强调边界防护。内生安全强调内在聚合，从系统内不断生长出自适应、自主和自成长的安全能力。

伴随着网络环境从互联网到网络空间的演化，从封闭走向开放，网络安全观也正在经

历从外到内的进化。网络安全进化到了"内生安全"时代。内生安全强调需要依靠聚合，从系统内不断生长出自适应、自主和自成长的安全能力。这里，自适应是指需要把工业生产功能系统与安全系统聚合起来；自主是指需要把生产业务数据和安全数据聚合起来；自成长是指需要把工控人才和 IT 安全人才聚合起来。

2. 内生安全和互联网安全融合引入新需求

两网互联互通带来的脆弱性安全需求。在传统工业网中，工业控制系统的通信近乎裸奔，缺少数据通信加密、数据流和控制流缺乏访问控制、缺少用户认证机制、缺少无线安全连接、缺少安全审计。工业控制系统工控协议公开，如 MODBUS、HSE 等协议细节对外公开。同时，互联网开放协议的引入对工控关键核心数据也带来安全风险，如基于 OPC（OLE for Process Control，用于过程控制的 OLE）的工业数据交换，基于 FTP 协议的 DNC（Distributed Numerical Control，分布式数字控制）网络的指令传递。开放的互联网，更为传统分层的工控网络（如管理层、监控层和设备层）引入多级、多点渗透攻击网络，如在各层连接处和关键设备处都会引入安全风险。

弥补工业控制系统平台自身脆弱性的需求。在传统工控系统中，漏洞补丁无法升级，多数 PLC 和 RTU 具有漏洞。多数工程师站、服务器、HMI、嵌入设备采用停止服务支持的 Windows XP 系统。某些物联网设备上运行的软件未经授权。在开启 IoT 设备进行数据收集和发送前，通信网络未对其对进行身份验证。由于物联网设备计算与存储资源受限，未过滤定向到设备的数据包。

上述特点使得工业互联网面临安全攻击。典型的攻击包括：攻击历史数据站 Historian，修改状态报表，攻击 HMI 修改控制参数，攻击应用服务器篡改现场设备运行数据，攻击工程师站 EWS 删除控制逻辑，攻击 PLC 造成写任意内存破坏，从而造成一系列安全事件。

2015 年 12 月，黑客利用 SCADA 系统的漏洞非法入侵了乌克兰一家电力公司，远程控制了配电管理系统，导致 7 台 110 kV、23 台 35 kV 变电站中断 3 小时，导致 22.5 万用户停电。2016 年 12 月，同一个黑客组织再次对乌克兰另一家电力企业实施了攻击，这次是通过入侵数据网络，间接影响了电厂的控制系统，造成变电站短时停运。2016 年 4 月，德国核电站负责燃料装卸系统的 Block B IT 网络遭到攻击，安全人员在对这套系统的安全检测中发现了远程控制木马，虽然还没有执行非法操作，但核电站的操作员为防不测，临时关闭了发电厂，排除安全威胁。

10.2.2 工业互联网安全现状

工业互联网广泛涉及能源、智能制造、交通、电子与通信等众多重要行业或领域，其安全关乎国计民生、公共利益和国家安全。震网病毒、乌克兰和委内瑞拉电网事件等说明工业互联网已经成为居心叵测组织或个人攻击国家公共设施或大型企业的重要目标，工业互联网安全形势不容乐观。我国工业互联网安全现状堪忧。

第一，核心工控设备和技术难以自主可控。我国基础设施和高端制造企业中存在大量的国外工业设备，这些工业系统在相当长的时间内还会继续使用。同时，由于技术水平和制造能力的限制，国内高端数控机床、高端发动机、发电控制系统，以及高端PLC器件等工控设备依赖进口，这些核心元器件和设备的内部机理和通信协议往往不被我们掌握，以及自身存在设计漏洞和被植入"后门"的问题，造成重要工业资产和装备制造信息可能被国外非法收集。

第二，工业互联网自有安全人才和安全防范技术需求缺口巨大。我国的工业技术和安全技术与国际最发达国家存在一定的差距，工业互联网设备及其安全产品的研发能力亟待提高。工业互联网建设与安全保障需要大量的工业互联网安全专业人才，然而我国目前这方面的安全人才"缺口"很大，工业互联网安全涉及工业控制与自动化、电子信息通信、网络安全等多个学科，这种多学科交叉对工业互联网安全人才的培养增加了难度。

工业互联网表现在具体安全上，主要面临6种安全风险。

1．设备安全风险

设备主要包括从信息采集、生产过程执行设备，到工业生产排产、规划调度设备，再到全产业链的信息互联互通设备。工业互联网当前的防护重点就是终端设备安全，通过安全边界防护，终端固件安全加固等角度来做好安全。

2．数据安全风险

数据是指工业生产数据、业务数据、工控系统及设备状态等重要数据，在生产、传输（含跨境）、存储、应用上都需要重点保护。数据安全是工业企业最担心的问题。

3．控制安全风险

为确保工业生产高效、顺利进行，工业互联网都提供针对工业生产设备的控制功能，如加装辅助控制设备，通过企业私有云平台控制内部工控系统，通过对工业生产设备联网控制并做到统一调配等。控制安全核心在操作指令的可控性和操作行为的可信性。

4．网络安全风险

统一且公开的工业协议面临裸奔、无任何防护的风险，以及引入传统互联网后面临的两网融合风险。

5．平台安全风险

随着工业上云，工业互联网平台应确保边缘层、云基础设施IaaS、平台基础能力PaaS、基础应用能力SaaS的安全。

6．技术人员安全管理风险

传统技术人员对工业控制系统掌握较多，对互联网技术、网络安全技术、智能分析技术前期储备不足，传统封闭工业网络遭遇开放架构下的信息泄漏、社工攻击等挑战。

10.3 工业互联网安全建设和管理

10.3.1 法律法规

工业互联网目前已经广泛应用于电力、交通、石油、取暖、制造业等关键信息基础设施领域。因此，《网络安全法》和《关键信息基础设施保护条例》对工业互联网具有重要的法律约束和保护作用。

1.《关于深化"互联网+先进制造业"发展工业互联网的指导意见》

2017年11月27日，国务院正式印发《关于深化"互联网+先进制造业"发展工业互联网的指导意见》，指导意见从国家层面做出顶层设计，明确把工业互联网作为制造强国的重要抓手，工业互联网上升为国家战略。

明确做好"网络安全三同步"，即坚持工业互联网安全保障手段同步规划、同步建设、同步运行，提升工业互联网安全防护能力。除此之外，从做好安全防护能力建设、数据安全保护体系建设和技术手段方面也给出了指导意见。

提升安全防护能力。工业互联网建设要加强技术和管理的结合，要做好设备安全、控制安全、网络安全、平台安全和数据安全的工业互联网多层次安全保障体系；重点突破标识解析系统安全、工业互联网平台安全、工业控制系统安全、工业大数据安全等相关核心技术，推动攻击防护、漏洞挖掘、入侵发现、态势感知、安全审计、可信芯片等安全产品研发，建立与工业互联网发展相匹配的技术保障能力。

建立数据安全保护体系。建立工业互联网全产业链数据安全管理体系，明确相关主体的数据安全保护责任和具体要求，加强数据收集、存储、处理、转移、删除等环节的安全防护能力；建立工业数据分级分类管理制度，形成工业互联网数据流动管理机制，明确数据留存、数据泄露通报要求，加强工业互联网数据安全监督检查。

加快推动安全技术手段建设。督促工业互联网相关企业落实网络安全主体责任，指导企业加大安全投入，加强安全防护和监测处置技术手段建设。整合行业资源，鼓励企业提供安全运维、安全咨询等服务，从而提升行业整体安全保障服务能力。充分发挥国家专业机构和社会力量作用，增强国家级工业互联网安全技术支撑能力，着力提升隐患排查、攻击发现、应急处置和攻击溯源能力。

2.《加强工业互联网安全工作的指导意见》

工业和信息化部、教育部、人力资源和社会保障部、生态环境部、国家卫生健康委员会、应急管理部、国务院国有资产监督管理委员会、国家市场监督管理总局、国家能源局、国家国防科技工业局联合印发了《加强工业互联网安全工作的指导意见》（工信部联网安〔2019〕168号，简称《指导意见》），有助于提升工业互联网安全保障水平，应对工业互联网发展面临的网络安全新风险、新挑战，有利于凝聚各方共识，构建协同推进、各负其责的安全工作体系，形成工业互联网安全保障合力。

《指导意见》从企业主体责任、政府监管责任出发，围绕设备、控制、网络、平台、数据安全等方面，以健全制度机制、建设技术手段、促进产业发展、强化人才培育为基本内容，实现工业互联网安全的全面管理。

《指导意见》的正式颁布，是我国工业互联网安全体系建设的一个重要进步，意味着我国工业互联网安全建设进入到法治化、制度化、专业化的新阶段，标志着中国工业互联网安全体系基本形成。

10.3.2 安全建设和管理措施

工业互联网更多的是架构的整合，把互联网中成熟的网络架构和技术移植到工业生产应用中。因此在建设的过程中，安全一方面要考虑工业内、外网安全，另一方面要考虑融合安全。在工业互联网安全建设和管理上，建议运营者以"等级保护2.0"中工业控制系统安全扩展基本要求和《指导意见》为出发点，依据国家标准和《指导意见》开展网络安全建设。

具体来讲，工业互联网可以从安全管理和安全技术两个角度开展安全建设。

1. 安全管理

第一，落实企业主体安全责任。明确工业互联网安全责任部门和责任人，建立健全重点设备装置和系统平台联网前后的风险评估、安全审计、应急事件处置等制度，建立安全事件报告和问责机制。

第二，配合监督管理部门做好企业安全工作。其中，工业和信息化部组织开展工业互联网安全相关政策制定、标准研制等综合性工作，并对装备制造、电子信息及通信等主管行业领域的工业互联网安全开展行业指导管理。地方工业和信息化主管部门指导本行政区域内应用工业互联网的工业企业的安全工作，同步推进安全产业发展，并联合应急管理部门推进工业互联网在安全生产监管中的作用；地方通信管理局监管本行政区域内标识解析系统、公共工业互联网平台等的安全工作，并在公共互联网上对联网设备、联网系统等进行安全监测。

第三，健全安全管理制度。重点制定并完善工业互联网安全监督检查、风险评估、数据保护、信息共享和通报、应急处置等方面的安全管理制度和工作机制。

第四，做好数据分级分类管理。明确数据收集、存储、处理、转移、删除等环节安全保护要求。

第五，做好网络安全运维。主动寻找安全隐患漏洞；在建设中，采用安全、正版网络生产系统；建立网络设备运维台账；开展网络设备监控；核查网络设备配置；定期更新维护；查找远程访问安全隐患。

第六，建立分区防护思想。按照"网络安全三同步"原则，业务之间分区；管理和控制之间分区；分区设备的安全管理；做好边界隔离；做好链路防护，做好通信管控。

第七，建立整体防护方案。从应急响应、数据安全管理体系、工业安全服务团队角度，夯实网络安全责任制。

2. 安全技术

工业互联网安全在遵从国家网络安全法律法规之外，重点做好工业互联网安全接入、工业互联网数据安全防护、工业互联网平台应用安全。随着工业互联网平台的建立，工业互联网安全需要做好边缘到云端的端到端安全保障机制，重点是端点保护、通信和连通性保护、安全监测与分析、安全配置与管理、数据保护、安全模型与策略。

一是端点保护。旨在确保端点功能的可用性、保密性和完整性。端点安全功能包括端点物理保护、可信端点基础、端点身份、端点完整性保护、端点访问控制、端点安全配置与管理、端点监测与分析、端点数据保护、端点安全模型与策略等。

二是通信和连通性保护。通信和连通性安全重点考虑连通性的物理安全、通信端点保护、加密保护、信息流保护、网络配置与管理、网络监测与分析、动态数据保护、通信与连通性保护策略等功能。

三是安全监测与分析。用于从端点和连通流量中抓取系统整体状态的数据，然后加以分析，以探测可能的安全违章或潜在的系统威胁。一旦探测到上述问题，根据系统安全策略，采取各种应对措施。

四是安全配置与管理。用于控制系统运行功能（包括可靠性和安全行为）和安全控制的变更。安全配置管理包括安全运行管理、安全管理、端点身份管理、端点配置与管理、通信配置与管理、安保模型变更控制、配置与管理数据保护、变更管理的安保模型与政策等功能。

五是数据保护。攻击会对数据造成各种不同影响，包括系统性能的变化或对未来系统造成不利影响。需要保护的数据类型包括端点数据、通信数据、配置数据和监测数据。

六是安全模型与策略。安全模型与策略的主要功能包括系统威胁分析、系统安全目标、安全策略、安全模型、数据保护安全策略、端点安全策略、通信与连通性安全策略、监测与分析安全策略、配置与管理安全策略等。

10.3.3 面临的困境和问题

工业互联网当前存在的现状是，政府和信息化企业推进"炒着热"，而部分工业企业落地"吃着冷"。

一是工业互联网安全要实现功能安全和数据安全结合,还有一段路要走。受限于同时掌握工控系统和安全知识的研发人员很少,现有工控互联网安全产品基本处于初始阶段,目前工业互联网的安全方案主要是外部威胁围堵式或网络流表面式的防护,很少深入到工业互联网的核心部件。工业互联网安全必须深入到PLC、工控组态软件和数控机床等核心元器件的安全,把工控系统的功能安全与数据安全结合起来,实现工业互联网"真"安全。

二是工业互联网安全事件无法确定主体责任。传统工业设备大多是封闭的,安全问题仅涉及自身,但是在工业互联网环境下,海量设备互联互通,打破了原有的安全边界,让受攻击面扩大了,可攻击的路径大大增加。一个设备被攻击或者遭破坏,很可能影响到整个系统。因此,要系统化应对工业互联网的安全问题,从网络、平台、数据、终端四个方面考虑,包括设备安全,网络传输安全,工业云平台安全,工业大数据安全,工业软件和App安全等。这种安全边界的不确定性,势必造成主体责任的无法确定。

三是中小企业工业互联网还没有完成,工业互联网安全会加重企业负担。中国工业企业发展参差不齐,许多企业小而散,大部分信息化支撑能力较弱,这些企业的数字化和网络化还没有充分完成。工业互联网安全技术关键在于赋能企业,安全技术的实施要对企业稳定运行造成可忽略的影响。一旦在网络建设中完全落实"网络安全三同步",中小企业的压力实际存在。

四是我国很多工业互联网企业还不具备安全检查和风险识别的能力。现阶段我国关键基础设施多数采用国外工控设备,如何检测这些设备是否已被攻击、发现现有系统存在安全隐患,当前很多工业互联网公司起源于传统信息化,多数以信息化集成和网络安全服务为起家,还不具备安全检查和风险识别的能力。国际反动组织的攻击重点常常是国家重要基础设施,针对工业互联网的攻击往往是高隐蔽行为,如何发现高隐蔽攻击或未知攻击是一个有挑战性的难题,需要多维度的协同才能发现高隐蔽攻击。

五是既懂网络安全又懂工业控制系统的复合型人匮乏。工业互联网安全需要复合型人才,需要将互联网、新技术和网络安全等人才融合在一起,才能符合工业互联网安全市场的需要。由于工业互联网行业众多,控制协议、设备类型和网络形态差异很大,不同行业在考虑工业互联网通用需求情况下要构建本行业专用安全资源库和安全工具集,不同场景所需要的网络安全人才也不一样。当前核心需要的人才是工控漏洞挖掘、安全威胁感知、网络攻防对抗与安全防护等关键技术人才。

第 11 章 个人信息安全

在互联网时代下,个人信息被非法收集、记录、使用、盗用的问题一直受到人们关注,网络用户的个人权益亟待加强保护。金融、电信、云平台等关键信息基础设施中包含大量个人信息,做好个人信息安全保护是关键信息基础设施运营者关注的重点。本章主要介绍个人信息安全的基本概念、法律法规和合规性建设。

11.1 个人信息安全基本概念

11.1.1 个人信息

1. 基本概念

依据国家标准 GB/T 35273—2020《信息安全技术 个人信息安全规范》中的定义,个人信息是指以电子或者其他方式记录的能够单独或者与其他信息结合识别特定自然人身份或者反映特定自然人活动情况的各种信息。该定义与《网络安全法》中的个人信息定义保持一致。

个人信息主体是指个人信息所标识或者关联的自然人。**个人信息控制者**是指有能力决定个人信息处理目的、方式等的组织或个人。个人信息主体和个人信息控制者通常应该保持统一,但是在执行过程中仍然存在不一致现象。

2. 个人信息包括哪些内容

个人信息包括姓名、出生日期、性别、民族、国籍、身份证件号码、个人生物识别信息、住址、联系方式、通信记录和内容、账号密码、财产信息、征信信息、行踪轨迹、住宿信息、健康生理信息、交易信息等。

个人信息控制者通过个人信息或其他信息加工处理后形成的信息。例如,用户画像或特征标签,能够单独或者与其他信息结合,识别特定自然人身份或者反映特定自然人活动情况的,属于个人信息。

进一步细化,个人信息举例如表 11-1 所示。

表 11-1 个人信息举例

项 目	内 容
个人基本资料	姓名、出生日期、性别、民族、国籍、家庭关系、住址、个人电话号码、电子邮箱等
个人身份信息	身份证、军官证、护照、驾驶证、工作证、出入证、社保卡、居住证等
个人生物识别信息	个人基因、指纹、声纹、掌纹、耳郭、虹膜、面部特征等
网络身份标识信息	系统账号、IP 地址、邮箱地址及与前述有关的密码、口令、口令保护答案、用户个人数字证书等
个人健康生理信息	个人因生病医治等产生的相关记录,如病症、住院记录、医嘱单、检验报告、手术及麻醉记录、护理记录、用药记录、药物食物过敏信息、生育信息、以往病史、诊治情况、家族病史、现病史、传染病史等,以及与个人身体健康状况产生的相关信息,及体重、身高、肺活量等
个人教育工作信息	个人职业、职位、工作单位、学历、学位、教育经历、工作经历、培训记录、成绩单等
个人财产信息	银行账号、鉴别信息(密码)、存款信息(包括资金数量、支付收款记录等)、房产信息、信贷记录、征信信息、交易和消费记录、流水记录等,以及虚拟货币、虚拟交易、游戏类兑换码等虚拟财产信息
个人通信信息	通信记录和内容、短信、彩信、电子邮件,以及描述个人通信的数据(通常称为元数据)等
联系人信息	通讯录、好友列表、群列表、电子邮件地址列表等
个人上网记录	指通过日志储存的用户操作记录,包括网站浏览记录、软件使用记录、点击记录等
个人常用设备信息	指包括硬件序列号、设备 MAC 地址、软件列表、唯一设备识别码(如 IMEI/android ID/IDFA/OPENUDID/GUID、SIM 卡 IMSI 信息)等在内的描述个人常用设备基本情况的信息
个人位置信息	包括行踪轨迹、精准定位信息、住宿信息、经纬度等
其他信息	婚史、宗教信仰、性取向、未公开的违法犯罪记录等

3. 如何判定哪些信息属于个人信息

判定某项信息是否属于个人信息应考虑以下两条路径:一是识别,即从信息到个人,由信息本身的特殊性识别出特定自然人,个人信息应有助于识别出特定个人;二是关联,即从个人到信息,如已知特定自然人,由该特定自然人在其活动中产生的信息(如个人位置信息、个人通话记录、个人浏览记录等)即为个人信息。符合上述两种情形之一的信息,均应判定为个人信息。

11.1.2 个人敏感信息

1．概念

依据国家标准 GB/T 35273—2020《信息安全技术 个人信息安全规范》中的定义，个人敏感信息是指一旦泄露、非法提供或滥用可能危害人身和财产安全，极易导致个人名誉、身心健康受到损害或歧视性待遇等的个人信息。

2．个人敏感信息内容包括哪些

个人敏感信息包括身份证件号码、个人生物识别信息、银行账户、通信记录和内容、财产信息、征信信息、行踪轨迹、住宿信息、健康生理信息、交易信息、14 岁以下（含）儿童的个人信息等。

个人信息控制者通过个人信息或其他信息加工处理后形成的信息，一旦泄露、非法提供或滥用可能危害人身和财产安全，极易导致个人名誉、身心健康受到损害或歧视性待遇等的，属于个人敏感信息。

进一步细化，个人敏感信息举例如表 11-2 所示。

表 11-2 个人敏感信息举例

项 目	内 容
个人财产信息	银行账号、鉴别信息（密码）、存款信息（包括资金数量、支付收款记录等）、房产信息、信贷记录、征信信息、交易和消费记录、流水记录等，以及虚拟货币、虚拟交易、游戏类兑换码等虚拟财产信息
个人健康生理信息	个人因生病医治等产生的相关记录，如病症、住院记录、医嘱单、检验报告、手术及麻醉记录、护理记录、用药记录、药物食物过敏信息、生育信息、以往病史、诊治情况、家族病史、现病史、传染病史等，以及与个人身体健康状况产生的相关信息等
个人生物识别信息	个人基因、指纹、声纹、掌纹、耳郭、虹膜、面部识别特征等
个人身份信息	身份证、军官证、护照、驾驶证、工作证、社保卡、居住证等
网络身份标识信息	个人信息主体账号、密码、密码保护答案、用户个人数字证书等的组合
其他信息	性取向、婚史、宗教信仰、未公开的违法犯罪记录、通信记录和内容、通讯录、好友列表、群组列表、行踪轨迹、网页浏览记录、住宿信息、精准定位信息等

3．如何判定哪些信息属于个人敏感信息

依据个人敏感信息定义，可从泄露、非法提供和滥用三个角度来判定是否属于个人敏感信息.

泄露：个人信息一旦泄露，将导致个人信息主体及收集、使用个人信息的组织和机构丧失对个人信息的控制能力，造成个人信息扩散范围和用途的不可控。某些个人信息在泄漏后，被以违背个人信息主体意愿的方式直接使用或与其他信息进行关联分析，可能对个人信息主体权益带来重大风险，应判定为个人敏感信息。例如，个人信息主体的身份证复印件被他人用于手机号卡实名登记、银行账户开户办卡等。

非法提供：某些个人信息仅因在个人信息主体授权同意范围外扩散，即可对个人信息主体权益带来重大风险，应判定为个人敏感信息。例如，性取向、存款信息、传染病史等。

滥用：某些个人信息在被超出授权合理界限时使用（如变更处理目的、扩大处理范围等），可能对个人信息主体权益带来重大风险，应判定为个人敏感信息。例如，在未取得个人信息主体授权时，将健康信息用于保险公司营销和确定个体保费高低。

11.2 个人信息安全法律法规

11.2.1 《网络安全法》

《网络安全法》规定，网络产品、服务具有收集用户信息功能的，其提供者应当向用户明示并取得同意；涉及用户个人信息的，还应当遵守本法和有关法律、行政法规关于个人信息保护的规定。网络运营者不得泄露、篡改、毁损其收集的个人信息，应当采取技术措施和其他必要措施，确保其收集的个人信息安全；防止信息泄露、毁损、丢失。在发生或者可能发生个人信息泄露、毁损、丢失的情况时，应当立即采取补救措施，按照规定及时告知用户并向有关主管部门报告。网络运营者使用个人信息，应当遵循合法、正当、必要的原则，公开使用规则，明示使用信息的目的、方式和范围，并经被收集者同意。

11.2.2 《刑法》司法解释

2017年3月20日最高人民法院审判委员会第1712次会议、2017年4月26日最高人民检察院第十二届检察委员会第63次会议通过《最高人民法院、最高人民检察院关于办理侵犯公民个人信息刑事案件适用法律若干问题的解释》（以下简称《解释》），为依法惩治侵犯公民个人信息犯罪活动，保护公民个人信息安全和合法权益提供了法律依据，意味着一旦侵犯公民个人信息，则会受到刑事处罚。该解释已于2017年6月1日起施行。

公民个人信息的类型繁多，行踪轨迹信息、通信内容、征信信息、财产信息、住宿信息、交易信息等公民个人敏感信息涉及人身安全和财产安全，被非法获取、出售或者提供后极易引发绑架、诈骗、敲诈勒索等关联犯罪，具有更大的社会危害性。基于不同类型公民个人信息的重要程度，《解释》分别设置了"五十条以上""五百条以上""五千条以上"的入罪标准，以体现罪责刑相适应。

《网络安全法》确立了"谁收集，谁负责"的基本原则。第四十条明确规定："网络运营者应当对其收集的用户信息严格保密，并建立健全用户信息保护制度。"为进一步促使网络服务提供者切实履行个人信息安全保护义务，《解释》第九条规定："网络服务提供者拒不履行法律、行政法规规定的信息网络安全管理义务，经监管部门责令采取改正措施而拒不改正，致使用户的公民个人信息泄露，造成严重后果的，应当依照刑法第二百八十六条之一的规定，以拒不履行信息网络安全管理义务罪定罪处罚。"

11.3 重要数据出境安全评估

《网络安全法》第三十七条规定，"关键信息基础设施的运营者在中华人民共和国境内运营中收集和产生的个人信息和重要数据应当在境内存储。因业务需要，确需向境外提供的，应当按照国家网信部门会同国务院有关部门制定的办法进行安全评估。"国家高度重视数据出境引发的流动性安全问题，已经将数据出境安全作为一项核心内容，纳入国家网络安全整体框架中予以考虑，并通过立法的形式为数据出境管理奠定了法律基础。因此，2017年4月11日，国家互联网信息办公室颁布了《个人信息和重要数据出境安全评估办法（征求意见稿）》（简称《数据出境安全评估办法》），是与法律条文相配套的数据出境安全评估办法，既是对《网络安全法》的一种延伸，又对《网络安全法》进行了相应的补充。

11.3.1 基本概念

数据出境，是指网络运营者将在中华人民共和国境内运营中收集和产生的个人信息和重要数据，提供给位于境外的机构、组织、个人。

重要数据，是指与国家安全、经济发展，以及社会公共利益密切相关的数据，具体范围参照国家有关标准和重要数据识别指南。

重要数据是从影响因子的权重来区分数据，而不是从用途和归属的角度去分类。重要数据不仅仅包括业务数据、运营数据、服务数据、个人数据、企业数据、政务数据、国家数据。具体哪些数据属于重要数据，国家主管部门后继会出台相关指导性文件。

11.3.2 出境数据的界定和评估内容

《数据出境安全评估办法》第九条明确规定，出境数据存在以下情况之一的，网络运营者应报请行业主管或监管部门组织安全评估：

（一）含有或累计含有 50 万人以上的个人信息；

（二）数据量超过 1000 GB；

（三）包含核设施、化学生物、国防军工、人口健康等领域数据，大型工程活动、海洋环境以及敏感地理信息数据等；

（四）包含关键信息基础设施的系统漏洞、安全防护等网络安全信息；

（五）关键信息基础设施运营者向境外提供个人信息和重要数据；

（六）其他可能影响国家安全和社会公共利益，行业主管或监管部门认为应该评估。

国家网信部门统筹协调数据出境安全评估工作，指导行业主管或监管部门组织开展数据出境安全评估。行业主管或监管部门负责本行业数据出境安全评估工作，定期组织开展本行业数据出境安全检查。行业主管或监管部门不明确的，由国家网信部门组织评估。

数据出境安全评估应重点评估以下内容：

（一）数据出境的必要性；

（二）涉及个人信息情况，包括个人信息的数量、范围、类型、敏感程度，以及个人信息主体是否同意其个人信息出境等；

（三）涉及重要数据情况，包括重要数据的数量、范围、类型及其敏感程度等；

（四）数据接收方的安全保护措施、能力和水平，以及所在国家和地区的网络安全环境等；

（五）数据出境及再转移后被泄露、毁损、篡改、滥用等风险；

（六）数据出境及出境数据汇聚可能对国家安全、社会公共利益、个人合法利益带来的风险；

（七）其他需要评估的重要事项。

11.3.3　禁止出境的数据

《数据出境安全评估办法》第十一条明确规定，存在以下情况之一的，数据不得出境：

（一）个人信息出境未经个人信息主体同意，或可能侵害个人利益；

（二）数据出境给国家政治、经济、科技、国防等安全带来风险，可能影响国家安全、损害社会公共利益；

（三）其他经国家网信部门、公安部门、安全部门等有关部门认定不能出境的。

11.3.4　评估流程

1. 评估频率

网络运营者应根据业务发展和网络运营情况，每年对数据出境至少进行一次安全评估，及时将评估情况报行业主管或监管部门。当数据接收方出现变更，数据出境目的、范围、数量、类型等发生较大变化，数据接收方或出境数据发生重大安全事件时，应及时重新进行安全评估。

年度评估为强制性评估义务，其时间的起算应从上次评估的日期计算。对于网络运营者，需要把握年度评估的时间和流程，以免对正常运营造成不利影响。而对于重新评估事项，《数据出境安全评估办法》并未明确何为"较大变化"情形，会对企业评估造成模糊和困扰，因此只能等待进一步的细则或规定出台。

2. 评估机构

国家网信办统筹协调数据出境安全评估工作，指导行业主管或监管部门组织开展数据出境安全评估。《数据出境安全评估办法》第十一条第三款也提及了国家网信部门、公安部门、安全部门等有关部门有权认定数据是否可以出境。可以理解为，将来国家网信办将协调各领域监管部门对各自领域内的数据出境监管工作做进一步的分工和细化，包括中国人民银行、银监会、证监会、保监会和国家工商总局等机构均有可能出台相关领域数据出境的配套细则。

行业主管或监管部门组织的安全评估应当于 60 个工作日内完成，及时向网络运营者反馈安全评估情况，并报国家网信部门。

3. 自我评估

《数据出境安全评估办法》指出，网络运营者在中华人民共和国境内运营中收集和产生的个人信息和重要数据，应当在境内存储。因业务需要，确需向境外提供的，网络运营者应在数据出境前，自行组织对数据出境进行安全评估，并对评估结果负责。数据出境安全评估应遵循公正、客观、有效的原则，保障个人信息和重要数据安全，促进网络信息依法有序自由流动。个人信息出境，应向个人信息主体说明数据出境的目的、范围、内容、接收方及接收方所在的国家或地区，并经其同意。未成年人个人信息出境须经其监护人同意。

11.3.5 关键信息基础设施运营者重点关注内容

1. 境内数据存储分析

存储标准采用属地管辖原则，仅针对境内运营中收集和产生的数据。所有的网络运营者，而非仅仅关键信息基础设施，都是境内存储义务所涵盖的主体。按照《网络安全法》的规定，网络运营者是指网络的所有者、管理者和网络服务提供者。因此，所有涉及网络运营的企业均有《数据出境安全评估办法》设定的合规义务。

并不是所有信息都必须在境内存储。个人信息的定义与《网络安全法》所规定的一致，指的是以电子或者其他方式记录的能够单独或者与其他信息结合识别自然人个人身份的各种信息，包括但不限于自然人的姓名、出生日期、身份证件号码、个人生物识别信息、住址、电话号码等。根据《网络安全法》的规定，经过处理无法识别特定个人且不能复原的信息，不属于个人信息之列。

重要数据在此次立法中仅进行了概括总结式的表述。《数据出境安全评估办法》确定重要数据是与国家安全、经济发展，以及社会公共利益密切相关的数据，但是其具体范围需参照国家有关标准和重要数据识别指南。可以看出，重要数据的轮廓已日渐清晰，趋向于国计民生、公共利益相关的重大数据资料。但网络运营者仍需要等待指南的出现，才能进一步明确其具体的合规义务。

2. 出台数据出境管理办法

出台操作规范和管理方法。数据出境是指网络运营者将在中华人民共和国境内运营中收集和产生的个人信息和重要数据，提供给位于境外的机构、组织、个人。可以看出，"境外"是物理边界，而"提供"的含义较广，不仅包括境内向境外以任何方式提供，也指境外通过相关方式读取、获取规制数据。

细化数据出境的数据内容，并开展自评估。根据《数据出境安全评估办法》的规定，安全评估中必须论述规制数据出境的必要性。如基于公司管理的要求、上市公司披露和申报的要求、开展正当业务的要求等，都可以被视为具有必要性。

出台个人信息管理规范。评估不仅包含个人信息的数量、范围、类型、敏感程度，还包括个人信息主体是否同意其个人信息出境等。如指书面同意或者任何能够证明其做出同意之意思表示的合法证据。

3. 密切配合监督管理机构的工作

《数据出境安全评估办法》设定的评估机制是自我评估为主的。在数据出境之前，网络运营者须对自己的评估结果负责。对于缺乏独立自我评估能力的网络运营者，建议聘请专业的、有经验的第三方服务机构，按照法规要求对企业进行相应评估。

构成《数据出境安全评估办法》第九条规定的特别评估数据的，需要向行业主管和监管部门申请安全评估。如主管或监管部门不明确的，应当向网信办申请评估。值得注意的是，法定安全评估的时限为 60 个工作日，考虑到主管或监管部门一般为政府机构，如商务部、银监会、保监会等，网络运营者在数据合规机制设定时，需考虑特别规制数据出境前法定机构评估的时间跨度和难度。

4. 法律责任

《数据出境安全评估办法》并未就"法律责任"进行具体规定，但规定了定期安全检查和举报制度。一旦主管机关查实网络运营者未按照规定履行评估义务，违规者将按照《网络安全法》及有关法律的规定承担行政法律责任和民事责任。

《刑法修正案（九）》专章列明了两项相关罪名，即"拒不履行信息网络安全管理义务罪"和"出售、非法提供公民个人信息罪"，特别是"拒不履行信息网络安全管理义务罪"，只要网络信息服务提供者不履行相关安全管理义务，经监管部门责令措施拒不改正，具有法定情形的，即会构成本罪。

11.4 个人信息出境安全评估办法

2019 年 6 月 13 日，《个人信息出境安全评估办法（征求意见稿）》（简称《个人信息出境安全评估办法》)发布,它是《网络安全法》专门关于个人信息出境安全评估方面的配套规章。

11.4.1 评估范围的变化

《个人信息出境安全评估办法》第二条明确,网络运营者向境外提供在中华人民共和国境内运营中收集的个人信息,需要进行评估。

《个人信息出境安全评估办法》第二条和《重要数据出境安全评估办法》第二条相比,删除了"产生"两个字。从字面上理解,"收集"具有原始味道;而"产生"则是二次加工的过程,如通过自动化程序输出或信息系统加工的信息。这个评估办法与《个人信息安全规范》中的有出入,后者指出,个人信息或其他信息加工处理后形成的信息仍然是个人信息。

11.4.2 评估流程的变化

《个人信息出境安全评估办法》第三条第一款明确,个人信息出境前,网络运营者应当向所在地省级网信部门申报个人信息出境安全评估。

《个人信息出境安全评估办法》第三条第一款与《重要数据出境安全评估办法》第四条相比,删除了"并经其同意"的描述。主要原因在于上位法《网络安全法》第四十二条第一款规定:"……未经被收集者同意,不得向他人提供个人信息……"。因此,如果个人信息出境涉及向第三方提供信息,则还应符合《网络安全法》前述关于向他人提供个人信息经被收集者同意的一般性规定。

在评估上,无论出境个人信息涉及的主体人数、数量大小、企业是否为关键信息基础设施运营者等不同情形,一律应上报所在地省级网信部门进行安全评估。与《重要数据出境安全评估办法》对比,删去了先由"行业主管或监管部门"组织安全评估,在行业主管或监管部门不明确的特殊情况下才由"国家网信部门"组织评估。换句话说,省级网信部门被赋予了一定的权力。

在评估时,需要提交评估资料,并在规定日期内给出答复。网络运营者申报个人信息出境需要提交申报书、网络运营者与接收者签订的合同、个人信息出境安全风险及安全保障措施分析报告和国家网信部门要求提供的其他材料。省级网信部门在收到个人信息出境安全评估申报材料并核查其完备性后,应当组织专家或技术力量进行安全评估。安全评估应当在15个工作日内完成,情况复杂的可以适当延长。

在评估时,重点评估如下内容:是否符合国家有关法律法规和政策规定,合同条款是否能够充分保障个人信息主体合法权益,合同能否得到有效执行,网络运营者或接收者是否有损害个人信息主体合法权益的历史、是否发生过重大网络安全事件,网络运营者获得个人信息是否合法、正当,以及其他应当评估的内容。在这里面,重点是如何理解"有效执行",如何给做到了"充分保障"。

11.4.3 限制出境的个人信息

1．不得出境的情况

《个人信息出境安全评估办法》第二条明确,经安全评估认定个人信息出境可能影响国家安全、损害公共利益,或者难以有效保障个人信息安全的,不得出境。与《重要数据出境安全评估办法》相比,更加简明扼要。《重要数据出境安全评估办法》如果存在以下情况之一的,数据不得出境：个人信息出境未经个人信息主体同意,或可能侵害个人利益；数据出境给国家政治、经济、科技、国防等安全带来风险,可能影响国家安全、损害社会公共利益；其他经国家网信部门、公安部门、安全部门等有关部门认定不能出境的。

2．限制出境的情况

《个人信息出境安全评估办法》第十一条明确,当网络运营者或接收者发生较大数据泄露、数据滥用等事件,个人信息主体不能或者难以维护个人合法权益,以及网络运营者或接收者无力保障个人信息安全的时候,网信部门可以要求网络运营者暂停或终止向境外提供个人信息。

11.5 个人信息安全规范

2020年3月6日,国家市场监督管理总局、国家标准化管理委员会发布国家标准 GB/T 35273-2020《信息安全技术 个人信息安全规范》,该标准正式实施日期为2020年10月1日。本节主要介绍标准中关于个人信息处理活动的安全规范,如收集、加工、转移、保存、使用、删除等。

11.5.1 个人信息安全基本原则

个人信息控制者开展个人信息处理活动,应遵循以下基本原则。

权责一致原则：采取技术和其他必要的措施保障个人信息的安全,对其个人信息处理活动对个人信息主体合法权益造成的损害承担责任。

目的明确原则：具有合法、正当、必要、明确的个人信息处理目的。

选择同意原则：向个人信息主体明示个人信息处理目的、方式、范围、规则等,征求其授权同意。

最少够用原则：只处理满足个人信息主体授权同意的目的所需的最少个人信息类型和数量。目的达成后,应及时删除个人信息。

公开透明原则：以明确、易懂和合理的方式公开处理个人信息的范围、目的、规则等，并接受外部监督。

确保安全原则：具备与所面临的安全风险相匹配的安全能力，并采取足够的管理措施和技术手段，保护个人信息的保密性、完整性、可用性。

主体参与原则：向个人信息主体提供能够查询、更正、删除其个人信息，以及撤回授权同意、注销账户、投诉等方法。

11.5.2 个人信息安全收集

网络运营者在个人信息收集时，首先必须合法，然后是最小必要原则。

1．合法

在对个人信息收集时，个人信息控制者不应以欺诈、诱骗、误导的方式收集个人信息，不应隐瞒产品或服务所具有的收集个人信息的功能，不应从非法渠道获取个人信息，不应收集法律法规明令禁止收集的个人信息。

2．最小必要原则

从直接关联、自动采集和间接获取三个角度满足"最小必要"原则。个人信息控制者收集的个人信息的类型应与实现产品或服务的业务功能有直接关联，这里的直接关联是指没有该等信息的参与，产品或服务的功能无法实现。个人信息控制者自动采集个人信息的频率应是实现产品或服务的业务功能所必需的最低频率。个人信息控制者间接获取个人信息的数量应是实现产品或服务的业务功能所必需的最少数量。

隐私保护、授权同意与《网络安全法》保持一致，读者请自行参考。

11.5.3 个人信息安全保存

网络运营者在个人信息安全保存上，首先保存时间最小化，然后保存时做好去标识化处理。

保存时间最小化，是指个人信息保存期限应为实现个人信息主体授权使用的目的所必需的最短时间，法律法规另有规定或者个人信息主体另行授权同意的除外。这里面的最短时间通常在授权使用的时候必须明确，如1个月或14天等信息。一旦超出上述个人信息保存期限，应对个人信息进行删除或匿名化处理。通常，个人信息控制者不会进行删除，而是采用匿名化处理。

匿名化也是一种去标识化处理。即采取技术和管理方面的措施，将去标识化后的信息与可用于恢复识别个人的信息分开存储，使其无法识别到自然人。

1. 姓名的去标识化

泛化编码，如用"张先生"代替"张三丰"。这种方法是用在需要保留"姓"这一基本特征的应用场景。

抑制屏蔽，如所有的姓名都使用"＊＊＊"代替。

随机替代，如使用随机生成的"辰筹猎"来取代"张三丰"。

假名化，如使用"龚小虹"取代"张三丰"，这种方法有可能用在需要保持姓名数据可逆变换的场景。

可逆编码，如使用密码和字符编码技术，用"SGIHLIKHJ"代替"张三丰"，或用"Fzf"代替"Bob"。

2. 身份证号的去标识化

抑制屏蔽，如所有的身份证号都使用"＊＊＊＊＊＊"代替。

部分屏蔽，屏蔽身份证号中的一部分，以保护个人信息。

如"440524188001010014"可以用"440524＊＊＊＊＊＊＊＊0014""440524188＊＊＊＊＊0014"或"＊＊＊＊＊＊188＊＊＊＊＊＊＊＊＊"代替，上述数据可分别用在需要保密出生日期、保密出生日期但允许对数据按时代进行统计分析、保密所有信息但允许对出生日期按时代进行统计分析等场景。

3. 地址的去标识化

泛化编码，使用概括、抽象的符号表示，如"江西省吉安市安福县"使用"南方某地"或"J省"来代替。

抑制屏蔽，直接删除姓名或使用统一的"＊"来表示。如所有的地址都使用"＊＊＊＊＊＊"代替。

部分屏蔽，屏蔽地址中的一部分，以保护地址信息。如使用"江西省XX市XX县"代替"江西省吉安市安福县"。

数据合成，采用重新产生的虚拟数据替代原地址数据，数据产生方法可以采用确定性方法或随机性方法，如用"黑龙江省鸡西市特铁县北京路23号"代替"江西省吉安市安福县安平路1号"。

11.5.4 个人信息安全使用

个人信息在使用的过程中，要做好"访问控制"和"用户画像"使用工作。

严格做好个人信息访问控制措施。个人信息控制者要对被授权访问个人信息的人员，应建立最小授权的访问控制策略，使其只能访问职责所需的最少够用的个人信息，且仅具备完成职责所需的最少的数据操作权限。要对个人信息的重要操作设置内部审批流程，如进行批量修改、复制、下载等重要操作。要对安全管理人员、数据操作人员、审计人员的角色进行分离设置。对确因工作需要，需授权特定人员超权限处理个人信息的，应经个人信息保护责任人或个人信息保护工作机构进行审批，并记录在册。要对个人敏感信息的访问、修改等操作行为，宜在对角色权限控制的基础上，按照业务流程的需求触发操作授权。例如，当收到客户投诉，投诉处理人员才可访问该用户的相关信息。

"用户画像"是指，通过收集、汇聚、分析个人信息，对某特定自然人个人特征，如职业、经济、健康、教育、个人喜好、信用、行为等方面做出分析或预测，形成其个人特征模型的过程。直接使用特定自然人的个人信息，形成该自然人的特征模型，称为**直接用户画像**。使用来源于特定自然人以外的个人信息，如其所在群体的数据，形成该自然人的特征模型，称为**间接用户画像**。

个人信息控制者在使用用户画像的时候，要注意个人信息主体的特征描述。不应包含淫秽、色情、赌博、迷信、恐怖、暴力的内容，不应表达对民族、种族、宗教、残疾、疾病歧视的内容。在业务运营或对外业务合作中使用用户画像的，不侵害保护公民、法人和其他组织的合法权益，不危害国家安全、荣誉和利益，不煽动颠覆国家政权、推翻社会主义制度，不煽动分裂国家、破坏国家统一，不宣扬恐怖主义、极端主义，不宣扬民族仇恨、民族歧视，不传播暴力、淫秽色情信息，不编造、传播虚假信息扰乱经济秩序和社会秩序。同时，使用个人信息时应消除明确身份指向性，避免精确定位到特定个人。例如，为准确评价个人信用状况，可使用直接用户画像，而用于推送商业广告目的时，则宜使用间接用户画像。

11.5.5 个人信息安全共享转让披露

在利益和政策的驱动下，个人信息面临委托处理、共享、转让和公开披露等安全风险。因此，个人信息控制着要做好上述个人信息安全管理。

1. 委托处理安全

委托处理安全主要包括：个人信息控制者做出委托行为，不应超出已征得个人信息主体授权同意的范围；个人信息控制者应对委托行为进行个人信息安全影响评估；受委托者在处理个人信息过程中无法提供足够的安全保护水平或发生了安全事件的，应及时向个人信息控制者反馈；个人信息控制者应对受委托者进行监督。

2. 共享转让安全

共享转让安全主要包括：事先开展个人信息安全影响评估，并依评估结果采取有效的保护个人信息主体的措施；向个人信息主体告知共享、转让个人信息的目的、数据接收方的类型，并事先征得个人信息主体的授权同意。共享、转让的信息必须是经去标识化处理的个人信息；共享、转让个人敏感信息前，还应向个人信息主体告知涉及的个人敏感信息类型、数据接收方的身份和数据安全能力，并事先征得个人信息主体的明示同意；准确记录和保存个人信息的共享、转让情况，包括共享、转让的日期、规模、目的，以及数据接收方基本情况等；

3．公开披露安全

个人信息原则上不应公开披露。必须披露的时候，必须符合以下要求：事先开展个人信息安全影响评估，并依评估结果采取有效的保护个人信息主体的措施；向个人信息主体告知公开披露个人信息的目的、类型，并事先征得个人信息主体明示同意；公开披露个人敏感信息前，还应向个人信息主体告知涉及的个人敏感信息的内容；准确记录和保存个人信息的公开披露的情况，包括公开披露的日期、规模、目的、公开范围等；要承担因公开披露个人信息对个人信息主体合法权益造成损害的相应责任；严禁公开披露个人生物识别信息、基因信息。

11.6　互联网个人信息安全保护指南

2019年4月10日，公安部网络安全保卫局、北京网络行业协会、公安部第三研究所联合发布《互联网个人信息安全保护指南》。公安部门在对于个人信息保护的规范文件上呈现出了与网络安全等级保护制度结合更为紧密的特点。

11.6.1　公安合规与国标合规对比

《互联网个人信息安全保护指南》是公安部首个现行有效且专门针对个人信息保护的文件，具有较强的法律效力。与推荐性国标《个人信息安全规范》不同，《互联网个人信息安全保护指南》是公安机关在总结大量真实执法案例基础上制定的、作为侦办侵犯公民个人信息网络犯罪案件和执法监督管理实践的指导性文件，代表着具有更强执法权的公安机关对法律的理解和执法尺度，具有更强的规范效力和指导意义。

《互联网个人信息安全保护指南》技术和管理结合，符合等级保护特征。《互联网个人信息安全保护指南》整合了《个人信息安全规范》和《网络安全法》关于等级保护、内容治理、重要数据以及跨境数据传输方面的要求，还就安全事件响应部分另设单节，对于《网络安全法》中关于安全事件管理的环节进行了更为具化的落实。《互联网个人信息安全保护指南》中相关技术性要求，与等级保护的管理、技术要求相匹配，与《个人信息安全规范》存在较大的不同。在企业进行数据合规工作中，《个人信息安全规范》和《互联网个人信息安全保护指南》都是需要参照执行的指引性文件，一个着重于管理措施，一个增强了技术措施的指引，两个相互补充。

《互联网个人信息安全保护指南》确定了个人信息保护的最低要求。这符合公安机关的管理特色,兜底和红线是对个人信息安全保护能力的一种基本要求。对于极其敏感的人脸、声纹等个人生物识别信息,《互联网个人信息安全保护指南》指出了应仅收集和使用摘要信息,避免收集其原始信息,并不涉及个人敏感信息的概念,这与《个人信息安全规范》不同。这说明,《互联网个人信息安全保护指南》提出的要求是个人信息保护的最低要求。同时,《互联网个人信息安全保护指南》重视安全责任,要求在管理上责任到人,建议管理者或授权专人负责个人信息保护的工作。

11.6.2 适用范围

《互联网个人信息安全保护指南》第一章明确,本指南适用于个人信息持有者,即对个人信息进行控制和处理的组织或个人,并增加"在个人信息生命周期处理过程中开展安全保护工作参考使用";同时,除了适用于通过互联网提供服务的企业,也适用使用专网或非联网环境控制和处理个人信息的组织或个人。这里的专网或非联网环境,进一步加大个人信息保护的范围。也就是说除了传统意义的互联网企业,也包含企业或政府的内网、私用网,甚至存有大量公民个人信息的房产中介等企业,都应参考《互联网个人信息安全保护指南》做好个人信息安全保护工作。

11.6.3 技术措施

《互联网个人信息安全保护指南》第五章明确,个人信息处理系统其安全技术措施应满足 GB/T 22239 相应等级的要求,按照网络安全等级保护制度的要求,履行安全保护义务,保障网络免受干扰、破坏或者未经授权的访问,防止网络数据泄露或者被窃取、篡改。从上面来看,一是要满足定级对象的基本保护要求,二是要符合《网络安全法》对个人信息的保护。

在通用要求中,主要包括通信网络安全、区域边界安全、计算环境安全、应用和数据安全。在扩展要求中,主要是对云计算安全扩展要求进行了新增,要求"应确保个人信息在云计算平台中存储于中国境内,如需出境应遵循国家相关规定"。一旦出境,需要参考《个人信息出境安全评估办法》来遵照执行。

具体要求,请读者参考《互联网个人信息安全保护指南》中第五章。

11.6.4 管理措施

《互联网个人信息安全保护指南》从管理制度、管理机构、管理人员三个角度来细化个人信息安全管理,符合等级保护一贯要求。并增加个人信息处理系统的安全管理应满足 GB/T 22239—2019 相应等级的规定,符合"等级保护2.0"的基本要求,在管理制度和管理机构上,要求如表 11-3 所示。

表 11-3　个人信息保护中的安全管理制度和管理机构要求

基本要求	控制点	要 求 项
管理制度	管理制度内容	应制定个人信息保护的总体方针和安全策略等相关规章制度和文件,其中包括本机构的个人信息保护工作的目标、范围、原则和安全框架等相关说明 应制定工作人员对个人信息日常管理的操作规程 应建立个人信息管理制度体系,其中包括安全策略、管理制度、操作规程和记录表单 应制定个人信息安全事件应急预案
	管理制度制定发布	应指定专门的部门或人员负责安全管理制度的制定 应明确安全管理制度的制定程序和发布方式,对制定的安全管理制度进行论证和审定,并形成论证和评审记录 应明确管理制度的发布范围,并对发文及确认情况进行登记记录
	管理制度执行落实	应对相关制度执行情况进行审批登记 应保存记录文件,确保实际工作流程与相关的管理制度内容相同 应定期汇报总结管理制度执行情况
	管理制度评审改进	应定期对安全管理制度进行评审,存在不足或需要改进的予以修订 安全管理制度评审应形成记录,如果对制度做过修订,应更新所有下发的相关安全管理制度
管理机构	管理机构的岗位设置	应设置指导和管理个人信息保护的工作机构,明确定义机构的职责 应由最高管理者或授权专人负责个人信息保护的工作 应明确设置安全主管、安全管理各方面的负责人,设立审计管理员和安全管理员等岗位,清晰、明确定义其职责范围
	管理机构的人员配置	应明确安全管理岗位人员的配备,包括数量、专职还是兼职情况等;配备负责数据保护的专门人员 应建立安全管理岗位人员信息表,登记机房管理员、系统管理员、数据库管理员、网络管理员、审计管理员、安全管理员等重要岗位人员的信息,审计管理员和安全管理员不应兼任网络管理员、系统管理员、数据库管理员、数据操作员等岗位

关于管理人员的要求,请读者自行查阅。

11.6.5　业务流程

在业务流程上,《互联网个人信息安全保护指南》和《个人信息安全规范》一致。下面主要介绍不一致的地方。

1. 收集

在收集上,主要增加了《网络安全法》规定的收集原则,使用明示而非公示的表述,描述为:个人信息收集前,应当遵循合法、正当、必要的原则向被收集的个人信息主体公开收集、使用规则,明示收集、使用信息的目的、方式和范围等信息。

在收集上,结合了 App 自查指南的规定,对于收集无关信息,捆绑授权的现象进一步做出了禁止,描述为:不应收集与其提供的服务无关的个人信息,不应通过捆绑产品或服务各项业务功能等方式强迫收集个人信息。

在收集上,对于生物识别信息等个人敏感信息进一步做出了降低风险进行收集的要求,描述为：不应大规模收集或处理我国公民的种族、民族、政治观点、宗教信仰等敏感数据；个人生物识别信息应仅收集和使用摘要信息，避免收集其原始信息。

同时，与《个人信息安全规范》相比，《互联网个人信息安全保护指南》强调了等级保护及内容管理相关的技术措施，描述为：收集个人信息时，信息在传输过程中应进行加密等保护处理；收集个人信息的系统应落实网络安全等级保护要求。

2．保存

主要增加本地化存储。在保存上，要求在境内运营中收集和产生的个人信息应在境内存储，如需出境应遵循国家相关规定。

其余与《个人信息安全规范》一致。

3．应用

增加修改权删除权的描述，描述为：保证修改后的本人信息具备真实性和有效性。

对自动化处理的用户画像进行基本规定，描述为：完全依靠自动化处理的用户画像技术应用于精准营销、搜索结果排序、个性化推送新闻、定向投放广告等增值应用，可事先不经用户明确授权，但应确保用户有反对或者拒绝的权利；如应用于征信服务、行政司法决策等可能对用户带来法律后果的增值应用，或跨网络运营者使用，应经用户明确授权方可使用其数据。

用户画像中里面最大变化地方或产生冲突的地方，就是事先不经过用户明确授权，但应确保用户有反对或者拒绝的权利。但是，实践中可能需要具体分析，如司法决策可能不需用户明确授权。

4．删除

增加匿名化的例外，描述为：个人信息在超过保存时限之后应进行删除，经过处理无法识别特定个人且不能复原的除外。

增加个人信息主体有权要求非法收集使用个人信息的删除，描述为：个人信息持有者如有违反法律、行政法规的规定或者双方的约定收集、使用其个人信息时，个人信息主体要求删除其个人信息的，应采取措施予以删除。

5．共享和转让

增加例外，描述为：在共享、转让前应得到个人信息主体的授权同意，与国家安全、国防安全、公共安全、公共卫生、重大公共利益或与犯罪侦查、起诉、审判和判决执行等直接相关的情形除外。这点也是从公共安全实际工作出发而增加的例外。

6．公开披露

增加个人敏感信息的要求，描述为：不得公开披露个人生物识别信息和基因、疾病等个人生理信息；不得公开披露我国公民的种族、民族、政治观点、宗教信仰等敏感数据分析结果。

11.6.6 应急处置

1．明确应急预案内容

应制定个人信息安全事件应急预案，包括应急处理流程、事件上报流程等内容。

2．明确应急培训演练的周期

应定期（至少每半年一次）组织内部相关人员进行应急响应培训和应急演练，使其掌握岗位职责、应急处置策略和规程，留存应急培训和应急演练记录。

3．强调事件发生前风险隐患的自查整改和发生时的及时汇报

发现网络存在较大安全风险，应采取措施，进行整改，消除隐患；发生安全事件时，应及时向公安机关报告，协助开展调查和取证工作，尽快消除隐患。

4．要求向社会发布警示

应将事件的情况告知受影响的个人信息主体，并及时向社会发布与公众有关的警示信息。

5．对安全事件的上报项目进行明确规定

应按《国家网络安全事件应急预案》等相关规定及时上报安全事件，报告内容包括但不限于：涉及个人信息主体的类型、数量、内容、性质等总体情况，事件可能造成的影响，已采取或将要采取的处置措施，事件处置相关人员的联系方式。

Chapter 12

第 12 章
数据安全法

　　随着信息技术、生产技术和人类生产生活交汇融合，各类数据迅猛增长、海量聚集，对经济发展、社会治理、人民生活都产生了重大而深刻的影响。数据安全已成为事关国家安全与经济社会发展的重大问题。《数据安全法》自 2018 年 9 月被列入十三届全国人大常委会立法规划以来，意志备受世人瞩目与期待。2020 年 7 月 3 日，《中华人民共和国数据安全法（草案）》（以下简称《数据安全法》）正式公布并公开征求意见。2020 年 9 月 8 日，我国提出《全球数据安全倡议》，重申各国有责任和权利保护涉及本国国家安全、公共安全、经济安全和社会稳定的重要数据及个人信息安全。因此，关键信息基础设施运营者要做好数据安全管理和建设。

12.1 《数据安全法》的地位和作用

1. 数字经济时代的基础性法律

　　《数据安全法》《网络安全法》《个人信息保护法》将共同构成我国数字经济的基础性法律体系。数字时代，数据为王。《数据安全法》的重点是确立数据安全保护管理的各项基本制度，如果数据安全得不到保证，数据的生产者就不愿意将数据提供出来进行交易和分享，数字经济就成为无源之水。同样，如果市场上的数据是虚假的，也没有人敢购买和使用这样的虚假数据，数字经济难以快速发展。《全球数据安全倡议》进一步指出，作为数字技术的关键要素，全球数据爆发增长，海量集聚，成为实现创新发展、重塑人们生活的重要力量，事关国家安全与经济社会发展。三部法规相比，《数据安全法》更加强调总体国家安全观，对国家利益、公共利益和个人、组织合法权益给予全面保护，《个人信息保护法》侧重于对个人信息、隐私等涉及公民自身安全的保护，《网络安全法》侧重于互联网全网体系和设施安全。需要注意的一点是，《数据安全法》将"任何以电子或者非电子形式对信息的记录"定义为数据，并不局限于互联网和电子形式，规范的范围更为广泛。

2. 数据安全领域的基础性法律

数据安全已成为事关国家安全与经济社会发展的重大问题，因此制定一部数据安全领域的基础性法律十分必要。

一是数据是国家基础性战略资源，没有数据安全就没有国家安全。因此，应当按照总体国家安全观的要求，通过立法加强数据安全保护，提升国家数据安全保障能力，有效应对数据这一非传统领域的国家安全风险与挑战，切实维护国家主权、安全和发展利益。

二是当前各类数据的拥有主体多样，处理活动复杂，安全风险加大等特点，必须通过立法建立健全各项制度措施，切实加强数据安全保护，维护公民、组织的合法权益。

三是发挥数据的基础资源作用和创新引擎作用，加快形成以创新为引领和支撑的数字经济，更好服务我国经济社会发展，必须通过立法规范数据活动，完善数据安全治理体系，以安全保发展、以发展促安全。

四是为适应电子政务发展的需要，提升政府决策、管理、服务的科学性和效率，应当通过立法明确政务数据安全管理制度和开放利用规则，大力推进政务数据资源开放和开发利用。

3. 数据生产要素的基础性法律

党的十九届四中全会决定，明确将数据作为新的生产要素。数据作为数字经济最重要的生产要素，也被国家正式列为土地、劳动力、资本、技术之后的第五种生产要素。生产要素在促进社会发展的同时，必须保障其发展不能触及红线。及时出台《数据安全法》，明确数据活动的红线，在法律法规允许的条件下，推动数据共享，发现数据价值。通过立法形式，对数据生产者、使用者和服务者提出明确的要求，使其在数据控制、网络运营、数据风控等环节，规范业务流程，符合法规与监管要求。

12.2 《数据安全法》的主要内容

《数据安全法》共七章五十一条，分别为总则、数据安全与发展、数据安全制度、数据安全保护义务、政务数据安全与开放、法律责任及附则。

首先在基本概念上达成共识。

数据，是指任何以电子或者非电子形式对信息的记录。

数据活动，是指数据的收集、存储、加工、使用、提供、交易、公开等行为。

数据安全，是指通过采取必要措施，保障数据得到有效保护和合法利用，并持续处于安全状态的能力。

12.2.1 适用范围

数据安全法适用范围包括境内和境外。

《数据安全法》第二条明确规定，"在中华人民共和国境内开展数据活动，适用本法。中华人民共和国境外的组织、个人开展数据活动，损害中华人民共和国国家安全、公共利益或者公民、组织合法权益的，依法追究法律责任。"同时赋予了本法必要的域外适用效力，依法开展对境外的组织、个人进行打击。

12.2.2 数据安全管理责任主体

最高领导机构是中央国家安全领导机构，负责数据安全工作的决策和统筹协调，研究制定、指导实施国家数据安全战略和有关重大方针政策。

各地区、各部门对本地区、本部门工作中产生、汇总、加工的数据及数据安全负主体责任。

行业主管部门肩负数据安全监管职责。工业、电信、自然资源、卫生健康、教育、国防科技工业、金融业等行业主管部门承担本行业、本领域数据安全监管职责。与《网络安全法》相比，将电信主管部门从监管部门变更为行业主管部门。

公安机关和国家安全机关是数据安全监管部门。公安机关、国家安全机关等依照本法和有关法律、行政法规的规定，在各自职责范围内承担数据安全监管职责。延续了《网络安全法》对公安机关的职能定位，明确国家安全机关与公安机关一同在职权范围内承担数据安全监管职责，更加重视数据领域的国家安全。即体现"保护公民、组织的合法权益，维护国家主权、安全和发展利益"作为公安机关和国家安全机关的核心职责。

国家网信部门肩负统筹协调工作。国家网信部门依照本法和有关法律、行政法规的规定，负责统筹协调网络数据安全和相关监管工作。

全社会肩负数据安全协调治理工作。国家建立健全数据安全协同治理体系，推动有关部门、行业组织、企业、个人等共同参与数据安全保护工作，形成全社会共同维护数据安全和促进发展的良好环境。这也符合我国制定的网络综合治理格局，党的十九届四中全会审议通过的《中共中央关于坚持和完善中国特色社会主义制度、推进国家治理体系和治理能力现代化若干重大问题的决定》中指出，要"形成党委领导、政府管理、企业履责、社会监督、网民自律等多主体参与,经济、法律、技术等多种手段相结合的综合治网格局"。

12.2.3 数据安全产业

《数据安全法》第十二条指出,国家坚持维护数据安全和促进数据开发利用并重,以数据开发利用和产业发展促进数据安全,以数据安全保障数据开发利用和产业发展。数据开发利用将成为新型产业。

一是数据产业得到法律认可。在数字经济时代,各级政府纷纷出台大数据战略,支持本地数字经济发展。国家实施大数据战略,推进数据基础设施建设,鼓励和支持数据在各行业、各领域的创新应用,促进数字经济发展。省级以上人民政府应当制定数字经济发展规划,并纳入本级国民经济和社会发展规划。《数据安全法》从法律层面,进一步确定了数据产业的法律地位。

二是数据产业得到国家支持。国家从基础研究、技术推广、商业创新、标准体系建设方面鼓励支持数据发展。《数据安全法》指出,国家加强数据开发利用技术基础研究,支持数据开发利用和数据安全等领域的技术推广和商业创新,培育、发展数据开发利用和数据安全产品和产业体系。《数据安全法》加大推进数据开发技术和数据安全标准体系建设,明确指出国务院标准化行政主管部门和国务院有关部门根据各自的职责,组织制定并适时修订有关数据开发利用技术、产品和数据安全相关标准。鼓励民间组织参与数据产业,国家支持企业、研究机构、高等学校、相关行业组织等参与标准制定。

三是数据交易合法化。《数据安全法》指出,国家建立健全数据交易管理制度,规范数据交易行为,培育数据交易市场。数据是数字经济时代企业发展的核心资源,数据交易能帮助数据要素实现市场价值,而数据在线处理服务有助于数据价值的挖掘和利用。"规范数据交易行为"核心是保证数据来源合法合规及审核交易双方身份的法律要求。此项规定拟将现有针对数据交易服务上升为强制性法律要求。数据交易行为如何规范,有待电信主管部门进一步细化,也就是说,电信主管部门今后负责数据交易的许可和备案审批工作。《数据安全法》第三十一条提出"专门提供在线数据处理等服务的经营者,应当依法取得经营业务许可或者备案。具体办法由国务院电信主管部门会同有关部门制定。"

四是数据产业人才职业化。国家支持高等学校、中等职业学校和企业等开展数据开发利用技术和数据安全相关教育和培训,采取多种方式培养数据开发利用技术和数据安全专业人才,促进人才交流。在培训泛滥的当下社会,数据人才培训后是否有证书并被认可,决定人才职业化的发展速度。

五是数据产业需通过安全检测评估和认证。国家鼓励和支持数据在各行业、各领域的创新应用,促进数字经济发展的同时,仍然坚持"维护数据安全和促进数据开发利用并重,以数据安全保障数据开发利用和产业发展"的原则来执行。对数据技术和产品、服务开展检测评估和认证,是对国家和人民负责任的一种态度。因此,《数据安全法》指出,国家促进数据安全检测评估、认证等服务的发展，支持数据安全检测评估、认证等专业机构依法开展服务活动。这里的"依法"是指除《数据安全法》之外的其他法规，如《网络安全法》《密码法》等。在法律的约束下，检测评估和认证是一种解决法律纠纷的有效手段，但同时将增加企业或者数据运营者的成本。

12.2.4 数据安全制度

《数据安全法》将数据安全制度单独作为一章进行了规定，做到安全技术和安全管理并重，防止内部控制制度缺失导致的网络安全事件发生。

一是建立数据分级分类制度。《数据安全法》指出，"国家根据数据在经济社会发展中的重要程度，以及一旦遭到篡改、破坏、泄露或者非法获取、非法利用，对国家安全、公共利益或者公民、组织合法权益造成的危害程度，对数据实行分级分类保护。"在数据安全治理的实际操作中，只有对数据进行有效分类，才能避免一刀切的控制方式，也才能对数据的安全管理采用更加精细的措施。在实际操作上，通常依据数据的来源、内容和用途对数据进行分类。按照数据的价值、内容敏感程度、影响和分发范围不同对数据进行敏感级别划分。分类的目的是明确安全责任、确定防护边界。分级的目的是确定责任主体的防护措施力度和粒度、实施差异化分级安全防护。以某个企业为例，可以把数据分级为公开、内部、敏感数据。敏感数据定义为造成客户流失、损失大的数据，如客户资料、用户密码、订单等为敏感数据。读者可以参考《个人信息安全规范》、贵州省制定的《政府数据 数据分类分级指南》(DB52/T 1123—2016)作为分级分类依据。

二是制定重要数据目录。《数据安全法》指出，"各地区、各部门应当按照国家有关规定，确定本地区、本部门、本行业重要数据保护目录，对列入目录的数据进行重点保护。"重要数据至少要包括一旦发生网络安全事故，会影响重要行业正常运行，对国家政治、经济、科技、社会、文化、国防、环境以及人民生命财产造成严重损失的数据。

三是数据安全风险分析制度。主要建立数据安全风险评估、报告、信息共享、监测预警机制，加强数据安全风险信息的获取、分析、研判、预警工作。《数据安全法》强调要站在国家角度，要求建立集中统一、高效权威的数据安全机制。从海量数据中找到核心有价值的国家数据，不仅仅需要人力和技术，还需要智力和勇气。

四是数据安全应急处置制度。发生数据安全事件，有关主管部门应当依法启动应急预案，采取相应的应急处置措施，消除安全隐患，防止危害扩大，并及时向社会发布与公众有关的警示信息。国家已经出台《国家网络安全事件应急预案》《突发事件应对法》和《突发事件应急预案管理办法》等应急处理方面的法规，但是关于数据安全方面的还没有出台。

五是数据安全审查和出口管制制度。国家建立数据安全审查制度，对影响或者可能影响国家安全的数据活动进行国家安全审查。目前，国家出台的《网络安全审查办法》的核心是网络产品和服务，并未对数据进行国家安全审查。"依法作出的安全审查决定为最终决定"怎么界定，有待于"数据安全审查办法"的出台，无论怎么界定，核心是不能影响国家安全为底线。在出口管制方面，国家对与履行国际义务和维护国家安全相关的属于管制物项的数据依法实施出口管制。目前，我国已经出台《个人信息和重要数据出境安全评估办法》，其中重要数据是指与国家安全、经济发展，以及社会公共利益密切相关的数据，但是《数据安全法》中是对出口管制的数据定义为"履行国际义务和维护国家安全"。从定义可以看出，《数据安全法》范围更广，何为履行国际义务，还需要对应的细节出台。我国正在制定《出口管制法》，以加强对两用物项、军品、核及其他与国家安全相关的货物、技术和服务的管制，而《数据安全法》把属于管制物项的数据纳入出口管制对象，明确了出口管制在数据活动中的适用，也是配合《出口管制法》。

六是数据反歧视制度。任何国家或者地区在与数据和数据开发利用技术等有关的投资、贸易方面对中华人民共和国采取歧视性的禁止、限制或者其他类似措施的，中华人民共和国可以根据实际情况对该国家或者地区采取相应的措施。数据作为生产要素，是一种战略资源，因此，成为各国关注的重点。在利益和保护资源的需求下，自然会出现数据的保护限制的规定。为了保护本国利益，已有部分国家或地区对数据进行专门立法，如欧盟的《通用数据保护条例》、英国的《数据保护法案》、德国的《联邦数据保护法》等，对世界范围内的数据产业产生了较大影响。

12.2.5 数据安全保护义务

凡是对信息的记录都是数据，因此数据安全的保护义务范围更加广泛。

一是落实网络安全责任。开展数据活动应当依照法律、行政法规的规定和国家标准的强制性要求，建立健全全流程数据安全管理制度，组织开展数据安全教育培训，采取相应的技术措施和其他必要措施，保障数据安全。重要数据的处理者应当设立数据安全负责人和管理机构，落实数据安全保护责任。这里面的数据安全责任人通常是单位一把手，要履行下列职责义务：组织制定数据保护计划并督促落实；组织开展数据安全风险评估，督促整改安全隐患；按要求向有关部门和网信部门报告数据安全保护和事件处置情况；受理并处理用户投诉和举报。因此，《数据安全法》从法律上规范企业组织"一把手"的职责，数据安全需要"一把手"负责制。

二是数据必须符合社会公德和伦理。目前，智能机器已获得深度学习能力，可以识别、模仿人的情绪，能独立应对问题等。那么，基于数据分析的智能机器能否算作"人"？智能机器应当为其行为承担怎样的责任？智能机器的设计者、制造者、所有者和使用者又应当为其行为承担怎样的责任？人工智能算法带来的歧视隐蔽而又影响深远。信息的不对称、不透明以及信息技术不可避免的知识技术门槛，客观上会导致并加剧信息壁垒、数字鸿沟等违背社会公平原则的现象与趋势。因此，《数据安全法》指出，开展数据活动以及研究开发数据新技术，应当有利于促进经济社会发展，增进人民福祉，符合社会公德和伦理。

三是做好数据安全监测和事件告知。《网络安全法》对网络安全技术做了很多法律条款，如落实网络安全等级保护制度，做好关键信息基础设施安全等。但是，数据作为生产要素，天生具有流动特点，在安全边界和数据确权上存在天生不足。因此，一旦数据安全存在缺陷，发生漏洞风险的时候，必须做好安全监测。发生数据安全事件，要及时告知用户和有关主管部门。

四是做好重要数据安全风险评估工作。重要数据的处理者应当按照规定对其数据活动定期开展风险评估，并向有关主管部门报送风险评估报告。风险评估报告应当包括本组织掌握的重要数据的种类、数量，收集、存储、加工、使用数据的情况，面临的数据安全风险及其应对措施等。重要数据的界定和目录还有待国家或行业出台细则。具体来讲，风险评估内容主要包括是否含有或累计含有50万人以上的个人信息，是否数据量超过1000 GB，是否包含核设施、化学生物、国防军工、人口健康等领域数据，大型工程活动、海洋环境以及敏感地理信息数据等，是否包含关键信息基础设施的系统、安全防护等信息，关键信息基础设施运营者是否向境外提供个人信息和重要数据，数据安全制度是否建立完善，数据安全防护技术是否有效防护，数据安全应急处置和事件通告是否机制通畅等等。正如《数据安全法》中描述的一样，评估的主要目的是"掌握的重要数据的种类、数量，收集、存储、加工、使用数据的情况，面临的数据安全风险及其应对措施等。"

五是数据全流程合法正当。任何组织、个人收集数据，必须采取合法、正当的方式，不得窃取或者以其他非法方式获取数据。法律、行政法规对收集、使用数据的目的、范围有规定的，应当在法律、行政法规规定的目的和范围内收集、使用数据，不得超过必要的限度。这里面的"合法、正当"沿用了《网络安全法》的描述。对数据的收集、存储、加工、使用、删除、共享、转让、委托加工等都采用"符合法律、行政法规规定"，如《个人信息安全规范》《互联网个人信息安全保护指南》等。随后，国家也会出台《个人信息保护法》。

六是加强数据交易和在线处理的安全管理。从事数据交易中介服务的机构在提供交易中介服务时，应当要求数据提供方说明数据来源，审核交易双方的身份，并留存审核、交易记录。专门提供在线数据处理等服务的经营者，应当依法取得经营业务许可或者备案。这里面所指的在线数据交易与处理业务，是指利用各种与通信网络相连的数据与交易处理应用平台，通过通信网络为用户提供在线数据处理和交易处理的业务。如办理各种银行业务、股票买卖、票务买卖、拍卖商品买卖、费用支付等。数字经济时代，数据交易会产生巨大价值，因此，其经营业务许可或者备案工作必须政府主导，《数据安全法》明确国务院电信主管部门会同有关部门制定经营业务许可或者备案核心工作，这也给电信部门赋予行政审批权力，弥补《电信条例》上法规的缺失，也进一步促使《电信法》的快速出台。

七是加强数据执法管理。数据安全法中提出境内执法和境外执法两种模式。境内执法是指公安机关、国家安全机关因依法维护国家安全或者侦查犯罪需要调取数据，应当按照国家有关规定，经过严格的批准手续，依法进行，有关组织、个人应当予以配合。《网络安全法》和《国家安全法》都对上述有明确说明。境外执法机构要求调取存储于中华人民共和国境内的数据的,有关组织、个人应当向有关主管机关报告,获得批准后方可提供。中华人民共和国缔结或者参加的国际条约、协定对外国执法机构调取境内数据有规定的,依照其规定。数据安全也是国家安全的重要组成,数据安全也是国家空间安全主权的体现,加强境外执法管理,也是一种国际通用管理手段。

12.2.6 政务数据安全

2015年国务院出台的《促进大数据发展行动纲要》明确指出,"到2018年底前建成国家政府数据统一开放平台,率先在信用、交通、医疗、卫生、就业、社保、地理、文化、教育、科技、资源、农业、环境、安监、金融、质量、统计、气象、海洋、企业登记监管等重要领域实现公共数据资源合理适度向社会开放"。2017年,中央网信办、国家发展改革委、工业和信息化部联合印发《公共信息资源开放试点工作方案》,其中也要求,"试点地区要依托现有资源建立统一的省级公共信息资源开放平台,并与本地政府门户网站实现前端整合,与本地共享平台做好衔接。已建地市级公共信息资源开放平台要与省级开放平台互联互通。国家公共信息资源开放平台建成后,试点地区开放平台要率先与其对接,逐步实现上下联动、标准统一。"因此,为了提升政务数据的能力,规范政务数据收集和使用,《数据安全法》在第五章"政务数据安全与开放"中对政务数据进行安全规范管理。

一是政务数据要科学、准确和时效。国家大力推进电子政务建设,提高政务数据的科学性、准确性、时效性,提升运用数据服务经济社会发展的能力。政务数据为社会现代化、信息化发展提供了良好的手段,政府和企业运用政务数据进行深入分析和精准定位,有利于分析和调整社会结构,并作出科学和系统的决策,进而提高经济效益。因此,提高政务数据的科学性、准确性、时效性有助于提高服务社会的公信力,实现精准定位,助力社会发展的效率提升。

二是政务数据采集要正当合法。《数据安全法》要求,国家机关为履行法定职责的需要收集、使用数据,应当在其履行法定职责的范围内依照法律、行政法规规定的条件和程序进行。这里的法律、行政法规包括《网络安全法》《互联网个人信息安全保护指南》《数据安全管理办法》等。

三是政务数据要制定数据安全管理制度。国家机关应当依照法律、行政法规的规定,建立健全数据安全管理制度,落实数据安全保护责任,保障政务数据安全。这里面特别指出,国家机关不豁免网络安全保护义务,要求在其内部必须建立数据安全管理制度,这对于国家的数据安全是重要的保障措施。

四是政务数据要做好数据安全保护义务。国家机关委托他人存储、加工政务数据,或者向他人提供政务数据,应当经过严格的批准程序,并应当监督接收方履行相应的数据安全保护义务。这里面的批准部门并没有明确说明。建议以数据安全责任机构或单位进行批准，并签到保密合同或安全协议，明确双方的责任、时间和是否允许其转让或委托加工、共享、披露等。

在政务数据的安全开放中，哪些数据可以开放，需要建立开放目录，因此《数据安全法》要求国家制定政务数据开放目录，构建统一规范、互联互通、安全可控的政务数据开放平台，推动政务数据开放利用。

2016 年，国务院印发《政务信息资源共享管理暂行办法》，办法把政务信息资源按共享类型分为无条件共享、有条件共享、不予共享三种。其中，可提供给所有政务部门共享使用的政务信息资源属于无条件共享类，可提供给相关政务部门共享使用或仅能够部分提供给所有政务部门共享使用的政务信息资源属于有条件共享类，不宜提供给其他政务部门共享使用的政务信息资源属于不予共享类。

2017 年，国家发展改革委和国家网信办联合印发《政务信息资源目录编制指南（试行）》，把国家的政务信息资源分成三类。第一类是指人口、法人、空间地理等国家基础信息资源，第二类是指以"互联网+公共服务"事项为主题的政务信息资源，第三类是指党、人大、政府、政协、高法等部门的政务信息资源。依据上述文件，人口信息、法人单位信息、自然资源和空间地理信息、电子证照信息等基础信息资源的基础信息项是政务部门履行职责的共同需要，必须依据整合共建原则，通过在各级共享平台上集中建设或通过接入共享平台实现基础数据统筹管理、及时更新，在部门间实现无条件共享。《政务信息资源共享管理暂行办法》仅仅可以在部门的共享平台上直接获取，但是是否开放并没有明确。

12.2.7 数据安全法律责任

《数据安全法》第六章"法律责任"对违反数据安全法条款要承担的法律责任和处置进行了界定。

一是约谈和整改。有关主管部门在履行数据安全监管职责中发现数据活动存在较大安全风险的，可以按照规定的权限和程序对有关组织和个人进行约谈。有关组织和个人应当按照要求采取措施，进行整改，消除隐患。这里面的有关主管部门包括公安机关。由于《数据安全法》不能过度关注细则，因此并没有给出数据安全整改的标准依据或基本要求。

二是责令改正和罚款。开展数据活动的组织、个人不履行数据安全保护义务或者未采取必要的安全措施的，由有关主管部门责令改正，给予警告，可以并处 1 万元以上 10 万元以下罚款，对直接负责的主管人员可以处 5000 元以上 5 万元以下罚款；拒不改正或者造成大量数据泄漏等严重后果的，处 10 万元以上 100 万元以下罚款，对直接负责的主管人员和其他直接责任人员处 1 万元以上 10 万元以下罚款。

三是没收违法所得。数据交易中介机构未履行规定的数据安全义务，导致非法来源数据交易的，由有关主管部门责令改正，没收违法所得，处违法所得 1 倍以上 10 倍以下罚款，没有违法所得的，处 10 万元以上 100 万元以下罚款，并可以由有关主管部门吊销相关业务许可证或者吊销营业执照；对直接负责的主管人员和其他直接责任人员处 1 万元以上 10 万元以下罚款。

四是取缔。未取得许可或者备案，擅自从事在线数据处理等业务的，由有关主管部门责令改正或者予以取缔，没收违法所得，处违法所得 1 倍以上 10 倍以下罚款；没有违法所得的，处 10 万元以上 100 万元以下罚款；对直接负责的主管人员和其他直接责任人员处 1 万元以上 10 万元以下罚款。

12.3　面临的困境和问题

数字化的全面加深，数据安全将成为整个数字世界的安全基础。但是，全社会对数据安全的认知还有很多模糊和不确定性，这种不确定性对数据安全产业来说是机遇也是挑战。

12.3.1　数据安全面临的痛点

首先，数据确权问题。政府和用户认知数据安全的出发点不同。部分用户认为，《数据安全法》应该解决数据确权和归属问题，应该向《物权法》一样，将个人产生加工的数据或者个人基本数据作为类似物中的动产和不动产，要把这些动产数据和不动产数据的归属和利用进行确权。国家制定数据安全法的目的是促进数据开发利用，促进以数据为关键要素的数字经济发展。数字经济时代，数据流动产生价值，在数据流动的过程中，如数据的收集、存储、加工、使用、提供、交易、公开等行为过程，数据的属性发生变更，随之确权主体也会发生变化，因此，《数据安全法》中仅仅提到"鼓励数据依法合理有效利用，保障数据依法有序自由流动"，用鼓励、保障两个词缓冲。解决数据确权问题不太容易。如果数据确权无法确定，那么数据"谁拥有谁负责解释，谁拥有谁获利"。

其次，数据合规落地问题。由于数据流动造成数据没有边界，从而基于数据安全法的数据安全防护难度加大。当前企业安全建设正在从"以边界防护为中心"转向到"以数据防护为中心"，更加注重对数据保密性、完整性、可用性，更加注重数据应用软件的防护。"等级保护 2.0"标准起源于信息系统安全建设，在边界防护上具有整套标准体系，具有较强的抓手，比较接地气。相比数据安全合规落地，目前还没有完善的标准体系或技术指南。尽管《网络数据安全标准体系建设指南》在征求意见，但是仅仅针对的是电子记录的网络数据，同时该建设指南还是一个大纲，具体细则不可见。

最后，数据安全和创新之间的平衡问题。数据的真实价值就像漂浮在海洋中的冰山，第一眼只能看到冰山一角，绝大部分的价值隐藏在水面之下，判断数据的价值不仅考虑目前的用途，更要考虑到未来它可能被使用的各种方式。只有这样才可以挖掘到更多新的产品与服务形式，才可以从数据中提取其潜在价值获得巨大的潜在收益。尽管国家鼓励数据依法合理有效利用，但是数据流动所造成的数据边界模糊，数据活动所引入的法律风险谁来负责，进一步限制数据的创新。

12.3.2 数据安全业务流程的细化

一是，明确重要数据的范围和数据安全的概念。数据安全的概念对于每一项制度的实施都有重要影响。数据安全，是指通过采取必要措施，保障数据得到有效保护和合法利用，并持续处于安全状态的能力。从这个概念来看，数据安全是一种能力建设，并不存在绝对安全。因此建议对数据安全的概念进行完善，正如分级分类一样，不同的级别的数据要具有不同的保护能力，并给出不同能力的建设标准。《数据安全法》多次提到重要数据，但是并没有给出重要数据的定义，也没有对重要数据的范围给出界定。重要数据可以肯定一点的属性是"一旦遭到篡改、破坏、泄露或者非法获取、非法利用，对国家安全、公共利益或者公民、组织合法权益造成的危害"，但是从属性来看，重要数据的数据属性不随地理位置、行政级别的降低而降低，这是重要数据的天然属性。这样，各地区、各部门在制定本行业重要数据目录的时候，就必须在这个天然属性下统一标准。

二是，缺乏数据控制者和数据交易者的安全流程。数据控制者是指对数据进行加工产生新数据的第三方。对数据控制者而言，在数据收集、存储、加工、使用以及运营、交易等环节，数据安全法并没有给出规范的业务流程，使数据控制者即符合法规与监管要求，同时满足鼓励数据开发应用创新赋能经济发展的动力。从事数据交易中介机构和专门提供在线数据处理的数据交易者，如何做到"说明数据来源，审核交易双方的身份"？对"留存审核、交易记录"的具体要求是什么？《数据安全法》中没有给出安全合规要求，是按照《网络安全法》中的要求做，如保存日志6个月，还是数据交易者只要提供或者执行即可。这些数据安全的评估要求、处理办法及处理服务后的删除流程等问题，都是数据控制者和数据交易者即将面临的考验。

12.3.2 《数据安全法》和《数据安全管理办法》

2019年5月，国家网信办会同有关部门研究起草了《数据安全管理办法（征求意见稿）》，旨在"维护国家安全、社会公共利益，保护公民、法人和其他组织在网络空间的合法权益，保障个人信息和重要数据安全"。通过对比发现，数据安全法和数据安全管理办法存在不少冲突地方。

一是数据活动的定义。《数据安全法》中定义的数据活动是指数据的收集、存储、加工、使用、提供、交易、公开等行为。《数据安全管理办法》中定义的数据活动是指数据的收集、存储、传输、处理、使用等活动。从定义来看，《数据安全法》对数据活动的定义，把提供、交易、公开等行为纳入数据活动，更加符合当前数字经济时代需求。

二是数据安全保护工作责任主体不一样。《数据安全管理办法》明确国家网信部门统筹协调、指导监督个人信息和重要数据安全保护工作，地（市）及以上网信部门依据职责指导监督本行政区内个人信息和重要数据安全保护工作。而在《数据安全法》中，地区部门科技及信息部门、行业主管部门、公安机关、国家安全机关允许在自己职责范围内开展数据安全保护工作。

三是数据安全管理办法粒度更细。《数据安全管理办法》对数据收集进行了细化，如明确14周岁以下未成年个人信息在收集应当征得其监护人同意，自动化访问收集流量超过网站日均流量三分之一，网站要求停止自动化访问收集时，应当停止等。《数据安全管理办法》对数据处理使用进行具体的界定，如用户选择停止接收定向推送信息时，应当停止推送，并删除已经收集的设备识别码等用户数据和个人信息。网络运营者接到相关假冒、仿冒、盗用他人名义发布信息的举报投诉时，应当及时响应，一旦核实立即停止传播并作删除处理。

四是以经营为目的的网络运营者备案部门不同。《数据安全管理办法》沿用网络安全法中网络运营者的概念，要求"网络运营者以经营为目的收集重要数据或个人敏感信息的，应向所在地网信部门备案"，即向所在地市网信部门进行备案。《数据安全法》中规定，"专门提供在线数据处理等服务的经营者，应当依法取得经营业务许可或者备案。具体办法由国务院电信主管部门会同有关部门制定"，这可以理解为电信部门进行备案的具体定义，鉴于网信部门属于统筹协调部门，在线数据处理经营者到网信部门进行备案面临不确定性。

目前，《数据安全法》和《数据安全管理办法》作为数据安全领域中的两部法律法规，尽管还处于征求意见阶段，但对当前数字经济时代的安全具有重要保障作用。面临的困境和问题，随着认知的不同和进展也会发生变化，最终以国家正式出台的法律文件为依据。

第 13 章
密码法

2019年10月26日,十三届全国人大常委会第十四次会议通过《中华人民共和国密码法》(下称《密码法》),自2020年1月1日起施行。《密码法》是总体国家安全观框架下,国家安全法律体系的重要组成部分,其颁布实施将对关键信息基础设施运营者、网络运营者、监管部门、主管部门和个人产生重要影响。

13.1 《密码法》的作用和地位

密码是网络安全核心基础技术,是党和国家安全的"命门",密码合法管理使用影响国家安全、经济安全和社会安全。例如,加强和规范银行业密码应用,发行带有密码技术的芯片银行卡,防止银行卡伪造、网上交易身份仿冒,有利于维护金融安全;采用密码技术构建增值税防伪税控系统,有效防止通过篡改发票票面信息进行偷税、漏税等违法犯罪活动,维护国家经济安全;在第二代居民身份证中采用密码芯片,有效防止伪造、变造身份证,维护社会安全等。

13.1.1 密码的重要性

第一,密码是维护政治安全的关键环节。政治安全是国家安全的根本。《国家安全法》

第十五条明确提出了"坚持中国共产党的领导,维护中国特色社会主义制度"的要求,同时规定"国家防范、制止和依法惩治任何叛国、分裂国家、煽动叛乱、颠覆或者煽动颠覆人民民主专政政权的行为;防范、制止和依法惩治窃取、泄露国家秘密等危害国家安全的行为;防范、制止和依法惩治境外势力的渗透、破坏、颠覆、分裂活动。"密码安全是政令畅通的重要保障。密码可确保党中央政令畅通,维护党中央权威和集中统一领导,可通过密码加密通信,为维护新形势下政治安全提供有力支撑。

第二,密码是维护网络与信息安全的基础手段。在网络和信息技术深度融入我国经济社会各方面的背景下,网络与信息安全已成为关系国家安全和发展、关系人民群众切身利益的重大问题。《国家安全法》第二十五条明确提出:"国家建设网络与信息安全保障体系,提升网络与信息安全保护能力,加强网络和信息技术的创新研究和开发应用,实现网络和信息核心技术、关键基础设施和重要领域信息系统及数据的安全可控;加强网络管理,防范、制止和依法惩治网络攻击、网络入侵、网络窃密、散布违法有害信息等网络违法犯罪行为,维护国家网络空间主权、安全和发展利益。"在网络时代、信息时代、数字时代,密码是解决网络与信息安全最有效、最可靠、最经济的手段,在保障信息的机密性、真实性、完整性和不可否认性上具有独特优势,是网络与信息安全的核心技术和基础支撑。网络数据保护、身份认证、访问控制、授权管理、责任认定等,都可以采用密码技术解决。特别是在大数据、人工智能和区块链技术不断发展的今天,密码技术对于网络安全的重要意义愈发凸显。习近平总书记近期明确提出:"要加快推动区块链技术和产业创新发展,积极推进区块链和经济社会融合发展。"密码技术正是区块链得以实现的基石,不论是数据存储的加密还是区块之间数据传输的完整性和不可篡改,归根结底都需要通过密码技术实现。

第三,密码是维护其他各领域安全的重要手段。《国家安全法》还对军事安全、能源安全、经济安全、金融安全、科技安全、社会安全等领域提出了明确要求。在实现上述领域安全的过程中,密码技术都扮演了不可或缺的重要作用。此外,《国家安全法》提出的关于完善资源能源安全保护措施、加强科技保密能力建设、加强金融基础设施和基础能力建设等要求,都离不开密码技术的应用。

13.1.2 《密码法》的必要性

党中央、国务院高度重视密码立法工作,将《密码法》作为国家安全法律制度体系的重要组成部分。2018年以来,《密码法》相继被列入十三届全国人大常委会立法规划和全国人大常委会、国务院年度立法工作计划。2019年6月,《密码法(草案)》经国务院第五十二次常务会议讨论通过。2019年10月,十三届全国人大常委会第十四次会议对《密码法》进行审议并表决通过。《密码法》已于2020年1月1日施行。

一是通过立法明确密码地位。密码是国家重要战略资源,是保障网络与信息安全的核心技术和基础支撑。密码工作是党和国家的一项特殊重要工作,直接关系到国家政治安全、经济安全、国防安全和信息安全。通过国家立法予以明确核心密码和普通密码是维护国家安全方面的基本制度，通过立法为密码管理部门和密码工作机构及其工作人员开展核心密码和普通密码工作提供保障措施，从而规范密码应用，维护国家安全和社会公共利益，保护公民、法人和其他组织的合法权益。

二是通过立法确保密码在社会发展中的应用。近年来，密码在维护国家安全、促进经济社会发展、保护人民群众利益方面发挥越来越重要的作用，国家对重要领域商用密码的应用、基础支撑能力的提升以及安全性评估、审查制度等不断提出明确要求，需要及时上升为法律规范，充分发挥密码在网络空间中信息加密、安全认证等方面的重要作用。

三是通过立法促进密码产业发展。传统对商用密码实行全环节许可管理的手段已不适应职能转变和"放管服"改革要求，亟需在立法层面重塑现行商用密码管理制度。制定密码法，就是要更好地促进密码产业发展，营造良好市场秩序，为社会提供更多优质高效的密码。

13.1.3 运用《密码法》的基本原则

《密码法》中涉及三种密码，不同密码作用的范围不同。因此，在学习《密码法》的时候，要掌握其中的基本原则。

一是党管密码的原则。党管密码原则是密码工作长期实践和历史经验的深刻总结，密码工作大权在党中央，密码工作大政方针必须由党中央决定，密码工作重大事项必须向党中央报告。《密码法》规定，坚持中国共产党对密码工作的领导，旗帜鲜明地把党管密码这一根本原则写入法律，同时明确中央密码工作领导机构统一领导全国密码工作，这是《密码法》根本性的规定。只有坚持党管密码，才能保证密码管理沿着正确的方向不偏离、不走样，才能真正发挥密码在维护国家安全中的效能。

二是分类管理的原则。根据《密码法》，密码分为核心密码、普通密码和商用密码三种。核心密码是用于保护国家绝密级、机密级、秘密级信息的密码。普通密码是用于保护国家机密级、秘密级信息的密码。商用密码是用于保护不属于国家秘密的信息的密码，公民、法人和其他组织可以依法使用。密码分为核心密码、普通密码和商用密码，实行分类管理，是党中央确定的密码管理原则，保障密码安全的基本策略，也是长期以来密码工作经验的科学总结。三类密码保护的对象不同，对其进行明确划分，有利于确保密码安全保密，有利于密码管理部门根据不同信息等级和使用对象，对密码实行科学管理，充分发挥三类密码在保护网络与信息安全中的核心支撑作用。

三是强制使用的原则。首先，核心密码、普通密码的强制使用。在有线、无线通信中传递的国家秘密信息，以及存储、处理国家秘密信息的信息系统，应当依照法律、行政法规和国家有关规定使用核心密码、普通密码进行加密保护、安全认证。其次，商用密码的强制使用。法律、行政法规和国家有关规定要求使用商用密码进行保护的关键信息基础设施，其运营者应当使用商用密码进行保护。

四是同一法律位阶的原则。《密码法》和《网络安全法》《保守国家秘密法》一样由全国人民代表大会常务委员会通过，属于同一法律位阶。同时，《密码法》在法律层级上高于行政法规《商用密码管理条例》。

五是非歧视的原则。《密码法》明确了密码分类管理原则，规定核心密码、普通密码用于保护国家秘密信息，由密码管理部门实行严格统一管理。在商用密码管理方面，充分体现职能转变和"放管服"改革要求，充分体现非歧视原则，大幅削减行政许可事项，进一步放宽市场准入，对国内外产品、服务以及内外资企业一视同仁，规范和加强事中事后监管，切实为商用密码从业单位松绑减负。

13.2 《密码法》的主要内容

《密码法》自 2020 年 1 月 1 日起实施，分为总则、核心密码、普通密码、商用密码、法律责任和附则，共五章四十四条。

13.2.1 密码的概念和分类

密码和我们常说的口令不同。密码法中的密码，并非我们日常理解的由数字、字母、符号组成，这些其实只是口令，是初级的身份认证手段。

《密码法》第二条界定了密码的概念，是指采用特定变换的方法对信息等进行加密保护、安全认证的技术、产品和服务。如分组密码是将明文消息编码表示后的数字序列，划分成长度为 n 的组，每组分别在密钥的控制下变换成等长的输出数字序列。常用的密码变换有代替盒变换、移位变换、多项式变换、模加法运算和模/指数运算等。

密码实行分类管理。《密码法》第六条明确指出，"国家对密码实行分类管理。密码分为核心密码、普通密码和商用密码"。同时，密码法也对核心密码、普通密码和商用密码进行了使用场景的界定。《密码法》第七条指出，核心密码、普通密码用于保护国家秘密信息，核心密码保护信息的最高密级为绝密级，普通密码保护信息的最高密级为机密级。核心密码、普通密码属于国家秘密。《密码法》第八条进一步指出，商用密码用于保护不属于国家秘密的信息。公民、法人和其他组织可以依法使用商用密码保护网络与信息安全。

从密码分类可知，密码管理部门只是对核心密码、普通密码实行严格统一管理，而商用密码的使用，只要合法依法，都受到法律保护。这里的依"法"主要是指《密码法》。

同时，密码本身没有核心密码和普通密码之说，密码一旦应用到保护国家秘密信息，则根据应用场景的不同才区分核心密码和普通密码。

13.2.2 核心和普通密码管理和使用

正如前面所述,核心密码保护信息的最高密级为绝密级。也就是说,核心密码可以用于保护绝密级、机密级和秘密级。只要保护的信息是绝密级,则采用的密码被称为核心密码。普通密码用于保护机密级和秘密级,不能用于保护绝密级。

一是核心和普通密码要接受国家密码管理部门的管理。《密码法》第五条指出,"国家密码管理部门负责管理全国的密码工作。县级以上地方各级密码管理部门负责管理本行政区域的密码工作。国家机关和涉及密码工作的单位在其职责范围内负责本机关、本单位或者本系统的密码工作"。同时第十六条也指出,密码管理部门依法对密码工作机构的核心密码、普通密码工作进行指导、监督和检查,密码工作机构应当配合。

二是处理国家绝密级信息必须使用核心密码。《密码法》第五条指出,在有线、无线通信中传递的国家秘密信息,以及存储、处理国家秘密信息的信息系统,如果信息密级达到绝密级,必须采用核心密码进行加密保护、安全认证。

三是密码工作机构依法加强核心密码和普通密码的管理和制度建设。首先做好安全管理制度。从事核心密码、普通密码的科研、生产、服务、检测、装备、使用和销毁等工作的密码工作机构应当按照法律、行政法规、国家有关规定以及核心密码、普通密码标准的要求,建立健全安全管理制度,采取严格的保密措施和保密责任制,确保核心密码、普通密码的安全。其次,加强核心密码管理机构建设和人员管理。密码工作机构要做好适用核心密码工作需要的人员录用、选调、保密、考核、培训、待遇、奖惩、交流、退出等管理制度。最后,建立健全监督和安全审查制度。密码管理部门和密码工作机构应当建立健全严格的监督和安全审查制度,对其工作人员遵守法律和纪律等情况进行监督,并依法采取必要措施,定期或者不定期组织开展安全审查。

13.2.3 商用密码的管理和使用

除保护国家秘密信息之外的信息都可以采用商用密码。商用密码广泛应用于国民经济发展和社会生产生活的方方面面,涵盖金融和通信、公安、税务、社保、交通、卫生健康、能源、电子政务等重要领域,在维护国家安全、促进经济社会发展以及保护公民、法人和其他组织合法权益等方面发挥着重要作用。

商用密码是国家密码局认定的国产密码算法,又称为国密。国密算法家族主要包括杂凑算法 SM3,对称加密算法 SSF33、SM1、SM4、组冲之算法,非对称加密算法 SM2 以及属性基加密算法 SM9 等。目前,中国的商密算法 SM2、SM3、SM4、SM9 等已经成为国际算法标准。

商用密码管理和使用应符合下列要求。

一是商用密码管理应本着非歧视原则和市场调配原则开展。密码管理部门要落实"放管服"改革要求,充分体现非歧视和公平竞争原则,削减行政许可数量,放宽市场准入,从而更好地激发市场活力和社会创造力。密码管理部门在管理方式上由重事前审批转为事中事后监管，重视发挥标准化和检测认证的支撑作用，重点监管产品销售、服务提供、使用、进出口等关键环节。对于关系国家安全和社会公共利益，又难以通过市场机制或者事中事后监督方式进行有效监管的少数事项，依法进行行政许可和管制。

二是商用密码产品和服务需强制认证。由于密码功能实现的特殊性，网络关键设备和网络安全专用产品本身合格，并不意味着使用产品的商用密码服务就一定是安全的，需要通过认证方式对其质量与安全性进行技术把关，规范商用密码服务市场准入。强制性认证制度仅适用于使用网络关键设备和网络安全专用产品的商用密码服务。《密码法》第二十六条规定，涉及国家安全、国计民生、社会公共利益的商用密码产品，会依法列入网络关键设备和网络安全专用产品目录，由具备资格的机构检测认证合格，方可销售或者提供。商用密码产品检测认证适用《网络安全法》的有关规定。商用密码服务使用网络关键设备和网络安全专用产品的，应当经商用密码认证机构对该商用密码服务认证合格。

三是应用到关键信息基础设施的商用密码必须通过安全性评估和国家安全审查。《密码法》第二十七条规定，法律、行政法规和国家有关规定要求使用商用密码进行保护的关键信息基础设施，其运营者应当使用商用密码进行保护，自行或者委托商用密码检测机构开展商用密码应用安全性评估。关键信息基础设施的运营者采购涉及商用密码的网络产品和服务，可能影响国家安全的，应当按照《网络安全法》的规定，通过国家网信部门会同国家密码管理部门等有关部门组织的国家安全审查。

四是部分商用密码实施出口管制。《密码法》第二十八条规定，国务院商务主管部门、国家密码管理部门依法对涉及国家安全、社会公共利益且具有加密保护功能的商用密码实施进口许可，对涉及国家安全、社会公共利益或者中国承担国际义务的商用密码实施出口管制。商用密码进口许可清单和出口管制清单由国务院商务主管部门会同国家密码管理部门和海关总署制定并公布。目前，在商用密码进口许可清单和出口管制清单公布实施前，商用密码进出口暂按目前公布的许可条件和程序依法实施进出口许可管理。即从事密码产品和含有密码技术的设备进口的，按照国家密码管理局、海关总署联合发布的国密局第18号、第27号公告办理；从事商用密码产品出口的，应当向国家密码管理局或者各省(区、市)密码管理局提出"商用密码产品出口许可"申请，办理《商用密码产品出口许可证》。另外需要注意的是，大众消费类产品所采用的商用密码不实行进口许可和出口管制制度。

13.2.4　法律责任

一是非法行为承担法律责任。这里的非法行为主要包括非法窃取他人加密保护的信息，非法侵入他人的密码保障系统，非法利用密码从事危害国家安全、社会公共利益、他人合法权益等违法活动行为。在承担法律责任上，主要依据由有关部门依照《网络安全法》《保守国家秘密法》《商用密码管理条例》以及其他有关法律、行政法规的规定追究法律责任。

二是未按要求使用给予责令改正或处分。未按照要求使用核心密码、普通密码的，由密码管理部门责令改正或者停止违法行为，给予警告；情节严重的，由密码管理部门建议有关国家机关、单位对直接负责的主管人员和其他直接责任人员依法给予处分或者处理。这里未按要求使用是指"在有线、无线通信中传递的国家秘密信息，以及存储、处理国家秘密信息的信息系统，应使用核心密码、普通密码进行加密保护、安全认证"。

三是泄密造成的安全风险给予处分。发现核心密码、普通密码泄密或者影响核心密码、普通密码安全的重大问题、风险隐患，未立即采取应对措施，或者未及时报告的，由保密行政管理部门、密码管理部门建议有关国家机关、单位对直接负责的主管人员和其他直接责任人员依法给予处分或者处理。

四是商用密码检测、认证不符合要求给予罚款或吊销资质的处罚。这里的不符合要求包括未取得资质、提供未经过检测认证或者检测认证不合格的产品或服务。商用密码检测、认证机构未取得相关资质，开展商用密码检测认证的，由市场监督管理部门会同密码管理部门责令改正或者停止违法行为，给予警告，没收违法所得；违法所得30万元以上的，可以并处违法所得1倍以上3倍以下罚款；没有违法所得或者违法所得不足30万元的，可以并处10万元以上30万元以下罚款；情节严重的，依法吊销相关资质。销售或者提供未经检测认证或者检测认证不合格的商用密码产品，或者提供未经认证或者认证不合格的商用密码服务的，由市场监督管理部门会同密码管理部门责令改正或者停止违法行为，给予警告，没收违法产品和违法所得；违法所得10万元以上的，可以并处违法所得1倍以上3倍以下罚款；没有违法所得或者违法所得不足10万元的，可以并处3万元以上10万元以下罚款。

五是关键信息基础设施使用的商用密码未开展安全性评估或安全审查的，给予警告和罚款。关键信息基础设施运营者未按照要求使用商用密码，或者未按照要求开展商用密码应用安全性评估的，由密码管理部门责令改正，给予警告；拒不改正或者导致危害网络安全等后果的，处10万元以上100万元以下罚款，对直接负责的主管人员处1万元以上10万元以下罚款。关键信息基础设施运营者使用未经安全审查或者安全审查未通过的产品或者服务的，由有关主管部门责令停止使用，处采购金额1倍以上10倍以下罚款；对直接负责的主管人员和其他直接责任人员处1万元以上10万元以下罚款。

同时，在违反《密码法》之外构成犯罪的，依法追究刑事责任；给他人造成损害的，依法承担民事责任。

13.3　商用密码与等级保护2.0

《密码法》第二十七条规定，法律、行政法规和国家有关规定要求使用商用密码进行保护的关键信息基础设施，其运营者应当使用商用密码进行保护，自行或者委托商用密码检测机构开展商用密码应用安全性评估。商用密码应用安全性评估应当与关键信息基础设施安全检测评估、网络安全等级测评制度相衔接，避免重复评估、测评。这里面就表明关键信息基础设施开展安全评估，需要自行或委托具备密码检测资质的机构开展商用密码应用安全评估。

在公安部印送的《贯彻落实网络安全等级保护制度和关键信息基础设施安全保护制度的指导意见》中，要求网络运营者应贯彻落实《密码法》等有关法律法规规定和密码应用相关标准规范。明确指出一是要在第三级以上网络应正确、有效采用密码技术进行保护，并使用符合相关要求的密码产品和服务；二是要第三级以上网络运营者应在网络规划、建设和运行阶段，按照密码应用安全性评估管理办法和相关标准，在网络安全等级测评中同步开展密码应用安全性评估。

关键信息基础设施保护在网络安全等级保护之上实行重点保护，因此，关键信息基础设施运营者应做好网络安全等级保护工作测评和商用密码应用安全性评估。本节重点讨论在网络安全等级测评中和商用密码应用安全性评估的有关内容。

13.3.1 等级保护中的密码要求

1. 规定的技术要求

密码主要用于保护信息，信息安全的目标主要是指真实性、保密性、完整性和不可否认性。因此，等级保护2.0对真实性、保密性、完整性和不可否认性都进行了技术要求。

（1）真实性

应在通信前基于密码技术对通信的双方进行验证或认证；应采用口令、密码技术、生物技术等两种或两种以上组合的鉴别技术对用户进行身份鉴别，且其中一种鉴别技术至少应使用密码技术来实现。

（2）保密性

应采用密码技术保证通信过程中数据的保密性。应采用密码技术保证重要数据在传输过程中的保密性，包括但不限于鉴别数据、重要业务数据和重要个人信息等；应采用密码技术保证重要数据在存储过程中的保密性，包括但不限于鉴别数据、重要业务数据和重要个人信息等。

（3）完整性

应采用校验技术或密码技术保证通信过程中数据的完整性；应采用密码技术保证重要数据在传输过程中的完整性，包括但不限于鉴别数据、重要业务数据、重要审计数据、重要配置数据、重要视频数据和重要个人信息等；应采用密码技术保证重要数据在存储过程中的完整性，包括但不限于鉴别数据、重要业务数据、重要审计数据、重要配置数据、重要视频数据和重要个人信息等。

（4）不可否认性

在可能涉及法律责任认定的应用中，应采用密码技术提供数据原发证据和数据接收证据，实现数据原发行为的抗抵赖和数据接收行为的抗抵赖。

2．规定的管理要求

应确保密码产品与服务的采购和使用符合国家密码管理主管部门的要求；应进行上线前的安全性测试，并出具安全测试报告，安全测试报告应包含密码应用安全性测试相关内容；密码管理应遵循密码相关国家标准和行业标准；密码管理应使用国家密码管理主管部门认证核准的密码技术和产品。

13.3.2 如何开展商用密码测评

1．开展商用密码应用安全性评估的依据

《网络安全法》第三十八条规定，关键信息基础设施的运营者应当自行或者委托网络安全服务机构对其网络的安全性和可能存在的风险每年至少进行一次检测评估。

《密码法》第二十七条规定，法律、行政法规和国家有关规定要求使用商用密码进行保护的关键信息基础设施，其运营者应当使用商用密码进行保护，自行或者委托商用密码检测机构开展商用密码应用安全性评估。

2019年12月30日，国务院办公厅印发的《国家政务信息化项目建设管理办法》第十五条规定，政务信息系统项目建设单位应当落实国家密码管理有关法律法规和标准规范的要求，同步规划、同步建设、同步运行密码保障系统并定期进行评估。

《关键信息基础设施安全保护条例》明确要求，关键信息基础设施中的密码使用和管理还应当遵守密码法律、行政法规的规定。《网络安全等级保护条例》指出，国家密码管理部门根据网络的安全保护等级、涉密网络的密级和保护等级，确定密码的配备、使用、管理和应用安全性评估要求，制定网络安全等级保护密码标准规范，同时明确涉密网络密码保护要求、非涉密网络密码保护要求及密码安全管理责任等。

《商用密码应用安全性评估管理办法（试行）》第三条、第二十条指出，涉及国家安全和社会公共利益的重要领域网络和信息系统的建设、使用、管理单位应当健全密码保障体系，实施商用密码应用安全性评估。2020年9月通过的《政务信息系统密码应用与安全性评估工作指南》指出，政务信息系统规划阶段应明确密码应用需求，密码应用方案通过商用密码应用安全性评估是项目立项的必要条件。

2．商用密码测评依据

商用密码测评主要依据《信息系统密码应用基本要求》（GM/T 0054—2018）和《网络安全等级保护基本要求》（GB/T 22239—2019）。

《信息系统密码应用基本要求》主要从物理和环境安全、网络和通信安全、设备和计算安全、应用和数据安全四方面,提出了等级保护不同级别的密码技术应用要求、密钥管理和安全管理要求。可以看出,密码应用基本要求和等级保护2.0最终标准在命名上还存在差异,但是不影响测评指标项的对应关系。

3. 商用密码测评周期

《商用密码应用安全性评估管理办法(试行)》第二章第十条规定,关键信息基础设施、网络安全等级保护第三级及以上信息系统,每年至少评估一次。

4. 谁负责测评

运营者当使用商用密码进行保护时,需自行或者委托商用密码检测机构开展商用密码应用安全性评估。这里的商用密码检测机构,负责开展商用密码测评。商用密码检测机构不同于等级保护测评机构,因此,在开展等级保护测评过程中,磨合配合都需要一段时间。

国家市场监督管理总局、国家密码管理局根据部门职责,负责商用密码检测认证工作的组织实施、监督管理和结果采信。

5. 测评不合格的处理

《密码法》第三十七条第一款规定,关键信息基础设施的运营者违反本法第二十七条第一款规定,未按照要求使用商用密码,或者未按照要求开展商用密码应用安全性评估的,由密码管理部门责令改正,给予警告;拒不改正或者导致危害网络安全等后果的,处10万元以上100万元以下罚款,对直接负责的主管人员处1万元以上10万元以下罚款。

《国家政务信息化项目建设管理办法》第二十八条第三款规定,对于不符合密码应用和网络安全要求,或者存在重大安全隐患的政务信息系统,不安排运行维护经费,项目建设单位不得新建、改建、扩建政务信息系统。

第 14 章
关键信息基础设施安全建设

关键信息基础设施安全建设涉及传统重要信息系统安全、工业控制系统安全，进而延伸到工业互联网安全。关键信息基础设施安全建设要在网络安全等级保护建设之上，实行重点保护。

14.1 关键信息基础设施安全技术

14.1.1 内生安全和关键信息基础设施

内生安全是信息化系统内生长出的一种安全能力，随业务的增长而持续提升，具备自适应、自主和自成长三个特点。通俗来讲，基于边界防御思想，安全问题的引发大多是由自身引起的。网络安全的保护也需要从外部边界被动防御转移到内部主动防御上。

从内生安全的角度，借鉴沈昌祥院士的说法，关键信息基础设施安全产生的根源有三方面。

一是计算科学问题，基于图灵计算模型的现代计算机缺少攻防理念。图灵机作为一种抽象计算模型，奠定了整个现代计算机的理论基础，但图灵机发明的初衷是成为解决问题的工具，与攻防理念毫不相干，因此，计算机天生就缺少抵御病毒入侵的免疫系统。

二是体系结构问题，基于冯·诺依曼架构中的内存部件，天生区分不了数据和指令，让干什么就干什么，由于缺少防护部件组成，造成安全隐患。

三是服务模式问题，当前重大工程重功能应用轻安全服务，安全在整个工程项目重比例不足5%。

因此，关键信息基础设施作为国之重器，安全防护是重中之重。

14.1.2 重要信息系统安全

关键信息基础设施中存在大量的重要信息系统。信息系统安全建设要安全合规，需要落实网络安全等级保护制度。

《关于开展全国重要信息系统安全等级保护定级工作的通知》对重要信息系统进行了范围界定。

（一）电信、广电行业的公用通信网、广播电视传输网等基础信息网络，经营性公众互联网信息服务单位、互联网接入服务单位、数据中心等单位的重要信息系统。

（二）铁路、银行、海关、税务、民航、电力、证券、保险、外交、科技、发展改革、国防科技、公安、人事劳动和社会保障、财政、审计、商务、水利、国土资源、能源、交通、文化、教育、统计、工商行政管理、邮政等行业、部门的生产、调度、管理、办公等重要信息系统。

（三）市（地）级以上党政机关的重要网站和办公信息系统。

（四）涉及国家秘密的信息系统

由此可知，重要信息系统的范围界定与关键信息基础设施的范围界定交叉太多。因此，关键信息基础设施也在重要信息系统范围中。做好重要信息系统安全，也是做好关键信息基础设施安全。

14.1.3 工业互联网安全

工业互联网起源工业控制系统，并融合互联网和新一代信息通信技术，进而赋能传统工业，助力传统工业效能提升。一方面，工业控制系统是电力、交通、能源、水利、冶金、航空航天等国家重要基础设施的"大脑"和"中枢神经"，超过80%的涉及国计民生的关键基础设施依靠工业控制系统实现自动化作业。另一方面，在政策与技术的双轮驱动下，工业控制系统正在越来越多地与企业内网和互联网相连接，并与新型服务模式相结合，逐步形成了工业互联网架构。

互联网先天具备开放、低成本、易组网的优势，解决了传统工业控制系统（传统工业网）面临的兼容性、互通、互操作问题，从而使得工业互联网面临由控制为中心转变为工业大数据为核心，从保障传统功能安全转换到保障数据安全。

因此，做好工业互联网安全，也是做好关键信息基础设施安全保护。

14.2 关键信息基础设施安全建设

14.2.1 基于等级保护的安全建设

从上面的分析可知，基于等级保护的安全建设可以助力关键信息基础设施安全。在等级保护建设中，建设的核心是指安全建设好一个中心、三重防御体系，即做好安全计算环境建设、安全通信网络建设、安全区域边界建设和安全管理中心建设。

比如，在安全计算环境建设中，要做好系统加固、身份鉴别、访问控制、实现系统安全审计、实现客体重用监控和管理，提供恶意代码防范；在安全通信网络建设中，实现网络安全审计，实现用户网络数据传输完整性保护和用户网络数据传输机密性保护；在安全区域边界建设中，实现区域边界过滤，实现区域边界安全审计、区域边界恶意代码防范、区域边界完整性保护等；在安全管理中心，实现对各系统进行集中管理，部署实现自主访问控制管理中心，部署实现系统安全审计管理中心，做好病毒防护管理中心和网络资源管理中心建设。

建议参考《网络安全等级保护基本要求》，严格按照等级保护要求开展工作，并参考行业安全特殊要求，使得关键信息基础设施安全建设有法可依，有标可参。

14.2.2 基于关键信息基础设施安全标准的安全建设

2017年以来，我国关键信息基础设施安全保护标准体系开始布局。为确保标准体系建设的合理性、科学性，全国信安标委组织多次专家研讨会，厘清了关键信息基础设施安全各标准之间的关系与定位，其中制定的《关键信息基础设施安全保障评价指标体系》为关键信息基础设施建设提出了安全保障水平指标（如表14-1所示），并运用技术措施和管理措施，也是一种关键信息基础设施安全建设途径。

表 14-1 关键信息基础设施安全保障评价指标

一级指标	二级指标	三级指标
建设情况指标	战略保障指标	规划指标
	管理保障指标	制度指标
		标准指标
		组织机构建设与责任制指标
		专业人才队伍指标
		资金投入指标
运行能力指标	安全防护指标	系统级安全测评指标
		网络信任体系指标

续表

一级指标	二级指标	三级指标
运行能力指标	安全监测指标	信息共享与通报指标
		风险评估指标
		隐患监测指标
	应急处置指标	应急预案指标
		灾难备份指标
		安全处置指标
	信息对抗指标	防御能力指标
安全态势指标	威胁指标	安全威胁指标
	隐患指标	安全隐患指标
	事件指标	有害程序事件安全态势指标
		网络攻击事件安全态势指标
		信息破坏事件安全态势指标
		信息内容安全事件安全态势指标
		设备设施故障事件安全态势指标
		灾害性事件安全态势指标
		其他网络安全事件安全态势指标

关键信息基础设施网络安全保护基本要求是建设的核心标准依据，但是关键信息基础设施网络安全保护基本要求主要阐述的是识别认定、安全防护、检测评估、监测预警、应急处置五个环节，这几个环节也是在网络安全等级保护原定等级的基本要求上展开的。这样符合"关键信息基础设施是在网络安全等级保护之上，实行重点保护"。请读者自行参考《信息安全技术 关键信息基础设施网络安全保护基本要求》（报批稿）相关内容。

14.3　关键信息基础设施安全建设建议

关键信息基础设施运营者应加强关键信息基础设施安全的法律体系、政策体系、标准体系、保护体系、保卫体系和保障体系建设，建立并实施关键信息基础设施安全保护制度，在落实网络安全等级保护制度基础上，突出保护重点，强化保护措施，切实维护关键信息基础设施安全。

14.3.1　注重生态治理

加强关键信息基础设施安全保障，需要注重生态治理。在中央网络安全和信息化领导小组第一次会议上指出，要抓紧制定立法规划，完善互联网信息内容管理、关键信息基础设施保护等法律法规，依法治理网络空间，维护公民合法权益。通过大力发展核心技术，加强关键信息基础设施安全保障，完善网络治理体系，才能更好地规范网络生态健康发展。

网络安全生态治理是多主体参与的综合治网格局，要形成党委领导、政府管理、企业履责、社会监督、网民自律等多主体参与，经济、法律、技术等多种手段相结合的综合治网格局，加快推进国家治理体系和治理能力现代化。

关键信息基础设施是网络空间安全治理主要对象。关键信息基础设施的安全治理决定国家网络安全治理，因此关键信息基础设施运营者要认真落实网络安全工作责任制，加快提升网络安全态势感知能力，加快推动健全网络安全信息共享机制，建设行业网络安全态势感知平台、网络安全协调指挥平台，全面提升网络安全态势感知、风险预警和应急处置能力。关键信息基础设施防护是安全治理核心要求。因此，运营者要开展关键信息基础设施网络安全检查、应急演练和风险评估，强化数据安全和个人信息防护，不断提升关键信息基础设施安全保护水平。

14.3.2 注重数据安全

关键信息基础设施作为重要信息系统，存储着国家重要数据，一旦被破坏势必影响国家安全、社会秩序和公众利益。当前，行业内部系统信息量大，种类繁多，应用复杂，不同种类（如治安、交通、刑警、民生、医院、教育、证券等）、不同级别（如部、省、地市）的信息有不同程度的保密需求（无密级、秘密、机密、绝密），使得系统信息被泄露、窃取、攻击的风险加大。

国内发生了多起内部人员利用专网合法用户身份违规查询、窃取、批量倒卖敏感数据的安全事件，对单位整体形象造成恶劣影响。因此，关键信息基础设施运营者要制定"严控边界、纵深防御、主动监测、全面审计"的数据安全策略，结合网络安全等级保护及涉密信息系统分级保护制度的要求，构建全程覆盖的安全管理机制、全网防控的安全保障技术体系。同时，打通底层实现全面整合、业务协同，做好研判分析类系统，将重要数据整合纳入综合业务系统，并实现数据流全程审计。

因此，关键信息基础设施运营者应建立并落实重要数据和个人信息安全保护制度，对关键信息基础设施中的重要网络和数据库进行容灾备份，采取身份鉴别、访问控制、密码保护、安全审计、安全隔离、可信验证等关键技术措施，切实保护重要数据全生命周期安全。运营者在境内运营中收集和产生的个人信息和重要数据应当在境内存储，因业务需要，确需向境外提供的，应当遵守有关规定并进行安全评估。

14.3.3 注重基础防护

关键信息基础设施保护是在网络安全等级保护制度的基础之上，实行重点保护。因此，网络运营者要从合规性和有效性两个角度注重基础防护,确保关键信息基础设施运行安全和网络安全。

关键信息基础设施安全的合规性主要是做好以下几方面:政策制度落实、安全标准执行、等级保护落实、个人信息保护、重要数据保护、安全管理机构设置、人员安全管理、安全管理保障体系落实、备份和恢复、应急响应和处置等。也就是说,要先符合等级保护基本要求和关键信息基础设施网络安全基本要求。

关键信息基础设施评估的有效性主要是通过下面的方式实行:漏洞检测,业务安全测试,社会工程学测试,无线安全测试,内网安全测试,安全区域测试,入侵痕迹检测,病毒、蠕虫、木马监测,Web、邮件攻击测试,域名、流量监测,敏感信息泄露监测等。

有效性防护中要做好新型技术防护的基础设施保护,重点做好应用行为审计、应用系统发现、终端准入控制、终端监测响应EDR、移动介质审计、终端打印审计、光盘刻录审计、数据库审计、屏幕水印管理、日常操作审计的相关基础防护设施,做好各业务区域之间的防护建设。

有效性防护中要做好网络安全应用行为监管平台。基于大数据技术的存储、分析中心,统一采集安全系统所生产的各类日志数据、安全告警数据等,对这些数据进行集中存储、统一处理。通过构建安全告警模型、行为分析模型等,对安全数据进行深度挖掘分析,从中分析潜在威胁、预判未知风险,并追踪数据泄露事件等。

读者要清晰地认识到,等级保护测评通过的合规性安全不等于安全,安全必须是动态持续的、安全必须是整体的全局的。等级保护也不等于关键信息基础设施保护,两者要相辅相成,缺一不可。把梳理网络资产,建立资产档案,强化核心岗位人员管理、整体防护、监测预警、应急处置、数据保护等作为基础防护重点,合理分区分域,收敛互联网暴露面。

14.3.4 注重保障体系

关键信息基础设施保护贵在保障体系建设。关键信息基础设施的网络运营者要制定网络安全策略或战略,将网络安全纳入单位网络安全管理范畴;要成立专门组织和机构,信息流各环节上分工和职责清晰;要注重人才培养及选拔,不拘一格用人才;要借助社会力量,主动搞好关系。

建议关键信息基础设施运营者做好以下网络安全重点工作:

一是加强组织领导,树立正确的网络安全观,在头脑中真正筑起网络安全的防火墙。要高度重视网络安全等级保护和关键信息基础设施安全保护工作,将其列入重要议事日程,加强统筹领导和规划设计,认真研究解决网络安全机构设置、人员配备、经费投入、安全保护措施建设等重大问题。行业主管部门和网络运营者要明确本单位主要负责人是网络安全的第一责任人,并确定一名领导班子成员分管网络安全工作,成立网络安全专门机构,明确任务分工,一级抓一级,层层抓落实。

二是加强网络安全检查，摸清家底，明确保护范围和对象，及时发现隐患，修补漏洞，做到关口前移，防患于未然，着力构建全国一体化的关键信息基础设施安全保障体系。

三是加强网络安全信息统筹机制、手段、平台建设，把政府和企业、国内和国外的安全威胁、风险情况和事件信息汇集起来，综合分析，系统研究。加强网络安全事件应急指挥能力建设，实现对网络安全重大事件的统一协调反馈和响应处置。

四是，加强经费政策保障。通过现有经费渠道，保障关键信息基础设施、第三级以上网络等开展等级测评、风险评估、密码应用安全性检测、演练竞赛、安全建设整改、安全保护平台建设、密码保障系统建设、运行维护、监督检查、教育培训等经费投入。关键信息基础设施运营者应保障足额的网络安全投入，作出网络安全和信息化有关决策时应有网络安全管理机构人员参与。

五是加强网络安全产业统筹规划和整体布局，完善支持网络安全企业发展的政策措施，减轻企业负担，激发创新活力，要扶持重点网络安全技术产业和项目，支持网络安全技术研究开发和创新应用，推动网络安全产业健康发展。

六是网络空间的竞争，归根到底是人才竞争，必须聚天下英才。要加强网络安全等级保护和关键信息基础设施安全保护业务交流，通过组织开展比武竞赛等形式，发现选拔高精尖技术人才，建设人才库，建立健全人才发现、培养、选拔和使用机制，为做好网络安全工作提供人才保障。

七是深入开展网安知识技能宣传普及，提高网络安全意识和防护技能。

第 15 章
关键信息基础设施安全事件管理

2017 年 4 月,影子经纪人公开了一大批 NSA(美国国家安全局)"方程式组织"使用的极具破坏力的黑客工具,其中包括可以远程攻破全球约 70%的 Windows 计算机的漏洞利用工具,任何人都可以使用 NSA 的黑客武器攻击别人的计算机。其中,有十款工具最容易影响 Windows 个人用户,包括永恒之蓝、永恒王者、永恒浪漫、永恒协作、翡翠纤维、古怪地鼠、爱斯基摩卷、文雅学者、日食之翼和尊重审查。系列工具的公开随之而来的是各种各样的网络安全事件。一旦出现重大网络安全突发事件,为维护国家安全和公众安全,有关部门需要采取必要的措施,做好网络安全事件的善后应急管理,做好网络安全的事前通报预警,做好网络安全事中风险评估工作。网络安全事件应急处置和通报预警对保障关键信息基础设施安全具有重大意义。

15.1 网络安全事件管理

15.1.1 网络安全事件的分类分级管理

参考《突发事件应对法》《网络安全法》《国家突发公共事件总体应急预案》《突发事件应急预案管理办法》和《信息安全技术 信息安全事件分类分级指南》(GB/Z 20986—2007)

等相关规定，下面给出网络安全事件的分类分级管理相关概念，供关键信息基础设施运营者理解网络安全事件。

1．网络安全事件分类

《国家网络安全事件应急预案》对网络安全事件给出定义。网络安全事件是指由于人为原因、软/硬件缺陷或故障、自然灾害等，对网络和信息系统或者其中的数据造成危害，对社会造成负面影响的事件，可分为有害程序事件、网络攻击事件、信息破坏事件、信息内容安全事件、设备设施故障、灾害性事件和其他事件。

有害程序事件分为计算机病毒事件、蠕虫事件、特洛伊木马事件、僵尸网络事件、混合程序攻击事件、网页内嵌恶意代码事件和其他有害程序事件。

网络攻击事件分为拒绝服务攻击事件、后门攻击事件、漏洞攻击事件、网络扫描窃听事件、网络钓鱼事件、干扰事件和其他网络攻击事件。

信息破坏事件分为信息篡改事件、信息假冒事件、信息泄露事件、信息窃取事件、信息丢失事件和其他信息破坏事件。

信息内容安全事件是指通过网络传播法律法规禁止信息，组织非法串联、煽动集会游行或炒作敏感问题并危害国家安全、社会稳定和公众利益的事件。

设备设施故障分为软/硬件自身故障、外围保障设施故障、人为破坏事故和其他设备设施故障。

灾害性事件是指由自然灾害等其他突发事件导致的网络安全事件。

其他事件是指不能归为以上分类的网络安全事件。

在网络安全事件的分类中，随着技术的发展，要考虑到大数据、云计算、工业控制系统中的攻击事件。比如工业控制系统攻击事件是指对控制生产设备运行的网络、系统、数据进行攻击导致的工业控制系统运行故障。

2．网络安全事件分级管理

网络安全事件的分级是依据网络和信息系统损失程度、重要敏感信息统损失程度进行的划分。

（1）重要网络与信息系统

重要网络与信息系统是指所承载的业务与国家安全、社会秩序、经济建设、公众利益密切相关的网络和信息系统。

网络和信息系统损失是指由于网络安全事件对系统的软硬件、功能及数据的破坏，导致系统业务中断，从而给事发组织所造成的损失，其大小主要考虑恢复系统正常运行和消除安全事件负面影响所需付出的代价，分为特别严重的系统损失、严重的系统损失、较大的系统损失和较小的系统损失。

特别严重的系统损失：造成系统大面积瘫痪，使其丧失业务处理能力，或系统关键数据的保密性、完整性、可用性遭到严重破坏，恢复系统正常运行和消除安全事件负面影响所需付出的代价十分巨大，对于事发组织是不可承受的。

严重的系统损失：造成系统长时间中断或局部瘫痪，使其业务处理能力受到极大影响，或系统关键数据的保密性、完整性、可用性遭到破坏，恢复系统正常运行和消除安全事件负面影响所需付出的代价巨大，但对于事发组织是可承受的。

较大的系统损失：造成系统中断，明显影响系统效率，使重要信息系统或一般信息系统业务处理能力受到影响，或系统重要数据的保密性、完整性、可用性遭到破坏，恢复系统正常运行和消除安全事件负面影响所需付出的代价较大，但对于事发组织是完全可以承受的。

较小的系统损失：造成系统短暂中断，影响系统效率，使系统业务处理能力受到影响，或系统重要数据的保密性、完整性、可用性遭到影响，恢复系统正常运行和消除安全事件负面影响所需付出的代价较小。

（2）重要敏感信息

重要敏感信息是指不涉及国家秘密，但与国家安全、经济发展、社会稳定以及企业和公众利益密切相关的信息，这些信息一旦未经授权披露、丢失、滥用、篡改或销毁，可能造成以下后果：

① 损害国防、国际关系。
② 损害国家财产、公共利益以及个人财产或人身安全。
③ 影响国家预防和打击经济与军事间谍、政治渗透、有组织犯罪等。
④ 影响行政机关依法调查处理违法、渎职行为，或涉嫌违法、渎职行为。
⑤ 干扰政府部门依法公正地开展监督、管理、检查、审计等行政活动，妨碍政府部门履行职责。
⑥ 危害国家关键基础设施、政府信息系统安全。
⑦ 影响市场秩序，造成不公平竞争，破坏市场规律。
⑧ 可推论出国家秘密事项。
⑨ 侵犯个人隐私、企业商业秘密和知识产权。
⑩ 损害国家、企业、个人的其他利益和声誉。

（3）网络安全事件分级

依据损失程度，网络安全事件分为四级：特别重大网络安全事件、重大网络安全事件、较大网络安全事件、一般网络安全事件。

符合下列情形之一的，为特别重大网络安全事件：

① 重要网络和信息系统遭受特别严重的系统损失，造成系统大面积瘫痪，丧失业务处理能力。
② 国家秘密信息、重要敏感信息和关键数据丢失或被窃取、篡改、假冒，对国家安全

和社会稳定构成特别严重威胁。

③ 其他对国家安全、社会秩序、经济建设和公众利益构成特别严重威胁、造成特别严重影响的网络安全事件。

符合下列情形之一且未达到特别重大网络安全事件的，为重大网络安全事件：

① 重要网络和信息系统遭受严重的系统损失，造成系统长时间中断或局部瘫痪，业务处理能力受到极大影响。

② 国家秘密信息、重要敏感信息和关键数据丢失或被窃取、篡改、假冒，对国家安全和社会稳定构成严重威胁。

③ 其他对国家安全、社会秩序、经济建设和公众利益构成严重威胁、造成严重影响的网络安全事件。

符合下列情形之一且未达到重大网络安全事件的，为较大网络安全事件：

① 重要网络和信息系统遭受较大的系统损失，造成系统中断，明显影响系统效率，业务处理能力受到影响。

② 国家秘密信息、重要敏感信息和关键数据丢失或被窃取、篡改、假冒，对国家安全和社会稳定构成较严重威胁。

③ 其他对国家安全、社会秩序、经济建设和公众利益构成较严重威胁、造成较严重影响的网络安全事件。

除上述情形之外，对国家安全、社会秩序、经济建设和公众利益构成一定威胁、造成一定影响的网络安全事件，为一般网络安全事件。

15.1.2 《网络安全法》中的网络安全事件管理

《网络安全法》中，网络安全事件的描述出现 15 次，主要围绕网络安全事件全流程，从事前、事中、事后给出具体描述。

采取监测、记录网络运行状态、网络安全事件的技术措施，并按照规定留存相关的网络日志不少于 6 个月。

网络运营者应当制定网络安全事件应急预案，并定期进行演练。

定期组织关键信息基础设施的运营者进行网络安全应急演练，提高应对网络安全事件的水平和协同配合能力。

组织有关部门、机构和专业人员，对网络安全风险信息进行分析评估，预测事件发生的可能性、影响范围和危害程度。

发生网络安全事件，应当立即启动网络安全事件应急预案，对网络安全事件进行调查和评估。

省级以上人民政府有关部门在履行网络安全监督管理职责中，发现网络存在较大安全风险或者发生安全事件的，可以按照规定的权限和程序对该网络的运营者的法定代表人或者主要负责人进行约谈。

因网络安全事件，发生突发事件或者生产安全事故的，应当依照《突发事件应对法》《安全生产法》等有关法律、行政法规的规定处置。

因维护国家安全和社会公共秩序，处置重大突发社会安全事件的需要，经国务院决定或者批准，可以在特定区域对网络通信采取限制等临时措施。

对网络安全事件的应急处置与网络功能的恢复等，提供技术支持和协助。

网络安全事件应急预案应当按照事件发生后的危害程度、影响范围等因素对网络安全事件进行分级，并规定相应的应急处置措施。

15.1.3 网络安全事件应急处置流程

网络安全事件的应急处置流程主要包括：事件分类与定级、事件报告、事件通报、应急响应、应急处置和后期处置等工作。

在事件分类和定级上，依据国家标准按照七类事件、四级别给出具体的定义，做好网络安全事件的分类分级工作。如各单位在制定Ⅰ级（特大）、Ⅱ级（重大）、Ⅲ级（较大）、Ⅳ级（一般）网络安全事件时，建议在国家分级的基础上，从定量角度进行考虑。如信息系统中断运行2小时以上、影响公共用户数100万人以上，导致10亿元以上的经济损失划到特大网络安全事件中。信息系统中断运行30分钟以上、影响公共用户数10万人以上，导致1亿元以上的经济损失划到重大网络安全事件中。

在事件报告上，任何单位和个人都有义务向省委网信办及省内各级网络安全事件应急指挥机构报告网络与信息安全事件及其隐患。网络安全事件发生后，事发单位应立即启动应急预案，弄清网络安全事件具体情况，实施处置并及时报送信息。对于较大以上或暂时无法判明等级的事件，事发单位应立即将事件简要情况及联系人通过电话、传真等上报主管部门、监管部门和省网络安全应急办。上报事件的信息一般包括以下要素：报告的时间、地点、单位、报告人及联系方式、签发人及联系方式，事件发生时间及地点，发生事件的网络与信息系统名称及运营使用管理单位、地点、简要过程、信息来源、事件类型及性质、危害和损失程度、影响单位及业务、事件发展趋势、采取的处置措施及效果、需要协助处置的情况等。

在信息通报上，要建立标准化的流程，要有申请-审批机制。应急办或者通报机构根据危害性和紧急程度，适时在一定范围内，发布网络与信息安全事件预警信息。预警级别可视网络与信息安全事件的发展态势和处置进展情况作出调整。其中，Ⅰ级、Ⅱ级预警信息发布同时要上报。一般或较大网络安全事件信息发布工作，由应急办负责。重大或特大网络安全事件信息发布工作，由政府新闻办负责。

在应急响应上，主要包括启动指挥体系、进入应急状态、部署应急处置工作或支援保障工作，24小时值班，并派员参加省网络安全应急办工作，跟踪事态发展，检查影响范围，及时将事态发展变化情况、处置进展情况报省网络安全应急办。同时，立即全面了解本部门主管范围内的网络和信息系统是否受到事件的波及或影响，并将有关情况及时报省网络安全应急办。及时通报情况，及时开展调查取证等。

在应急处置上，要建立制度，制定工作流程，在接报后，立即评估事件影响和可能波及的范围，研判事件发展态势，根据需要，组织各专业机构在职责范围内参与网络安全事件的先期处置，并向应急办报告现场动态信息。必要时，由应急办牵头成立由网络安全应急管理事务中心、事发单位、主管机构负责人和相关信息安全专家组成的现场处置工作组，具体负责现场应急处置工作。

一般、较大网络安全事件发生后，事发单位应在第一时间实施即时处置，控制事态发展。应急办会同应急联动中心组织协调相关部门、单位和专业机构以及事发地区政府调度所需应急资源，协助事发单位开展应急处置。一旦事态仍不能得到有效控制，由应急办报请应急协调小组决定调整应急响应等级和范围，启动相应应急措施。必要时，由应急协调小组统一指挥网络安全事件的处置工作。

重大、特大网络安全事件发生后，由应急办会同应急联动中心组织事发地区政府和相关专业机构及单位联动实施先期处置。一旦事态仍不能得到有效控制，视情将应急协调小组转为应急处置指挥部，统一指挥、协调有关单位和部门实施应急处置。

典型的、常见的应急处置手段主要包括：

① 封锁。对扩散性较强的网络安全事件，立即切断其与网络的连接，保障整个系统的可用性，防止网络安全事件扩散。

② 缓解。采取有效措施，缓解网络安全事件造成的影响，保障系统的正常运行，尽量降低网络安全事件带来的损失。

③ 消除和恢复。根据事件处置效果，采取相应措施，消除事件影响；及时对系统进行检查，排除系统隐患，以免再次发生同类型事件，并恢复受侵害系统运行。

在后期处置上，网络安全事件处置后，应急办负责会同事发单位和相关部门对网络安全事件的起因、性质、影响、损失、责任和经验教训等进行调查和评估。

15.1.4 网络安全事件日常管理工作

"防患于未然"是应急工作的重要理念，应对网络安全事件必须"坚持预防为主、预防与应急相结合"的原则。这就要求各地区、各部门做好日常预防工作，制定完善相关预案，健全信息通报机制，做好网络安全检查、风险评估和容灾备份，开展演练、宣传、培训等活动，提高应对网络安全事件的能力，减少和避免网络安全事件的发生及危害。

1. 日常管理

日常管理主要表现在按职责做好网络安全事件日常预防工作，制定完善相关应急预案，做好网络安全检查、隐患排查、风险评估和容灾备份，健全网络安全信息通报机制，采取有效措施，减少和避免网络安全事件的发生及危害，提高应对网络安全事件的能力。对信息安全事件作出响应，包括启动适当的事件防护措施来预防和降低事件影响，以及从事件影响中恢复（例如，在支持和业务连续性规划方面）。

2．演练

每年至少组织一次预案演练，通过实战来检验应急能力，发现问题及时完善预案。从信息安全事件中吸取经验教训，制定预防措施，并且随着时间的变化，不断改进整个的信息安全事件管理方法。

预案将"监测与预警"作为一项重要内容，对应急办、各省（区、市）网信部门、重点行业主管监管部门和各单位建立监测预警机制，开展网络安全监测、情况报告、事件研判、信息共享、发布预警、预警响应以及预警解除等方面做了规定和要求。

3．宣传

充分利用各种传播媒介、广播、微信、QQ群等有效的宣传形式，加强突发网络安全事件预防和处置的有关法律、法规和政策的宣传，开展网络安全基本知识和技能的宣传活动。

对于网络安全所面临的威胁和隐患，及时、准确地向社会发布与公众有关的警示信息，是负责任的表现。客观、正面、权威的信息发布，对于公众了解真相，避免误信谣传，稳定人心具有重要治理作用。同时采取正确防范措施，引导公众积极应对网络安全突发事件。

4．培训

每年不低于一定学时的网络安全培训，将网络安全事件的应急知识列为领导干部和有关人员的培训内容，加强网络安全特别是网络安全应急预案的培训，提高防范意识及技能。重点是培训网络安全突发事件的发现、防护、报告和评估工作。

5．重要活动期间的预防措施

在国家重要活动、会议期间，做到自律，通过部署网络安全监测和信息通报平台，部门加强网络安全监测和分析研判，及时预警可能造成重大影响的风险和隐患，重点部门、重点岗位落实 7×24 小时值班值守制度，及时接收、发现和处置来自国家、行业和地方网络安全预警通报信息，按规定向行业主管部门、备案公安机关报送网络安全监测预警信息和网络安全事件。

15.2　网络安全预警通报管理

网络上的情况新、发展快，一些局部和地区性问题、群体性事件、病毒传播、网上泄密/窃密、网上攻击事件等很容易通过网络引发网络安全公共危机。一旦处理不及时，就可能影响社会稳定和经济安全。因此，加强网络安全事件的监测、通报和预警工作非常重要。

关键信息基础设施运营者要加强网络安全信息共享和通报预警工作。网络运营者要依托国家网络与信息安全信息通报机制，加强本单位网络安全信息通报预警力量建设，及时收集、汇总、分析各方网络安全信息，加强威胁情报工作，组织开展网络安全威胁分析和态势研判，及时通报预警和处置。第三级以上网络运营者和关键信息基础设施运营者要开展网络安全监测预警和信息通报工作，及时接收、处置来自国家、行业和地方网络安全预警通报信息，按规定向行业主管部门、备案公安机关报送网络安全监测预警信息和网络安全事件。

15.2.1 预警等级

网络安全事件预警等级分为四级，由高到低依次用红色、橙色、黄色和蓝色表示，分别对应发生或可能发生特别重大、重大、较大和一般网络安全事件。

15.2.2 预警研判和发布

按照"谁主管谁负责、谁运行谁负责"的要求，关键信息基础设施运营者组织对本单位建设运行的网络和信息系统开展网络安全监测工作，及时收集、汇总、分析各方网络安全信息，加强威胁情报工作，组织开展网络安全威胁分析和态势研判，及时通报预警和处置。各省（区、市）、各部门可根据监测研判情况，发布本地区、本行业的橙色及以下预警。应急办组织研判，确定和发布红色预警和涉及多省（区、市）、多部门、多行业的预警。预警信息包括事件的类别、预警级别、起始时间、可能影响范围、警示事项、应采取的措施和时限要求、发布机关等。

15.2.3 网络安全信息通报实施办法

2009年6月1日，工业和信息化部制定的《互联网网络安全信息通报实施办法》将事件互联网安全信息分为特别重大、重大、较大、一般共四级。预警信息分为一级、二级、三级、四级，分别用红色、橙色、黄色、蓝色标识，一级为最高级。

《互联网网络安全信息通报实施办法》规定，对于特别重大、重大事件信息以及一级、二级预警信息，信息报送单位应2小时内向通信保障局及相关通信管理局报告，抄送国家互联网应急中心。对于一般事件信息，信息报送单位应按月及时汇总，于次月5个工作日内报送国家互联网应急中心，抄送相关通信管理局；对于四级预警信息，信息报送单位应当于发现或得知预警信息后5个工作日内报送国家互联网应急中心，抄送相关通信管理局。

值得一提的是，针对计算机病毒事件、蠕虫事件、木马事件、僵尸网络事件，《互联网网络安全信息通报实施办法》也做了严格规定，其中特别重大的定义为：涉及全国范围或省级行政区域的大范围病毒和蠕虫传播事件，或单个木马和僵尸网络规模达 100 万个以上 IP，对社会造成特别重大影响的。

15.2.4　建立信息通报日常工作机制

一是建立 24 小时联络机制。设立值班长，实行 24 小时联络机制，随时处理有关单位通报的信息，并负责信息核实和跟踪了解，确定事件规模和影响范围。

二是确定通报方式。对需要通报的情况进行汇总、分析、研判，经批准后，方可报送和通报信息。对需要向社会发布的信息，通过权威的新闻渠道和网站发布。

三是成员单位确定通报机制责任部门、责任人员和工作任务。由各成员单位确定本单位承担网络与信息安全信息通报工作的职能部门、负责人和联络员。按照"第一时间发现、第一时间通报处置、第一时间侦查调查、第一时间督促整改"的原则，各成员单位责任部门负责人应及时掌握本单位网络和信息系统出现的安全事故苗头及发生的安全事件，组织进行汇总、分析、研判等工作。当发生攻击本单位网站、网上重要信息系统等重大网络安全案（事）件，涉事单位要在第一时间断开网络连接、保护现场，在向本单位上级报告的同时，要向本地公安机关网安部门报告事件情况，并按照有关要求开展相关工作。涉事单位发生重大网络安全案（事）件应在 6 小时内报告。通报机制成员单位要指定专人负责，定期将本单位当月汇总、分析、研判的网络安全现状等结果报告。

四是组建通报机制专家组和技术支持队伍。聘请通报机制成员单位、信息安全企事业单位、高校和科研机构的技术专家、骨干和负责人，组建通报机制专家组，为通报预警工作提供法律、政策、管理、技术等方面的指导和支持；依托网络安全企业、高校和科研机构等社会力量，建立通报机制技术支持队伍，为通报预警工作提供技术咨询、专题研究，以及遇到突发性安全事件时应急响应等技术支持。受聘专家组专家和技术支持单位要协助通报中心对重大网络与信息安全事件开展技术分析和研判工作，提交技术分析和研判结果报告。专家组专家和技术支持单位可根据实际情况，适时予以调整。

五是建立信息通报渠道。有关部门和单位间确定专门联系人、固定电话及传真、电子邮箱、微信号、QQ 号等，建立信息通报专用网络和技术平台，确保信息联络畅通。

15.2.5　信息通报内容和方式

信息通报主要包括以下内容：

① 境内外敌对国家、敌对势力、黑客组织、不法分子等对我国实施网络攻击、破坏、渗透、窃密、入侵控制等情况，以及使用的攻击手段策略和技术。

② 我国网络与信息系统存在的安全漏洞、隐患风险等情况，被入侵、攻击、控制、信息泄露的行业单位以及信息系统情况。

③ 恶意程序传播、钓鱼网站等情况。

④ 因网络与信息系统软硬件故障，导致其瘫痪、应用服务中断或数据丢失等安全事故情况。

⑤ 利用信息网络从事违法犯罪活动情况。

⑥ 网络地下黑产活动情况。

⑦ 网络违法犯罪活动所使用的技术手段和方法等情况。

⑧ 网络安全形势研判，网络新技术新应用分析评估等情况。

⑨ 网络安全保障工作情况。

⑩ 国内外网络与信息安全动态情况。

⑪ 其他重要网络与信息安全情况信息。

信息通报方式如下：

① 信息通报中心应及时将搜集、汇总的网络安全信息和情况通报给相关成员单位。

② 每月向上级信息通报中心报送当地网络与信息系统安全状况。

③ 有关重大网络安全事件信息、重大网络安全威胁信息、重要专题研究报告等应随时上报。

④ 通过建立信息通报共享平台和网站，为各成员单位共享网络安全信息提供支撑。

15.3　网络安全风险评估管理

网络安全风险评估管理的核心是做好网络信息资产的安全管理。本章节仅仅给出相关法律法规，给出风险评估中的资产类别、风险评估过程和评估所需资料，供读者参考。具体内容请读者参考国家风险评估管理相关管理要求和技术标准。

15.3.1　法规依据

1. 中华人民共和国网络安全法

2017年6月1日实施的《网络安全法》，将开展风险评估作为网络运营者的职责写入到法律。《网络安全法》第三十八条规定，关键信息基础设施的运营者应当自行或者委托网络安全服务机构对其网络的安全性和可能存在的风险每年至少进行一次检测评估，并将检测评估情况和改进措施报送相关负责关键信息基础设施安全保护工作的部门。《网络安全法》第五十三条规定，国家网信部门协调有关部门建立健全网络安全风险评估和应急工作机制，制定网络安全事件应急预案，并定期组织演练。

2. 关于加强国家电子政务工程建设项目信息安全风险评估工作的通知

国家发展和改革委员会、公安部、国家保密局联合下发《关于加强国家电子政务工程建设项目信息安全风险评估工作的通知》发改高技〔2008〕2071号,在文件中明确规定如下内容:国家的电子政务网络、重点业务信息系统、基础信息库以及相关支撑体系等国家电子政务工程建设项目,应开展信息安全风险评估工作。

3. 网络安全等级保护

在网络安全等级保护测评报告包含风险评估。安全问题风险评估是指依据信息安全标准规范,采用风险分析的方法进行危害分析和风险等级判定。换句话是指,开展等级保护时,要将风险评估作为等级保护测评的一部分。

4. 关键信息基础设施安全保护条例

在《关键信息基础设施安全保护条例》保护条例第41条规定:有关部门组织开展关键信息基础设施安全检测评估,应坚持客观公正、高效透明的原则,采取科学的检测评估方法,规范检测评估流程,控制检测评估风险。运营者应当对有关部门依法实施的检测评估予以配合,对检测评估发现的问题及时进行整改。

15.3.2 网络信息资产分类

对组织具有价值的信息或资源称为网络信息资产。参考国家标准GB/T 20984-2007《信息安全技术 信息安全风险评估规范》,信息资产分类如表15-1所示。具体的风险评估中都会涉及下列信息资产。

表15-1 信息资产分类

分 类	示 例
数 据	保存在信息媒介上的各种数据资料,包括源代码、数据库数据、系统文档、运行管理规程、计划、报告、用户手册、各类纸质的文档等
软 件	系统软件:操作系统、数据库管理系统、语句包、开发系统等 应用软件:办公软件、数据库软件、各类工具软件等 源程序:各种共享源代码、自行或合作开发的各种代码等
硬 件	网络设备:路由器、网关、交换机等 计算机设备:大型机、小型机、服务器、工作站、台式计算机、便携计算机等 存储设备:磁带机、磁盘阵列、磁带、光盘、软盘、移动硬盘等 传输线路:光纤、双绞线等 保障设备:UPS、变电设备、空调、保险柜、文件柜、门禁、消防设施等 安全设备:防火墙、入侵检测系统、身份鉴别等 其他:打印机、复印机、扫描仪、传真机等
服 务	信息服务:对外依赖该系统开展的各类服务 网络服务:各种网络设备、设施提供的网络连接服务 办公服务:为提高效率而开发的管理信息系统,包括各种内部配置管理、文件流转管理等服务
人 员	掌握重要信息和核心业务的人员,如主机维护主管、网络维护主管及应用项目经理等
其 他	企业形象、客户关系等

15.3.3 网络安全风险评估过程

《信息安全技术 信息安全风险评估规范》规定了风险评估的实施流程，根据流程中的各项工作内容，一般将风险评估实施划分为评估准备、风险要素识别、风险分析与风险处置四个阶段。其中，评估准备阶段工作是对评估实施有效性的保证，是评估工作的开始；风险要素识别阶段工作主要是对评估活动中的各类关键要素资产、威胁、脆弱性、安全措施进行识别与赋值；风险分析阶段工作主要是对识别阶段中获得的各类信息进行关联分析，并计算风险值；风险处置建议工作主要针对评估出的风险，提出相应的处置建议，以及按照处置建议实施安全加固后进行残余风险处置等内容。

15.3.4 网络安全风险评估所需资料

风险评估包括评估准备、资产识别与分析、威胁分析与识别、脆弱性识别与分析、风险分析和验收阶段，每个阶段需要的文档资料如表 15-2 所示。

表 15-2 风险评估所需资料表

阶段	表单	主要内容
评估准备	保密协议	确定保密范围、测评双方的义务、行为约束和规范条件等
	会议纪要表	会议的时间、地点、内容、主题、参与人、讨论内容纪要等。
	评估方案	项目概述、评估对象、评估指标、测试工具接入点、单项测评实施和系统测评实施内容、测评指导书等
	系统调查基本信息表	说明被测系统的范围、安全保护等级、业务情况、保护情况、被测系统的管理模式和相关部门及角色等
	评估申请书	风险评估目的、意义、作用、依据和测评系统基本介绍等内容
	风险评估合同	双方签订的测评合同
	项目启动会汇报讲稿	包括风险评估基本情况介绍、评估流程、工作人员、时间安排，需要配合的事项等
	风险评估计划书	项目概述、工作依据、技术思路、工作内容和项目组织等
	系统定级报告和备案表	来自公安部门发放的被测系统的定级备案表、定级申请报告等
	评估工具	网络安全设备配置检查工具、远程漏洞扫描系统、主机病毒检查工具、Web 网站安全检查工具、数据库安全检查工具、系统漏洞检查工具等各种测评工具
	各种现场测评表格	包括测评系统所对应的主机、数据库、操作系统、安全设备、网络设备、制度检查、访谈内容、中间件检查等测评表格。还包括主机安全、网络安全、数据安全、物理安全、应用安全、管理机构、管理制度、人员安全管理、系统建设、运维建设等检查表格
	网络系统安全现场测评服务授权书	主要包括授权方提供的 IP 地址类别、操作系统类别、主机数据系统应用列表、基本配置等；被授权方提供测评工具进行扫描，并提供扫描报告
	现场安全扫描测试授权书	说明扫描可能造成的影响以及如何进行避免这些影响所采取的措施，并附上扫描设备清单等基本信息（系统、IP、域名）

续表

阶段	表单	主要内容
评估准备	现场评估记录确认表	测评活动中发现的问题、问题的证据和证据源、每项检查活动中被测单位配合人员的书面认可
	测评指导书	各测评对象的测评内容及方法
资产识别与分析	资产识别记录表	包括资产名称、资产编号、资产功能、资产三属性赋值、资产重要程度赋值等信息
	资产分类表	给出本次风险评估过程中，资产分类的类别和说明
	资产三属性和等级赋值说明	资产保密性、完整性、可用性在量化赋值时，所进行的定义和说明
	资产赋值表	给出所有资产的序号、资产编号、资产名称、资产隶属子系统、资产重要性的说明
威胁分析与识别	系统安全威胁数据采集对象与方式	说明本次采集对象、威胁数据来源依据、采集方法和策略
	风险评估不符合项结果	针对风险评估报告的附录内容，给出信息系统风险评估不符合项说明
	资产与威胁映射定义	给出资产和威胁的对应描述，可以是共性描述对应关系，也可以是本次风险评估中的对应关系
	威胁源分析表	给出本次风险评估中资产和威胁的关系，重点描述资产编号、威胁类、威胁描述和威胁源分析
	威胁行为分析表	描述本次评估中资产关联的威胁类别，及其威胁行为分析
	威胁能量分析表	给出本次评估中资产编号、威胁类、威胁源、威胁可能性和威胁能量的描述
	安全威胁源和安全可能性、安全能量之间的关系表	描述本次评估所采用的安全威胁源和安全可能性、安全能量之间的对应关系
脆弱性识别与分析	测评项结果	给出基于等级保护标准或者其他测评指标标准的测评项结果
	风险评估措施表	依据风险评估附录，给出本次风险评估的技术、管理措施表（落实、部分落实、未落实、不适应）
	脆弱性分析赋值表	给出本次风险评估过程中资产所对应的脆弱性并赋值标识。表内容涉及编号、检测项、检测子项、脆弱性、作用对象、赋值、潜在影响、整改建议、标识等信息
	风险评估的安全脆弱性扫描报告	借助系列评估工具，检查扫描得到的本次风险评估脆弱性报告及其说明
风险分析	信息系统风险值计算	给出本次风险评估所有资产对应的权重、威胁、脆弱性、安全事件可能性、安全事件损失、风险值计算说明、资产风险值、资产风险等级
	风险区间值和安全等级对应关系	采用区间方式，说明本次风险评估风险值和对应的对应关系
	信息系统资产风险等级表	描述本次风险评估所采用的风险等级
	信息系统资产和威胁对应表	描述资产和威胁的对应关系，一个资产可以包括多个威胁，一个威胁类别可以出现在多个资产中
	信息系统安全风险的应对措施	针对风险评估出现的不符合项，资产脆弱性和威胁，给出资产、系统的应对措施
验收阶段	客户满意度调查表	包括测评服务的总体评价、工作效率、服务质量、员工技术水平、员工综合素质、工作建议和改进等内容
	测评验收会汇报讲稿	包括风险评估工作基本情况汇报、风险、主要安全问题、整改建议、测评结论等

续表

阶段	表单	主要内容
验收阶段	测评报告	按照国家标准撰写风险评估报告
	整改方案	针对主要问题给出具体化、可操作性的整改方案
	专家意见	邀请相关专家对测评工作及其结果进行评价

上述资料是风险评估所需的技术资料,需要在开展评估过程中涉及。

Chapter 16

第 16 章
新型基础设施建设安全

2018 年年底，中央经济工作会议指出要加快 5G 商用步伐，加强人工智能、工业互联网、物联网等新型基础设施建设。至此，新型基础设施建设（简称"新基建"）拉开序幕。新型基础设施建设（简称"新基建"）主要包括 5G 基站建设、特高压、城际高速铁路和城市轨道交通、新能源汽车充电桩、大数据中心、人工智能、工业互联网七大领域，涉及诸多产业链，是以新发展理念为引领，以技术创新为驱动，以信息网络为基础，面向高质量发展需要，提供数字转型、智能升级、融合创新等服务的基础设施体系。新型基础设施属于国家关键信息基础设施范畴，新基建网络安全建设要合规合法。

16.1 新型基础设施建设的背景和意义

2018 年 12 月 19 日至 21 日，中央经济工作会议在北京举行，会议重新定义了基础设施建设，把 5G、人工智能、工业互联网、物联网定义为"新型基础设施建设"。随后"加强新一代信息基础设施建设"被列入 2019 年政府工作报告。2020 年 6 月，国家发展改革委员会明确新基建范围。新基建成为投资和建设的热词。

16.1.1 新基建的概念

新型基础设施建设（简称"新基建"）主要包括 5G 基站建设、特高压、城际高速铁路和城市轨道交通、新能源汽车充电桩、大数据中心、人工智能、工业互联网七大领域，涉及诸多产业链，是以新发展理念为引领，以技术创新为驱动，以信息网络为基础，面向高质量发展需要，提供数字转型、智能升级、融合创新等服务的基础设施体系。

正如前面章节描述，基础设施是通指为社会生产和居民生活提供公共服务的物质工程设施，是用于保证国家或地区社会经济活动正常进行的公共服务系统。它是社会赖以生存发展的一般物质条件。

新基建七大领域都是基础设施。传统的基础设施包括硬基础设施和软基础设施。硬基础设施是指包括公路、铁路、机场、通讯、水电煤气等公共设施，即硬件基础设施。软基础设施是指包括教育、科技、医疗卫生、体育、文化等社会事业，即社会性基础设施。因此，新基建从字面上来理解包括两部分：一部分是对老基建的提升，涉及特高压和轨道交通；另一方面是人工智能、5G、大数据等新型以技术为生产力的基础设施，属于软基础设施范畴。

16.1.2 新基建中的"新"

理解新基建，主要是如何理解"新"。笔者认为，"新"主要体现在新的投资领域、新的技术支撑和新的动能替代上。

1．新的投资领域

新基建首次是在中央经济会议上提出，因此"新"主要是与经济有关，表现为新的投资领域，即在补齐铁路、公路、轨道交通等传统基建的基础上，大力发展 5G、特高压、人工智能、工业互联网等新型智慧基建，其涉及的领域大多是中国经济未来发展的短板。

2．新的技术支撑

5G、人工智能、工业互联网、大数据中心都是新一代信息技术，在社会生产生活中发挥巨大作用。新基建立足于科技端的基础设施建设，既是基建，又是新兴产业。与旧基建重资产的特点相比，新基建更多走轻资产、高科技含量、高附加值的发展模式。

3．新的动能替代

一方面，5G 商用、人工智能、工业互联网等快速发展，且仍处于加速阶段，将资源向这些活力充沛的行业倾斜，经济和社会发展也将迸发更强的生命力。另一方面，通过新技术，加快转变经济发展方式，可以把实体经济特别是制造业做实做强做优；推进 5G、物联网、人工智能、工业互联网等新型基建投资，加大交通、水利、能源等领域投资力度，能进一步补齐农村基础设施和公共服务短板。

16.1.3 新基建的地位和作用

一是新基建助力国家治理现代化。5G 和数据中心等新基建为数据获取、传输和分析带来根本性变革。数据中心可以采集大量客观真实的数据，通过数据共享大大提高以往靠职能部门报送基础信息统计的精确性。5G 加速数据的实时分析和深度挖掘，这些使得精准施策成为可能。在新冠肺炎疫情的冲击下，大数据等技术对疫情防控和经济发展进行实时跟踪、重点筛查、有效预测，为科学发展和精准施策提供了数据支撑。数字对治理能力的提升作用得到广泛认可。

二是新基建助力中国经济转型。中国的基建硬件进展很快，但是不代表在软基础设施、新技术设施方面的发展很快。国家通过提出新型基础设施建设，就是引导中国经济转型，并借此契机改造提升传统产业，培育壮大新兴产业。新冠肺炎疫情发生以来，5G、大数据、物联网、人工智能等新技术、新应用为代表的新型基础设施建设，在推进疫情防控和复工复产上发挥了巨大作用。新基建对国民经济发展将起到巨大的推动作用，不仅能在短期内助力稳投资、扩内需和增就业，从长远发展来看，更是提升全要素生产率、实现经济高质量发展的重要支撑。

三是新基建助力生活智能。新基建建设，能够帮人民生活更加智能。5G 网络能够让城市可以大规模的部署各种低时延感知的传感网络，5G 赋能交通，使智能网联汽车、自动驾驶汽车成为可能。人工智能赋能机器，诞生了工业机器人、无人系统等产品。工业互联网平台可以实现对不同类型企业生产过程和设备状态的实时监测，工业互联网赋能产业，通过全要素、全产业链、全价值链的全面连接，实现工业经济数字化、网络化、智能化发展。大数据和人工智能助力城市实现对各类数据的推理分析、影响分析和处置手段分析，从而使得城市更加智能。

16.2 新型基础设施建设的范围

新型基础设施建设重点突出了信息化、数字化、智能化在未来社会基础设施中的重要作用。可以预见，"新基建"中的绝大部分建设内容将是我国关键信息基础设施的重要组成部分或与关键信息基础设施密切关联。

16.2.1 信息基础设施

信息基础设施主要指基于新一代信息技术演化生成的基础设施，比如，以 5G、物联网、工业互联网、卫星互联网为代表的通信网络基础设施，以人工智能、云计算、区块链等为代表的新技术基础设施，以数据中心、智能计算中心为代表的算力基础设施等。

信息基础设施包括通信网络基础设施、新技术基础设施和算力基础设施。这些信息基础设施扩充了基础设施的范围，也区别于硬基础设施和软基础设施。需要注意的是，通信网络基础设施也不同于传统的广播电视、移动等基础网络，而是一种区别当前传统通信协议的新型通信设施。

16.2.2 融合基础设施

融合基础设施则是指深度应用互联网、大数据、人工智能等技术，支撑传统基础设施转型升级，进而形成的融合基础设施，如智能交通基础设施、智慧能源基础设施等。

关键在于融合。融合基础设施可以简单理解为"传统硬基础设施+新技术"，通过新技术赋能硬基础设施，使得硬基础设施赋能升级。

难点也在融合。工业互联网把传统生产制造网络和新一代信息技术网络融合在一起，面临数据安全和终端安全痛点，使其融合过程中，传统生产制造企业对知识产权保护、生产配方、产品工艺的保护倍感关心，如果这些安全问题不解决，融合异常困难。除了安全，还包括性能、稳定、可靠等，一旦引起停工，哪怕一秒钟，对交通、能源都是巨大损失。

16.2.3 创新基础设施

创新基础设施方面，主要是指支撑科学研究、技术开发、产品研制的具有公益属性的基础设施，如重大科技基础设施、科教基础设施、产业技术创新基础设施等。

将创新基础设施加入新基建，有助于解决"卡脖子"，提升我国硬科技能力。实现世界科技强国的目标，来不得半点虚假，需要付出更大的努力，投入更多的资源，部署更好的设施。将创新基础设施纳入新基建，具有鲜明的导向和指向，体现了国家对科技创新的充分信任和殷切期待。我们把别有用心"卡脖子"的清单变成我们科研任务清单进行布局，确保科技强国必须要有"杀手锏"。随着创新基础设施的布局，不少领域将出现"国之重器"，在科技强国的征途中扮演重要的角色。

但是，创新不是一蹴而就，创新需要坐得起冷板凳，创新需要多代人的努力。因此，随着国家和地方政府对新基建注入大量资金，希望能在科学研究、技术开发、产品研制上产出更多的、有利于基础设施建设的新产品、新技术。

16.3 新型基础设施建设与网络安全

从新型基础设施涉及的行业和领域来看，如通信、能源、交通等，其对我国国家安全和经济社会发展均具有非常重要的地位，因此新型基础设施安全保护至关重要。新型基础设施建设安全将纳入关键信息基础设施保护。主动防御、数据安全、自主可控、供应链安全、智慧安全、融合安全势必构成"新基建"的核心安全防护策略。关于关键信息基础设施的安全防护和建设请参考相关章节。

16.3.1 主动防御

一是贯彻网络安全"同步规划、同步建设、同步运行"原则,构建主动防御的网络安全体系。新基建带来新业务的同时也带来全新的安全挑战。我国持续性受到APT攻击,漏洞威胁频发高发,网络安全风险挑战加剧,网络安全也是新基建关注的另一个重要维度。为确保新基建的正常运行,在建设伊始,要考虑提前谋划,基于等级保护和关键信息基础设施保护的建设要求,构建主动防御的网络安全体系,并严格在建设过程中体现"同步规划、同步建设、同步运行"的基础设施建设原则。

二是做好网络安全审查,为新基建保障网络安全的正确方向。网络安全审查从制定之初,就坚持防范网络安全风险与促进先进技术应用相结合、过程公正透明与知识产权保护相结合、事前审查与持续监管相结合、企业承诺与社会监督相结合,从产品和服务安全性、可能带来的国家安全风险等方面进行审查。通过开展网络安全审查,将网络安全风险降至最低,从供应链安全角度确保网络安全。

16.3.2 数据安全

数据中心会成为黑客攻击目标。新基建涉及5G、大数据、人工智能等大量新技术,推动远程医疗、工业互联网等领域大量新业务。随着新基建的开展,各类数据中心承载国家、社会和个人的海量大数据,将面临严峻的数据安全问题。一旦出现网络安全问题,将给数字经济带来显著影响。因此,数据安全会成为新基建的基础安全问题。保障数据安全仅靠传统的管理方式已然行不通,传统的技术和思维模式都需要更新,需要整体防御思维方式,需要落实《数据安全法》和《密码法》中对数据的安全保护基本要求。

关于数据安全,请读者参考本书第12章。

16.3.3 自主可控

理想中自主可控是依靠自身研发设计,全面掌握产品核心技术,实现信息系统从硬件到软件的自主研发、生产、升级、维护的全程可控。也就是说,核心技术、关键零部件、各类软件全都国产化,自己开发、自己制造,不受制于人。中兴、华为事件再次证明核心技术必须走自主可控的路线,核心产业及技术必须自力更生。

做好新基建的网络安全建设,自主可控建议从如下几方面开展。

1．终端安全芯片

在新基建中安全芯片能够从硬件层面实现对 5G、物联网、工业互联网等应用场景安全性的提升。具体到物联网终端设备而言，安全芯片能够为物联网终端设备提供唯一的身份安全识别 ID，能够为物联网终端设备所采集到的重要数据实现安全的存储、安全的传输，甚至能够感知某些外部攻击。因此，安全芯片将成为物联网、工业互联网安全体系建设中的重要组成模组。

2．安全可信操作系统

新基建必然涉及诸多通用操作系统和嵌入式操作系统的应用，安全操作系统的实现和加固是永恒的话题。新基建涉及领域庞大，作为重要承载之一的操作系统所面临的安全压力也更为严峻。研发适合新基建环境的物联网安全操作系统、工业控制安全操作系统，对于新基建整体安全建设是一个极为重要的切入点。

3．安全边缘计算

云计算和边缘计算是解决新基建海量数据算力需求的两大主要支撑，意味着云端和边缘侧将汇聚大量的机密数据、敏感数据，并直接影响新基建终端设备的健康运行。特别是在"端管云"体系下，物联网和工业互联网场景中的云端和边缘侧需要考虑对所汇集的终端设备数据进行身份认证和识别，需要保证存储的数据不被泄漏，需要保障边缘计算向云端和终端设备传输数据的安全性、真实性，甚至需要确保边缘侧的算力不会被恶意利用。

4．固件安全加固

新基建里海量终端设备的运行都离不开固件的安全运行。在工业互联网场景下，传统工业生产网络在身份认证、数据加密和行为可信方面基本为零，因此，提前发现固件中的安全隐患，对固件进行细化加固，如固件运行的程序、指令或数据。

16.3.4 软件供应链安全

2015 年 9 月，XcodeGhost 事件爆发，超过 800 多个不同版本的苹果软件因使用非官方 Xcode 开发工具被感染恶意代码，该事件影响了中国近 1 亿苹果用户手机。攻击者利用开发者获取正版软件不通畅，向苹果手机 App 开发工具 Xcode 注入病毒，造成所有使用该工具开发的 App 都携带病毒。XcodeGhost 事件引发的软件供应链安全问题影响范围广，涉及软件产业，难以防范，引起了国家的高度重视。

新基建涉及的范围广泛、专业精细，势必造成其产业链及供应链的复杂，确保其安全特别是链条上核心的科技安全乃是重中之重。因此，新基建产业链及供应链特别是核心产业及其供应链必须掌握在自己手中，降低对外依赖度。

《网络安全审查办法》第一条明确其立法目的是确保关键信息基础设施供应链安全和维

护国家安全，进一步为涉及我国国家安全和国计民生等重要领域的安全发展奠定法律基础。因此，新基建必须在法律法规要求下开展安全建设和运行。

16.3.5　智慧安全

未来的新基建具有智慧。新基建意味着将带来万物互联的智能世界，云计算提供智能计算、5G提供智能通信、人工智能提供丰富智慧、工业互联网提供智能互联，从而在智能的世界中，尽量减少或降低人为参与度，按照人们预想的程序和流程持续执行并完成特定工作，并进一步为人类提供正确性、可持续性、可复现性场景特性。

新基建势必面临智能安全的威胁。以无人驾驶汽车为例分析，无人驾驶汽车在路上行驶，就要识别路边的路牌才能够决定以什么速度、方向行驶，在人工智能世界，一旦被恶意或无意做了一个小小的修改，那么识别的结果就会完全不一样。人类能够识别一些区别，如果是深度学习系统，可能就会犯一些错误，会进行一些错误的分类。因此，人工智能、智能交通、智慧电网乃至智慧城市、城市大脑等均将面临新形势下的智能安全挑战。

16.3.6　融合安全

新基建具有广泛融合特性。新基建涉及多领域、多范畴的协同、融合建设以及交叉发展，可以预见其涉及新技术融合、多领域融合、多行业融合，如新一代信息基础设施的平台、技术和手段与传统产业的融合，新基建与应用场景深度融合。具体到智能交通基础设施、智慧能源基础设施等，其涉及多种新信息技术、工业互联网物联网等的融合发展，形成相互交叉，相互促进又相互影响的态势。

融合安全是新基建面临的安全新形势。融合基础设施建设本身是一个系统工程，协同融合建设在促进发展的同时，基于内生安全理念和零信任思想，相互安全影响也将伴随而生。传统基础设施相对独立，构成了自身发展安全生态，融合基础设施的建设和发展将打破这种现有分离的安全平衡，安全将呈现"牵一发而动全身"的态势，安全及风险的影响将更加广泛和深入。因此，如何规避、减少或降低融合基础设施建设的安全风险及其影响将是关键。

新基建要以新思路来建设，要以新安全来防护。建议运营者在建设和运行过程中，落实"网络安全三同步"，即"同步规划、同步建设、同步使用"，落实网络安全防护责任制，加强网络安全防护工作，定期开展网络安全检查，提高全员网络安全意识，加强数据安全保护，完善网络安全制度，全面做好主动防御，确保新基建安全运行。

附录 A
中华人民共和国网络安全法

中华人民共和国网络安全法

（2016年11月7日第十二届全国人民代表大会常务委员会第二十四次会议通过）

目　录

第一章　总　　则
第二章　网络安全支持与促进
第三章　网络运行安全
　　第一节　一般规定
　　第二节　关键信息基础设施的运行安全
第四章　网络信息安全
第五章　监测预警与应急处置
第六章　法律责任
第七章　附　　则

第一章 总 则

第一条 为了保障网络安全,维护网络空间主权和国家安全、社会公共利益,保护公民、法人和其他组织的合法权益,促进经济社会信息化健康发展,制定本法。

第二条 在中华人民共和国境内建设、运营、维护和使用网络,以及网络安全的监督管理,适用本法。

第三条 国家坚持网络安全与信息化发展并重,遵循积极利用、科学发展、依法管理、确保安全的方针,推进网络基础设施建设和互联互通,鼓励网络技术创新和应用,支持培养网络安全人才,建立健全网络安全保障体系,提高网络安全保护能力。

第四条 国家制定并不断完善网络安全战略,明确保障网络安全的基本要求和主要目标,提出重点领域的网络安全政策、工作任务和措施。

第五条 国家采取措施,监测、防御、处置来源于中华人民共和国境内外的网络安全风险和威胁,保护关键信息基础设施免受攻击、侵入、干扰和破坏,依法惩治网络违法犯罪活动,维护网络空间安全和秩序。

第六条 国家倡导诚实守信、健康文明的网络行为,推动传播社会主义核心价值观,采取措施提高全社会的网络安全意识和水平,形成全社会共同参与促进网络安全的良好环境。

第七条 国家积极开展网络空间治理、网络技术研发和标准制定、打击网络违法犯罪等方面的国际交流与合作,推动构建和平、安全、开放、合作的网络空间,建立多边、民主、透明的网络治理体系。

第八条 国家网信部门负责统筹协调网络安全工作和相关监督管理工作。国务院电信主管部门、公安部门和其他有关机关依照本法和有关法律、行政法规的规定,在各自职责范围内负责网络安全保护和监督管理工作。

县级以上地方人民政府有关部门的网络安全保护和监督管理职责,按照国家有关规定确定。

第九条 网络运营者开展经营和服务活动,必须遵守法律、行政法规,尊重社会公德,遵守商业道德,诚实信用,履行网络安全保护义务,接受政府和社会的监督,承担社会责任。

第十条 建设、运营网络或者通过网络提供服务，应当依照法律、行政法规的规定和国家标准的强制性要求，采取技术措施和其他必要措施，保障网络安全、稳定运行，有效应对网络安全事件，防范网络违法犯罪活动，维护网络数据的完整性、保密性和可用性。

第十一条 网络相关行业组织按照章程，加强行业自律，制定网络安全行为规范，指导会员加强网络安全保护，提高网络安全保护水平，促进行业健康发展。

第十二条 国家保护公民、法人和其他组织依法使用网络的权利，促进网络接入普及，提升网络服务水平，为社会提供安全、便利的网络服务，保障网络信息依法有序自由流动。

任何个人和组织使用网络应当遵守宪法法律，遵守公共秩序，尊重社会公德，不得危害网络安全，不得利用网络从事危害国家安全、荣誉和利益，煽动颠覆国家政权、推翻社会主义制度，煽动分裂国家、破坏国家统一，宣扬恐怖主义、极端主义，宣扬民族仇恨、民族歧视，传播暴力、淫秽色情信息，编造、传播虚假信息扰乱经济秩序和社会秩序，以及侵害他人名誉、隐私、知识产权和其他合法权益等活动。

第十三条 国家支持研究开发有利于未成年人健康成长的网络产品和服务，依法惩治利用网络从事危害未成年人身心健康的活动，为未成年人提供安全、健康的网络环境。

第十四条 任何个人和组织有权对危害网络安全的行为向网信、电信、公安等部门举报。收到举报的部门应当及时依法作出处理；不属于本部门职责的，应当及时移送有权处理的部门。

有关部门应当对举报人的相关信息予以保密，保护举报人的合法权益。

第二章　网络安全支持与促进

第十五条 国家建立和完善网络安全标准体系。国务院标准化行政主管部门和国务院其他有关部门根据各自的职责，组织制定并适时修订有关网络安全管理以及网络产品、服务和运行安全的国家标准、行业标准。

国家支持企业、研究机构、高等学校、网络相关行业组织参与网络安全国家标准、行业标准的制定。

第十六条　国务院和省、自治区、直辖市人民政府应当统筹规划,加大投入,扶持重点网络安全技术产业和项目,支持网络安全技术的研究开发和应用,推广安全可信的网络产品和服务,保护网络技术知识产权,支持企业、研究机构和高等学校等参与国家网络安全技术创新项目。

第十七条　国家推进网络安全社会化服务体系建设,鼓励有关企业、机构开展网络安全认证、检测和风险评估等安全服务。

第十八条　国家鼓励开发网络数据安全保护和利用技术,促进公共数据资源开放,推动技术创新和经济社会发展。

国家支持创新网络安全管理方式,运用网络新技术,提升网络安全保护水平。

第十九条　各级人民政府及其有关部门应当组织开展经常性的网络安全宣传教育,并指导、督促有关单位做好网络安全宣传教育工作。

大众传播媒介应当有针对性地面向社会进行网络安全宣传教育。

第二十条　国家支持企业和高等学校、职业学校等教育培训机构开展网络安全相关教育与培训,采取多种方式培养网络安全人才,促进网络安全人才交流。

第三章　网络运行安全

第一节　一般规定

第二十一条　国家实行网络安全等级保护制度。网络运营者应当按照网络安全等级保护制度的要求,履行下列安全保护义务,保障网络免受干扰、破坏或者未经授权的访问,防止网络数据泄露或者被窃取、篡改:

(一)制定内部安全管理制度和操作规程,确定网络安全负责人,落实网络安全保护责任;

(二)采取防范计算机病毒和网络攻击、网络侵入等危害网络安全行为的技术措施;

(三)采取监测、记录网络运行状态、网络安全事件的技术措施,并按照规定留存相关的网络日志不少于六个月;

(四)采取数据分类、重要数据备份和加密等措施;

(五)法律、行政法规规定的其他义务。

第二十二条　网络产品、服务应当符合相关国家标准的强制性要求。网络产品、服务的提供者不得设置恶意程序;发现其网络产品、服务存在安全缺陷、漏洞等风险时,应当立即采取补救措施，按照规定及时告知用户并向有关主管部门报告。

网络产品、服务的提供者应当为其产品、服务持续提供安全维护；在规定或者当事人约定的期限内，不得终止提供安全维护。

网络产品、服务具有收集用户信息功能的，其提供者应当向用户明示并取得同意；涉及用户个人信息的，还应当遵守本法和有关法律、行政法规关于个人信息保护的规定。

第二十三条　网络关键设备和网络安全专用产品应当按照相关国家标准的强制性要求，由具备资格的机构安全认证合格或者安全检测符合要求后，方可销售或者提供。国家网信部门会同国务院有关部门制定、公布网络关键设备和网络安全专用产品目录，并推动安全认证和安全检测结果互认，避免重复认证、检测。

第二十四条　网络运营者为用户办理网络接入、域名注册服务，办理固定电话、移动电话等入网手续，或者为用户提供信息发布、即时通信等服务，在与用户签订协议或者确认提供服务时，应当要求用户提供真实身份信息。用户不提供真实身份信息的，网络运营者不得为其提供相关服务。

国家实施网络可信身份战略，支持研究开发安全、方便的电子身份认证技术，推动不同电子身份认证之间的互认。

第二十五条　网络运营者应当制定网络安全事件应急预案，及时处置系统漏洞、计算机病毒、网络攻击、网络侵入等安全风险；在发生危害网络安全的事件时，立即启动应急预案，采取相应的补救措施，并按照规定向有关主管部门报告。

第二十六条　开展网络安全认证、检测、风险评估等活动，向社会发布系统漏洞、计算机病毒、网络攻击、网络侵入等网络安全信息，应当遵守国家有关规定。

第二十七条　任何个人和组织不得从事非法侵入他人网络、干扰他人网络正常功能、窃取网络数据等危害网络安全的活动；不得提供专门用于从事侵入网络、干扰网络正常功能及防护措施、窃取网络数据等危害网络安全活动的程序、工具；明知他人从事危害网络安全的活动的，不得为其提供技术支持、广告推广、支付结算等帮助。

第二十八条　网络运营者应当为公安机关、国家安全机关依法维护国家安全和侦查犯罪的活动提供技术支持和协助。

第二十九条　国家支持网络运营者之间在网络安全信息收集、分析、通报和应急处置等方面进行合作，提高网络运营者的安全保障能力。

有关行业组织建立健全本行业的网络安全保护规范和协作机制，加强对网络安全风险的分析评估，定期向会员进行风险警示，支持、协助会员应对网络安全风险。

第三十条　网信部门和有关部门在履行网络安全保护职责中获取的信息，只能用于维护网络安全的需要，不得用于其他用途。

第二节　关键信息基础设施的运行安全

第三十一条　国家对公共通信和信息服务、能源、交通、水利、金融、公共服务、电子政务等重要行业和领域，以及其他一旦遭到破坏、丧失功能或者数据泄露，可能严重危害国家安全、国计民生、公共利益的关键信息基础设施，在网络安全等级保护制度的基础上，实行重点保护。关键信息基础设施的具体范围和安全保护办法由国务院制定。

国家鼓励关键信息基础设施以外的网络运营者自愿参与关键信息基础设施保护体系。

第三十二条　按照国务院规定的职责分工，负责关键信息基础设施安全保护工作的部门分别编制并组织实施本行业、本领域的关键信息基础设施安全规划，指导和监督关键信息基础设施运行安全保护工作。

第三十三条　建设关键信息基础设施应当确保其具有支持业务稳定、持续运行的性能，并保证安全技术措施同步规划、同步建设、同步使用。

第三十四条　除本法第二十一条的规定外，关键信息基础设施的运营者还应当履行下列安全保护义务：

（一）设置专门安全管理机构和安全管理负责人，并对该负责人和关键岗位的人员进行安全背景审查；

（二）定期对从业人员进行网络安全教育、技术培训和技能考核；

（三）对重要系统和数据库进行容灾备份；

（四）制定网络安全事件应急预案，并定期进行演练；

（五）法律、行政法规规定的其他义务。

第三十五条　关键信息基础设施的运营者采购网络产品和服务，可能影响国家安全的，应当通过国家网信部门会同国务院有关部门组织的国家安全审查。

第三十六条　关键信息基础设施的运营者采购网络产品和服务，应当按照规定与提供者签订安全保密协议，明确安全和保密义务与责任。

第三十七条 关键信息基础设施的运营者在中华人民共和国境内运营中收集和产生的个人信息和重要数据应当在境内存储。因业务需要，确需向境外提供的，应当按照国家网信部门会同国务院有关部门制定的办法进行安全评估；法律、行政法规另有规定的，依照其规定。

第三十八条 关键信息基础设施的运营者应当自行或者委托网络安全服务机构对其网络的安全性和可能存在的风险每年至少进行一次检测评估，并将检测评估情况和改进措施报送相关负责关键信息基础设施安全保护工作的部门。

第三十九条 国家网信部门应当统筹协调有关部门对关键信息基础设施的安全保护采取下列措施：

（一）对关键信息基础设施的安全风险进行抽查检测，提出改进措施，必要时可以委托网络安全服务机构对网络存在的安全风险进行检测评估；

（二）定期组织关键信息基础设施的运营者进行网络安全应急演练，提高应对网络安全事件的水平和协同配合能力；

（三）促进有关部门、关键信息基础设施的运营者以及有关研究机构、网络安全服务机构等之间的网络安全信息共享；

（四）对网络安全事件的应急处置与网络功能的恢复等，提供技术支持和协助。

第四章　网络信息安全

第四十条 网络运营者应当对其收集的用户信息严格保密，并建立健全用户信息保护制度。

第四十一条 网络运营者收集、使用个人信息，应当遵循合法、正当、必要的原则，公开收集、使用规则，明示收集、使用信息的目的、方式和范围，并经被收集者同意。

网络运营者不得收集与其提供的服务无关的个人信息，不得违反法律、行政法规的规定和双方的约定收集、使用个人信息，并应当依照法律、行政法规的规定和与用户的约定，处理其保存的个人信息。

第四十二条 网络运营者不得泄露、篡改、毁损其收集的个人信息；未经被收集者同意，不得向他人提供个人信息。但是，经过处理无法识别特定个人且不能复原的除外。

网络运营者应当采取技术措施和其他必要措施,确保其收集的个人信息安全,防止信息泄露、毁损、丢失。在发生或者可能发生个人信息泄露、毁损、丢失的情况时,应当立即采取补救措施,按照规定及时告知用户并向有关主管部门报告。

第四十三条 个人发现网络运营者违反法律、行政法规的规定或者双方的约定收集、使用其个人信息的,有权要求网络运营者删除其个人信息;发现网络运营者收集、存储的其个人信息有错误的,有权要求网络运营者予以更正。网络运营者应当采取措施予以删除或者更正。

第四十四条 任何个人和组织不得窃取或者以其他非法方式获取个人信息,不得非法出售或者非法向他人提供个人信息。

第四十五条 依法负有网络安全监督管理职责的部门及其工作人员,必须对在履行职责中知悉的个人信息、隐私和商业秘密严格保密,不得泄露、出售或者非法向他人提供。

第四十六条 任何个人和组织应当对其使用网络的行为负责,不得设立用于实施诈骗,传授犯罪方法,制作或者销售违禁物品、管制物品等违法犯罪活动的网站、通讯群组,不得利用网络发布涉及实施诈骗,制作或者销售违禁物品、管制物品以及其他违法犯罪活动的信息。

第四十七条 网络运营者应当加强对其用户发布的信息的管理,发现法律、行政法规禁止发布或者传输的信息的,应当立即停止传输该信息,采取消除等处置措施,防止信息扩散,保存有关记录,并向有关主管部门报告。

第四十八条 任何个人和组织发送的电子信息、提供的应用软件,不得设置恶意程序,不得含有法律、行政法规禁止发布或者传输的信息。

电子信息发送服务提供者和应用软件下载服务提供者,应当履行安全管理义务,知道其用户有前款规定行为的,应当停止提供服务,采取消除等处置措施,保存有关记录,并向有关主管部门报告。

第四十九条 网络运营者应当建立网络信息安全投诉、举报制度,公布投诉、举报方式等信息,及时受理并处理有关网络信息安全的投诉和举报。

网络运营者对网信部门和有关部门依法实施的监督检查,应当予以配合。

第五十条 国家网信部门和有关部门依法履行网络信息安全监督管理职责,发现法律、行政法规禁止发布或者传输的信息的,应当要求网络运营者停止传输,采取消除等处置措施，保存有关记录；对来源于中华人民共和国境外的上述信息，应当通知有关机构采取技术措施和其他必要措施阻断传播。

第五章　监测预警与应急处置

　　第五十一条　国家建立网络安全监测预警和信息通报制度。国家网信部门应当统筹协调有关部门加强网络安全信息收集、分析和通报工作，按照规定统一发布网络安全监测预警信息。

　　第五十二条　负责关键信息基础设施安全保护工作的部门，应当建立健全本行业、本领域的网络安全监测预警和信息通报制度，并按照规定报送网络安全监测预警信息。

　　第五十三条　国家网信部门协调有关部门建立健全网络安全风险评估和应急工作机制，制定网络安全事件应急预案，并定期组织演练。

　　负责关键信息基础设施安全保护工作的部门应当制定本行业、本领域的网络安全事件应急预案，并定期组织演练。

　　网络安全事件应急预案应当按照事件发生后的危害程度、影响范围等因素对网络安全事件进行分级，并规定相应的应急处置措施。

　　第五十四条　网络安全事件发生的风险增大时，省级以上人民政府有关部门应当按照规定的权限和程序，并根据网络安全风险的特点和可能造成的危害，采取下列措施：

　　（一）要求有关部门、机构和人员及时收集、报告有关信息，加强对网络安全风险的监测；

　　（二）组织有关部门、机构和专业人员，对网络安全风险信息进行分析评估，预测事件发生的可能性、影响范围和危害程度；

　　（三）向社会发布网络安全风险预警，发布避免、减轻危害的措施。

　　第五十五条　发生网络安全事件，应当立即启动网络安全事件应急预案，对网络安全事件进行调查和评估，要求网络运营者采取技术措施和其他必要措施，消除安全隐患，防止危害扩大，并及时向社会发布与公众有关的警示信息。

　　第五十六条　省级以上人民政府有关部门在履行网络安全监督管理职责中，发现网络存在较大安全风险或者发生安全事件的，可以按照规定的权限和程序对该网络的运营者的法定代表人或者主要负责人进行约谈。网络运营者应当按照要求采取措施，进行整改，消除隐患。

第五十七条 因网络安全事件，发生突发事件或者生产安全事故的，应当依照《中华人民共和国突发事件应对法》《中华人民共和国安全生产法》等有关法律、行政法规的规定处置。

第五十八条 因维护国家安全和社会公共秩序，处置重大突发社会安全事件的需要，经国务院决定或者批准，可以在特定区域对网络通信采取限制等临时措施。

第六章 法律责任

第五十九条 网络运营者不履行本法第二十一条、第二十五条规定的网络安全保护义务的，由有关主管部门责令改正，给予警告；拒不改正或者导致危害网络安全等后果的，处一万元以上十万元以下罚款，对直接负责的主管人员处五千元以上五万元以下罚款。

关键信息基础设施的运营者不履行本法第三十三条、第三十四条、第三十六条、第三十八条规定的网络安全保护义务的，由有关主管部门责令改正，给予警告；拒不改正或者导致危害网络安全等后果的，处十万元以上一百万元以下罚款，对直接负责的主管人员处一万元以上十万元以下罚款。

第六十条 违反本法第二十二条第一款、第二款和第四十八条第一款规定，有下列行为之一的，由有关主管部门责令改正，给予警告；拒不改正或者导致危害网络安全等后果的，处五万元以上五十万元以下罚款，对直接负责的主管人员处一万元以上十万元以下罚款：

（一）设置恶意程序的；

（二）对其产品、服务存在的安全缺陷、漏洞等风险未立即采取补救措施，或者未按照规定及时告知用户并向有关主管部门报告的；

（三）擅自终止为其产品、服务提供安全维护的。

第六十一条 网络运营者违反本法第二十四条第一款规定，未要求用户提供真实身份信息，或者对不提供真实身份信息的用户提供相关服务的，由有关主管部门责令改正；拒不改正或者情节严重的，处五万元以上五十万元以下罚款，并可以由有关主管部门责令暂停相关业务、停业整顿、关闭网站、吊销相关业务许可证或者吊销营业执照，对直接负责的主管人员和其他直接责任人员处一万元以上十万元以下罚款。

第六十二条 违反本法第二十六条规定，开展网络安全认证、检测、风险评估等活动，或者向社会发布系统漏洞、计算机病毒、网络攻击、网络侵入等网络安全信息的，由有关主管部门责令改正，给予警告；拒不改正或者情节严重的，处一万元以上十万元以下罚款，并可以由有关主管部门责令暂停相关业务、停业整顿、关闭网站、吊销相关业务许可证或者吊销营业执照，对直接负责的主管人员和其他直接责任人员处五千元以上五万元以下罚款。

第六十三条 违反本法第二十七条规定，从事危害网络安全的活动，或者提供专门用于从事危害网络安全活动的程序、工具，或者为他人从事危害网络安全的活动提供技术支持、广告推广、支付结算等帮助，尚不构成犯罪的，由公安机关没收违法所得，处五日以下拘留，可以并处五万元以上五十万元以下罚款；情节较重的，处五日以上十五日以下拘留，可以并处十万元以上一百万元以下罚款。

单位有前款行为的，由公安机关没收违法所得，处十万元以上一百万元以下罚款，并对直接负责的主管人员和其他直接责任人员依照前款规定处罚。

违反本法第二十七条规定，受到治安管理处罚的人员，五年内不得从事网络安全管理和网络运营关键岗位的工作；受到刑事处罚的人员，终身不得从事网络安全管理和网络运营关键岗位的工作。

第六十四条 网络运营者、网络产品或者服务的提供者违反本法第二十二条第三款、第四十一条至第四十三条规定，侵害个人信息依法得到保护的权利的，由有关主管部门责令改正，可以根据情节单处或者并处警告、没收违法所得、处违法所得一倍以上十倍以下罚款，没有违法所得的，处一百万元以下罚款，对直接负责的主管人员和其他直接责任人员处一万元以上十万元以下罚款；情节严重的，并可以责令暂停相关业务、停业整顿、关闭网站、吊销相关业务许可证或者吊销营业执照。

违反本法第四十四条规定，窃取或者以其他非法方式获取、非法出售或者非法向他人提供个人信息，尚不构成犯罪的，由公安机关没收违法所得，并处违法所得一倍以上十倍以下罚款，没有违法所得的，处一百万元以下罚款。

第六十五条 关键信息基础设施的运营者违反本法第三十五条规定，使用未经安全审查或者安全审查未通过的网络产品或者服务的，由有关主管部门责令停止使用，处采购金额一倍以上十倍以下罚款；对直接负责的主管人员和其他直接责任人员处一万元以上十万元以下罚款。

第六十六条 关键信息基础设施的运营者违反本法第三十七条规定，在境外存储网络数据，或者向境外提供网络数据的，由有关主管部门责令改正，给予警告，没收违法所得，处五万元以上五十万元以下罚款，并可以责令暂停相关业务、停业整顿、关闭网站、吊销相关业务许可证或者吊销营业执照；对直接负责的主管人员和其他直接责任人员处一万元以上十万元以下罚款。

第六十七条 违反本法第四十六条规定，设立用于实施违法犯罪活动的网站、通讯群组，或者利用网络发布涉及实施违法犯罪活动的信息，尚不构成犯罪的，由公安机关处五日以下拘留，可以并处一万元以上十万元以下罚款；情节较重的，处五日以上十五日以下拘留，可以并处五万元以上五十万元以下罚款。关闭用于实施违法犯罪活动的网站、通讯群组。

单位有前款行为的，由公安机关处十万元以上五十万元以下罚款，并对直接负责的主管人员和其他直接责任人员依照前款规定处罚。

第六十八条 网络运营者违反本法第四十七条规定，对法律、行政法规禁止发布或者传输的信息未停止传输、采取消除等处置措施、保存有关记录的，由有关主管部门责令改正，给予警告，没收违法所得；拒不改正或者情节严重的，处十万元以上五十万元以下罚款，并可以责令暂停相关业务、停业整顿、关闭网站、吊销相关业务许可证或者吊销营业执照，对直接负责的主管人员和其他直接责任人员处一万元以上十万元以下罚款。

电子信息发送服务提供者、应用软件下载服务提供者，不履行本法第四十八条第二款规定的安全管理义务的，依照前款规定处罚。

第六十九条 网络运营者违反本法规定，有下列行为之一的，由有关主管部门责令改正；拒不改正或者情节严重的，处五万元以上五十万元以下罚款，对直接负责的主管人员和其他直接责任人员，处一万元以上十万元以下罚款：

（一）不按照有关部门的要求对法律、行政法规禁止发布或者传输的信息，采取停止传输、消除等处置措施的；

（二）拒绝、阻碍有关部门依法实施的监督检查的；

（三）拒不向公安机关、国家安全机关提供技术支持和协助的。

第七十条 发布或者传输本法第十二条第二款和其他法律、行政法规禁止发布或者传输的信息的，依照有关法律、行政法规的规定处罚。

第七十一条 有本法规定的违法行为的，依照有关法律、行政法规的规定记入信用档案，并予以公示。

第七十二条 国家机关政务网络的运营者不履行本法规定的网络安全保护义务的，由其上级机关或者有关机关责令改正；对直接负责的主管人员和其他直接责任人员依法给予处分。

第七十三条 网信部门和有关部门违反本法第三十条规定，将在履行网络安全保护职责中获取的信息用于其他用途的，对直接负责的主管人员和其他直接责任人员依法给予处分。

网信部门和有关部门的工作人员玩忽职守、滥用职权、徇私舞弊，尚不构成犯罪的，依法给予处分。

第七十四条 违反本法规定，给他人造成损害的，依法承担民事责任。

违反本法规定，构成违反治安管理行为的，依法给予治安管理处罚；构成犯罪的，依法追究刑事责任。

第七十五条 境外的机构、组织、个人从事攻击、侵入、干扰、破坏等危害中华人民共和国的关键信息基础设施的活动，造成严重后果的，依法追究法律责任；国务院公安部门和有关部门并可以决定对该机构、组织、个人采取冻结财产或者其他必要的制裁措施。

第七章　附　则

第七十六条 本法下列用语的含义：

（一）网络，是指由计算机或者其他信息终端及相关设备组成的按照一定的规则和程序对信息进行收集、存储、传输、交换、处理的系统。

（二）网络安全，是指通过采取必要措施，防范对网络的攻击、侵入、干扰、破坏和非法使用以及意外事故，使网络处于稳定可靠运行的状态，以及保障网络数据的完整性、保密性、可用性的能力。

（三）网络运营者，是指网络的所有者、管理者和网络服务提供者。

（四）网络数据，是指通过网络收集、存储、传输、处理和产生的各种电子数据。

（五）个人信息，是指以电子或者其他方式记录的能够单独或者与其他信息结合识别自然人个人身份的各种信息，包括但不限于自然人的姓名、出生日期、身份证件号码、个人生物识别信息、住址、电话号码等。

第七十七条 存储、处理涉及国家秘密信息的网络的运行安全保护，除应当遵守本法外，还应当遵守保密法律、行政法规的规定。

第七十八条 军事网络的安全保护，由中央军事委员会另行规定。

第七十九条 本法自 2017 年 6 月 1 日起施行。

附录 B
中华人民共和国密码法

中华人民共和国密码法

第一章 总 则

第一条 为了规范密码应用和管理,促进密码事业发展,保障网络与信息安全,维护国家安全和社会公共利益,保护公民、法人和其他组织的合法权益,制定本法。

第二条 本法所称密码,是指采用特定变换的方法对信息等进行加密保护、安全认证的技术、产品和服务。

第三条 密码工作坚持总体国家安全观,遵循统一领导、分级负责,创新发展、服务大局,依法管理、保障安全的原则。

第四条 坚持中国共产党对密码工作的领导。中央密码工作领导机构对全国密码工作实行统一领导,制定国家密码工作重大方针政策,统筹协调国家密码重大事项和重要工作,推进国家密码法治建设。

第五条 国家密码管理部门负责管理全国的密码工作。县级以上地方各级密码管理部门负责管理本行政区域的密码工作。

国家机关和涉及密码工作的单位在其职责范围内负责本机关、本单位或者本系统的密码工作。

第六条 国家对密码实行分类管理。

密码分为核心密码、普通密码和商用密码。

第七条 核心密码、普通密码用于保护国家秘密信息,核心密码保护信息的最高密级为绝密级,普通密码保护信息的最高密级为机密级。

核心密码、普通密码属于国家秘密。密码管理部门依照本法和有关法律、行政法规、国家有关规定对核心密码、普通密码实行严格统一管理。

第八条 商用密码用于保护不属于国家秘密的信息。

公民、法人和其他组织可以依法使用商用密码保护网络与信息安全。

第九条 国家鼓励和支持密码科学技术研究和应用,依法保护密码领域的知识产权,促进密码科学技术进步和创新。

国家加强密码人才培养和队伍建设,对在密码工作中作出突出贡献的组织和个人,按照国家有关规定给予表彰和奖励。

第十条 国家采取多种形式加强密码安全教育,将密码安全教育纳入国民教育体系和公务员教育培训体系,增强公民、法人和其他组织的密码安全意识。

第十一条 县级以上人民政府应当将密码工作纳入本级国民经济和社会发展规划,所需经费列入本级财政预算。

第十二条 任何组织或者个人不得窃取他人加密保护的信息或者非法侵入他人的密码保障系统。

任何组织或者个人不得利用密码从事危害国家安全、社会公共利益、他人合法权益等违法犯罪活动。

第二章 核心密码、普通密码

第十三条 国家加强核心密码、普通密码的科学规划、管理和使用,加强制度建设,完善管理措施,增强密码安全保障能力。

第十四条　在有线、无线通信中传递的国家秘密信息，以及存储、处理国家秘密信息的信息系统，应当依照法律、行政法规和国家有关规定使用核心密码、普通密码进行加密保护、安全认证。

第十五条　从事核心密码、普通密码科研、生产、服务、检测、装备、使用和销毁等工作的机构（以下统称密码工作机构）应当按照法律、行政法规、国家有关规定以及核心密码、普通密码标准的要求，建立健全安全管理制度，采取严格的保密措施和保密责任制，确保核心密码、普通密码的安全。

第十六条　密码管理部门依法对密码工作机构的核心密码、普通密码工作进行指导、监督和检查，密码工作机构应当配合。

第十七条　密码管理部门根据工作需要会同有关部门建立核心密码、普通密码的安全监测预警、安全风险评估、信息通报、重大事项会商和应急处置等协作机制，确保核心密码、普通密码安全管理的协同联动和有序高效。

密码工作机构发现核心密码、普通密码泄密或者影响核心密码、普通密码安全的重大问题、风险隐患的，应当立即采取应对措施，并及时向保密行政管理部门、密码管理部门报告，由保密行政管理部门、密码管理部门会同有关部门组织开展调查、处置，并指导有关密码工作机构及时消除安全隐患。

第十八条　国家加强密码工作机构建设，保障其履行工作职责。

国家建立适应核心密码、普通密码工作需要的人员录用、选调、保密、考核、培训、待遇、奖惩、交流、退出等管理制度。

第十九条　密码管理部门因工作需要，按照国家有关规定，可以提请公安、交通运输、海关等部门对核心密码、普通密码有关物品和人员提供免检等便利，有关部门应当予以协助。

第二十条　密码管理部门和密码工作机构应当建立健全严格的监督和安全审查制度，对其工作人员遵守法律和纪律等情况进行监督，并依法采取必要措施，定期或者不定期组织开展安全审查。

第三章　商用密码

第二十一条　国家鼓励商用密码技术的研究开发、学术交流、成果转化和推广应用，健全统一、开放、竞争、有序的商用密码市场体系，鼓励和促进商用密码产业发展。

各级人民政府及其有关部门应当遵循非歧视原则，依法平等对待包括外商投资企业在内的商用密码科研、生产、销售、服务、进出口等单位（以下统称商用密码从业单位）。国家鼓励在外商投资过程中基于自愿原则和商业规则开展商用密码技术合作。行政机关及其工作人员不得利用行政手段强制转让商用密码技术。

商用密码的科研、生产、销售、服务和进出口，不得损害国家安全、社会公共利益或者他人合法权益。

第二十二条　国家建立和完善商用密码标准体系。

国务院标准化行政主管部门和国家密码管理部门依据各自职责，组织制定商用密码国家标准、行业标准。

国家支持社会团体、企业利用自主创新技术制定高于国家标准、行业标准相关技术要求的商用密码团体标准、企业标准。

第二十三条　国家推动参与商用密码国际标准化活动，参与制定商用密码国际标准，推进商用密码中国标准与国外标准之间的转化运用。

国家鼓励企业、社会团体和教育、科研机构等参与商用密码国际标准化活动。

第二十四条　商用密码从业单位开展商用密码活动，应当符合有关法律、行政法规、商用密码强制性国家标准以及该从业单位公开标准的技术要求。

国家鼓励商用密码从业单位采用商用密码推荐性国家标准、行业标准，提升商用密码的防护能力，维护用户的合法权益。

第二十五条　国家推进商用密码检测认证体系建设，制定商用密码检测认证技术规范、规则，鼓励商用密码从业单位自愿接受商用密码检测认证，提升市场竞争力。

商用密码检测、认证机构应当依法取得相关资质，并依照法律、行政法规的规定和商用密码检测认证技术规范、规则开展商用密码检测认证。

商用密码检测、认证机构应当对其在商用密码检测认证中所知悉的国家秘密和商业秘密承担保密义务。

第二十六条　涉及国家安全、国计民生、社会公共利益的商用密码产品，应当依法列入网络关键设备和网络安全专用产品目录，由具备资格的机构检测认证合格后，方可销售或者提供。商用密码产品检测认证适用《中华人民共和国网络安全法》的有关规定，避免重复检测认证。

商用密码服务使用网络关键设备和网络安全专用产品的，应当经商用密码认证机构对该商用密码服务认证合格。

第二十七条 法律、行政法规和国家有关规定要求使用商用密码进行保护的关键信息基础设施，其运营者应当使用商用密码进行保护，自行或者委托商用密码检测机构开展商用密码应用安全性评估。商用密码应用安全性评估应当与关键信息基础设施安全检测评估、网络安全等级测评制度相衔接，避免重复评估、测评。

关键信息基础设施的运营者采购涉及商用密码的网络产品和服务，可能影响国家安全的，应当按照《中华人民共和国网络安全法》的规定，通过国家网信部门会同国家密码管理部门等有关部门组织的国家安全审查。

第二十八条 国务院商务主管部门、国家密码管理部门依法对涉及国家安全、社会公共利益且具有加密保护功能的商用密码实施进口许可，对涉及国家安全、社会公共利益或者中国承担国际义务的商用密码实施出口管制。商用密码进口许可清单和出口管制清单由国务院商务主管部门会同国家密码管理部门和海关总署制定并公布。

大众消费类产品所采用的商用密码不实行进口许可和出口管制制度。

第二十九条 国家密码管理部门对采用商用密码技术从事电子政务电子认证服务的机构进行认定，会同有关部门负责政务活动中使用电子签名、数据电文的管理。

第三十条 商用密码领域的行业协会等组织依照法律、行政法规及其章程的规定，为商用密码从业单位提供信息、技术、培训等服务，引导和督促商用密码从业单位依法开展商用密码活动，加强行业自律，推动行业诚信建设，促进行业健康发展。

第三十一条 密码管理部门和有关部门建立日常监管和随机抽查相结合的商用密码事中事后监管制度，建立统一的商用密码监督管理信息平台，推进事中事后监管与社会信用体系相衔接，强化商用密码从业单位自律和社会监督。

密码管理部门和有关部门及其工作人员不得要求商用密码从业单位和商用密码检测、认证机构向其披露源代码等密码相关专有信息，并对其在履行职责中知悉的商业秘密和个人隐私严格保密，不得泄露或者非法向他人提供。

第四章 法律责任

第三十二条 违反本法第十二条规定，窃取他人加密保护的信息，非法侵入他人的密码保障系统，或者利用密码从事危害国家安全、社会公共利益、他人合法权益等违法活动的，由有关部门依照《中华人民共和国网络安全法》和其他有关法律、行政法规的规定追究法律责任。

第三十三条 违反本法第十四条规定，未按照要求使用核心密码、普通密码的，由密码管理部门责令改正或者停止违法行为，给予警告；情节严重的，由密码管理部门建议有关国家机关、单位对直接负责的主管人员和其他直接责任人员依法给予处分或者处理。

第三十四条 违反本法规定，发生核心密码、普通密码泄密案件的，由保密行政管理部门、密码管理部门建议有关国家机关、单位对直接负责的主管人员和其他直接责任人员依法给予处分或者处理。

违反本法第十七条第二款规定，发现核心密码、普通密码泄密或者影响核心密码、普通密码安全的重大问题、风险隐患，未立即采取应对措施，或者未及时报告的，由保密行政管理部门、密码管理部门建议有关国家机关、单位对直接负责的主管人员和其他直接责任人员依法给予处分或者处理。

第三十五条 商用密码检测、认证机构违反本法第二十五条第二款、第三款规定开展商用密码检测认证的，由市场监督管理部门会同密码管理部门责令改正或者停止违法行为，给予警告，没收违法所得；违法所得三十万元以上的，可以并处违法所得一倍以上三倍以下罚款；没有违法所得或者违法所得不足三十万元的，可以并处十万元以上三十万元以下罚款；情节严重的，依法吊销相关资质。

第三十六条 违反本法第二十六条规定，销售或者提供未经检测认证或者检测认证不合格的商用密码产品，或者提供未经认证或者认证不合格的商用密码服务的，由市场监督管理部门会同密码管理部门责令改正或者停止违法行为，给予警告，没收违法产品和违法所得；违法所得十万元以上的，可以并处违法所得一倍以上三倍以下罚款；没有违法所得或者违法所得不足十万元的，可以并处三万元以上十万元以下罚款。

第三十七条 关键信息基础设施的运营者违反本法第二十七条第一款规定，未按照要求使用商用密码，或者未按照要求开展商用密码应用安全性评估的，由密码管理部门责令改正，给予警告；拒不改正或者导致危害网络安全等后果的，处十万元以上一百万元以下罚款，对直接负责的主管人员处一万元以上十万元以下罚款。

关键信息基础设施的运营者违反本法第二十七条第二款规定，使用未经安全审查或者安全审查未通过的产品或者服务的，由有关主管部门责令停止使用，处采购金额一倍以上十倍以下罚款；对直接负责的主管人员和其他直接责任人员处一万元以上十万元以下罚款。

第三十八条 违反本法第二十八条实施进口许可、出口管制的规定，进出口商用密码的，由国务院商务主管部门或者海关依法予以处罚。

第三十九条 违反本法第二十九条规定，未经认定从事电子政务电子认证服务的，由密码管理部门责令改正或者停止违法行为，给予警告，没收违法产品和违法所得；违法所得三十万元以上的，可以并处违法所得一倍以上三倍以下罚款；没有违法所得或者违法所得不足三十万元的，可以并处十万元以上三十万元以下罚款。

第四十条 密码管理部门和有关部门、单位的工作人员在密码工作中滥用职权、玩忽职守、徇私舞弊，或者泄露、非法向他人提供在履行职责中知悉的商业秘密和个人隐私的，依法给予处分。

第四十一条 违反本法规定，构成犯罪的，依法追究刑事责任；给他人造成损害的，依法承担民事责任。

第五章 附 则

第四十二条 国家密码管理部门依照法律、行政法规的规定，制定密码管理规章。

第四十三条 中国人民解放军和中国人民武装警察部队的密码工作管理办法，由中央军事委员会根据本法制定。

第四十四条 本法自 2020 年 1 月 1 日起施行。

附录 C
中华人民共和国数据安全法（草案）

中华人民共和国数据安全法（草案）

第一章 总 则

第一条 为了保障数据安全，促进数据开发利用，保护公民、组织的合法权益，维护国家主权、安全和发展利益，制定本法。

第二条 在中华人民共和国境内开展数据活动，适用本法。中华人民共和国境外的组织、个人开展数据活动，损害中华人民共和国国家安全、公共利益或者公民、组织合法权益的，依法追究法律责任。

第三条 本法所称数据，是指任何以电子或者非电子形式对信息的记录。数据活动，是指数据的收集、存储、加工、使用、提供、交易、公开等行为。数据安全，是指通过采取必要措施，保障数据得到有效保护和合法利用，并持续处于安全状态的能力。

第四条 维护数据安全，应当坚持总体国家安全观，建立健全数据安全治理体系，提高数据安全保障能力。

第五条 国家保护公民、组织与数据有关的权益，鼓励数据依法合理有效利用，保障数据依法有序自由流动，促进以数据为关键要素的数字经济发展，增进人民福祉。

第六条 中央国家安全领导机构负责数据安全工作的决策和统筹协调，研究制定、指导实施国家数据安全战略和有关重大方针政策。

第七条 各地区、各部门对本地区、本部门工作中产生、汇总、加工的数据及数据安全负主体责任。工业、电信、自然资源、卫生健康、教育、国防科技工业、金融业等行业主管部门承担本行业、本领域数据安全监管职责。公安机关、国家安全机关等依照本法和有关法律、行政法规的规定，在各自职责范围内承担数据安全监管职责。国家网信部门依照本法和有关法律、行政法规的规定，负责统筹协调网络数据安全和相关监管工作。

第八条 开展数据活动，必须遵守法律、行政法规，尊重社会公德和伦理，遵守商业道德，诚实守信，履行数据安全保护义务，承担社会责任，不得危害国家安全、公共利益，不得损害公民、组织的合法权益。

第九条 国家建立健全数据安全协同治理体系，推动有关部门、行业组织、企业、个人等共同参与数据安全保护工作，形成全社会共同维护数据安全和促进发展的良好环境。

第十条 国家积极开展数据领域国际交流与合作，参与数据安全相关国际规则和标准的制定，促进数据跨境安全、自由流动。

第十一条 任何组织、个人都有权对违反本法规定的行为向有关主管部门投诉、举报。收到投诉、举报的部门应当及时依法处理。

第二章 数据安全与发展

第十二条 国家坚持维护数据安全和促进数据开发利用并重，以数据开发利用和产业发展促进数据安全，以数据安全保障数据开发利用和产业发展。

第十三条 国家实施大数据战略，推进数据基础设施建设，鼓励和支持数据在各行业、各领域的创新应用，促进数字经济发展。省级以上人民政府应当制定数字经济发展规划，并纳入本级国民经济和社会发展规划。

第十四条 国家加强数据开发利用技术基础研究，支持数据开发利用和数据安全等领域的技术推广和商业创新，培育、发展数据开发利用和数据安全产品和产业体系。

第十五条　国家推进数据开发利用技术和数据安全标准体系建设。国务院标准化行政主管部门和国务院有关部门根据各自的职责，组织制定并适时修订有关数据开发利用技术、产品和数据安全相关标准。国家支持企业、研究机构、高等学校、相关行业组织等参与标准制定。

第十六条　国家促进数据安全检测评估、认证等服务的发展，支持数据安全检测评估、认证等专业机构依法开展服务活动。

第十七条　国家建立健全数据交易管理制度，规范数据交易行为，培育数据交易市场。

第十八条　国家支持高等学校、中等职业学校和企业等开展数据开发利用技术和数据安全相关教育和培训，采取多种方式培养数据开发利用技术和数据安全专业人才，促进人才交流。

第三章　数据安全制度

第十九条　国家根据数据在经济社会发展中的重要程度，以及一旦遭到篡改、破坏、泄露或者非法获取、非法利用，对国家安全、公共利益或者公民、组织合法权益造成的危害程度，对数据实行分级分类保护。各地区、各部门应当按照国家有关规定，确定本地区、本部门、本行业重要数据保护目录，对列入目录的数据进行重点保护。

第二十条　国家建立集中统一、高效权威的数据安全风险评估、报告、信息共享、监测预警机制，加强数据安全风险信息的获取、分析、研判、预警工作。

第二十一条　国家建立数据安全应急处置机制。发生数据安全事件，有关主管部门应当依法启动应急预案，采取相应的应急处置措施，消除安全隐患，防止危害扩大，并及时向社会发布与公众有关的警示信息。

第二十二条　国家建立数据安全审查制度，对影响或者可能影响国家安全的数据活动进行国家安全审查。依法作出的安全审查决定为最终决定。

第二十三条　国家对与履行国际义务和维护国家安全相关的属于管制物项的数据依法实施出口管制。

第二十四条　任何国家或者地区在与数据和数据开发利用技术等有关的投资、贸易方面对中华人民共和国采取歧视性的禁止、限制或者其他类似措施的，中华人民共和国可以根据实际情况对该国家或者地区采取相应的措施。

第四章 数据安全保护义务

第二十五条 开展数据活动应当依照法律、行政法规的规定和国家标准的强制性要求，建立健全全流程数据安全管理制度，组织开展数据安全教育培训，采取相应的技术措施和其他必要措施，保障数据安全。重要数据的处理者应当设立数据安全负责人和管理机构，落实数据安全保护责任。

第二十六条 开展数据活动以及研究开发数据新技术，应当有利于促进经济社会发展，增进人民福祉，符合社会公德和伦理。

第二十七条 开展数据活动应当加强风险监测，发现数据安全缺陷、漏洞等风险时，应当立即采取补救措施；发生数据安全事件时，应当按照规定及时告知用户并向有关主管部门报告。

第二十八条 重要数据的处理者应当按照规定对其数据活动定期开展风险评估，并向有关主管部门报送风险评估报告。风险评估报告应当包括本组织掌握的重要数据的种类、数量，收集、存储、加工、使用数据的情况，面临的数据安全风险及其应对措施等。

第二十九条 任何组织、个人收集数据，必须采取合法、正当的方式，不得窃取或者以其他非法方式获取数据。法律、行政法规对收集、使用数据的目的、范围有规定的，应当在法律、行政法规规定的目的和范围内收集、使用数据，不得超过必要的限度。

第三十条 从事数据交易中介服务的机构在提供交易中介服务时，应当要求数据提供方说明数据来源，审核交易双方的身份，并留存审核、交易记录。

第三十一条 专门提供在线数据处理等服务的经营者，应当依法取得经营业务许可或者备案。具体办法由国务院电信主管部门会同有关部门制定。

第三十二条 公安机关、国家安全机关因依法维护国家安全或者侦查犯罪的需要调取数据，应当按照国家有关规定，经过严格的批准手续，依法进行，有关组织、个人应当予以配合。

第三十三条 境外执法机构要求调取存储于中华人民共和国境内的数据的，有关组织、个人应当向有关主管机关报告，获得批准后方可提供。中华人民共和国缔结或者参加的国际条约、协定对外国执法机构调取境内数据有规定的，依照其规定。

第五章 政务数据安全与开放

第三十四条 国家大力推进电子政务建设，提高政务数据的科学性、准确性、时效性，提升运用数据服务经济社会发展的能力。

第三十五条 国家机关为履行法定职责的需要收集、使用数据，应当在其履行法定职责的范围内依照法律、行政法规规定的条件和程序进行。

第三十六条 国家机关应当依照法律、行政法规的规定，建立健全数据安全管理制度，落实数据安全保护责任，保障政务数据安全。

第三十七条 国家机关委托他人存储、加工政务数据，或者向他人提供政务数据，应当经过严格的批准程序，并应当监督接收方履行相应的数据安全保护义务。

第三十八条 国家机关应当遵循公正、公平、便民的原则，按照规定及时、准确地公开政务数据。依法不予公开的除外。

第三十九条 国家制定政务数据开放目录，构建统一规范、互联互通、安全可控的政务数据开放平台，推动政务数据开放利用。

第四十条 具有公共事务管理职能的组织为履行公共事务管理职能开展数据活动，适用本章规定。

第六章 法律责任

第四十一条 有关主管部门在履行数据安全监管职责中发现数据活动存在较大安全风险的，可以按照规定的权限和程序对有关组织和个人进行约谈。有关组织和个人应当按照要求采取措施，进行整改，消除隐患。

第四十二条 开展数据活动的组织、个人不履行本法第二十五条、第二十七条、第二十八条、第二十九条规定的数据安全保护义务或者未采取必要的安全措施的，由有关主管部门责令改正，给予警告，可以并处一万元以上十万元以下罚款，对直接负责的主管人员可以处五千元以上五万元以下罚款；拒不改正或者造成大量数据泄漏等严重后果的，处十万元以上一百万元以下罚款，对直接负责的主管人员和其他直接责任人员处一万元以上十万元以下罚款。

第四十三条 数据交易中介机构未履行本法第三十条规定的义务，导致非法来源数据交易的，由有关主管部门责令改正，没收违法所得，处违法所得一倍以上十倍以下罚款，没有违法所得的，处十万元以上一百万元以下罚款，并可以由有关主管部门吊销相关业务许可证或者吊销营业执照；对直接负责的主管人员和其他直接责任人员处一万元以上十万元以下罚款。

第四十四条 未取得许可或者备案，擅自从事本法第三十一条规定业务的，由有关主管部门责令改正或者予以取缔，没收违法所得，处违法所得一倍以上十倍以下罚款；没有违法所得的，处十万元以上一百万元以下罚款；对直接负责的主管人员和其他直接责任人员处一万元以上十万元以下罚款。

第四十五条 国家机关不履行本法规定的数据安全保护义务的，对直接负责的主管人员和其他直接责任人员依法给予处分。

第四十六条 履行数据安全监管责任的国家工作人员玩忽职守、滥用职权、徇私舞弊，尚不构成犯罪的，依法给予处分。

第四十七条 通过数据活动危害国家安全、公共利益，或者损害公民、组织合法权益的，依照有关法律、行政法规的规定处罚。

第四十八条 违反本法规定，给他人造成损害的，依法承担民事责任。违反本法规定，构成违反治安管理处罚行为的，依法给予治安管理处罚；构成犯罪的，依法追究刑事责任。

第七章 附 则

第四十九条 涉及国家秘密的数据活动，适用《中华人民共和国保守国家秘密法》等法律、行政法规的规定。开展涉及个人信息的数据活动，应当遵守有关法律、行政法规的规定。

第五十条 军事数据安全保护的办法，由中央军事委员会另行制定。

第五十一条 本法自####年##月##日起施行。

附录 D
网络安全审查办法

网络安全审查办法

第一条 为了确保关键信息基础设施供应链安全,维护国家安全,依据《中华人民共和国国家安全法》《中华人民共和国网络安全法》,制定本办法。

第二条 关键信息基础设施运营者(以下简称运营者)采购网络产品和服务,影响或可能影响国家安全的,应当按照本办法进行网络安全审查。

第三条 网络安全审查坚持防范网络安全风险与促进先进技术应用相结合、过程公正透明与知识产权保护相结合、事前审查与持续监管相结合、企业承诺与社会监督相结合,从产品和服务安全性、可能带来的国家安全风险等方面进行审查。

第四条 在中央网络安全和信息化委员会领导下,国家互联网信息办公室会同中华人民共和国国家发展和改革委员会、中华人民共和国工业和信息化部、中华人民共和国公安部、中华人民共和国国家安全部、中华人民共和国财政部、中华人民共和国商务部、中国人民银行、国家市场监督管理总局、国家广播电视总局、国家保密局、国家密码管理局建立国家网络安全审查工作机制。

网络安全审查办公室设在国家互联网信息办公室，负责制定网络安全审查相关制度规范，组织网络安全审查。

第五条 运营者采购网络产品和服务的，应当预判该产品和服务投入使用后可能带来的国家安全风险。影响或者可能影响国家安全的，应当向网络安全审查办公室申报网络安全审查。

关键信息基础设施保护工作部门可以制定本行业、本领域预判指南。

第六条 对于申报网络安全审查的采购活动，运营者应通过采购文件、协议等要求产品和服务提供者配合网络安全审查，包括承诺不利用提供产品和服务的便利条件非法获取用户数据、非法控制和操纵用户设备，无正当理由不中断产品供应或必要的技术支持服务等。

第七条 运营者申报网络安全审查，应当提交以下材料：

（一）申报书；

（二）关于影响或可能影响国家安全的分析报告；

（三）采购文件、协议、拟签订的合同等；

（四）网络安全审查工作需要的其他材料。

第八条 网络安全审查办公室应当自收到审查申报材料起，10 个工作日内确定是否需要审查并书面通知运营者。

第九条 网络安全审查重点评估采购网络产品和服务可能带来的国家安全风险，主要考虑以下因素：

（一）产品和服务使用后带来的关键信息基础设施被非法控制、遭受干扰或破坏，以及重要数据被窃取、泄露、毁损的风险；

（二）产品和服务供应中断对关键信息基础设施业务连续性的危害；

（三）产品和服务的安全性、开放性、透明性、来源的多样性，供应渠道的可靠性以及因为政治、外交、贸易等因素导致供应中断的风险；

（四）产品和服务提供者遵守中国法律、行政法规、部门规章情况；

（五）其他可能危害关键信息基础设施安全和国家安全的因素。

第十条 网络安全审查办公室认为需要开展网络安全审查的，应当自向运营者发出书面通知之日起 30 个工作日内完成初步审查，包括形成审查结论建议和将审查结论建议发送网络安全审查工作机制成员单位、相关关键信息基础设施保护工作部门征求意见；情况复杂的，可以延长15个工作日。

第十一条 网络安全审查工作机制成员单位和相关关键信息基础设施保护工作部门应当自收到审查结论建议之日起15个工作日内书面回复意见。

网络安全审查工作机制成员单位、相关关键信息基础设施保护工作部门意见一致的，网络安全审查办公室以书面形式将审查结论通知运营者；意见不一致的，按照特别审查程序处理，并通知运营者。

第十二条 按照特别审查程序处理的，网络安全审查办公室应当听取相关部门和单位意见，进行深入分析评估，再次形成审查结论建议，并征求网络安全审查工作机制成员单位和相关关键信息基础设施保护工作部门意见，按程序报中央网络安全和信息化委员会批准后，形成审查结论并书面通知运营者。

第十三条 特别审查程序一般应当在45个工作日内完成，情况复杂的可以适当延长。

第十四条 网络安全审查办公室要求提供补充材料的，运营者、产品和服务提供者应当予以配合。提交补充材料的时间不计入审查时间。

第十五条 网络安全审查工作机制成员单位认为影响或可能影响国家安全的网络产品和服务，由网络安全审查办公室按程序报中央网络安全和信息化委员会批准后，依照本办法的规定进行审查。

第十六条 参与网络安全审查的相关机构和人员应严格保护企业商业秘密和知识产权，对运营者、产品和服务提供者提交的未公开材料，以及审查工作中获悉的其他未公开信息承担保密义务；未经信息提供方同意，不得向无关方披露或用于审查以外的目的。

第十七条 运营者或网络产品和服务提供者认为审查人员有失客观公正，或未能对审查工作中获悉的信息承担保密义务的，可以向网络安全审查办公室或者有关部门举报。

第十八条 运营者应当督促产品和服务提供者履行网络安全审查中作出的承诺。网络安全审查办公室通过接受举报等形式加强事前事中事后监督。

第十九条 运营者违反本办法规定的，依照《中华人民共和国网络安全法》第六十五条的规定处理。

第二十条　本办法中关键信息基础设施运营者是指经关键信息基础设施保护工作部门认定的运营者。

本办法所称网络产品和服务主要指核心网络设备、高性能计算机和服务器、大容量存储设备、大型数据库和应用软件、网络安全设备、云计算服务，以及其他对关键信息基础设施安全有重要影响的网络产品和服务。

第二十一条　涉及国家秘密信息的，依照国家有关保密规定执行。

第二十二条　本办法自 2020 年 6 月 1 日起实施，《网络产品和服务安全审查办法（试行）》同时废止。

附录 E
网络安全等级保护条例（征集意见稿）

网络安全等级保护条例（征求意见稿）

第一章 总 则

第一条【立法宗旨与依据】 为加强网络安全等级保护工作，提高网络安全防范能力和水平，维护网络空间主权和国家安全、社会公共利益，保护公民、法人和其他组织的合法权益，促进经济社会信息化健康发展，依据《中华人民共和国网络安全法》《中华人民共和国保守国家秘密法》等法律，制定本条例。

第二条【适用范围】 在中华人民共和国境内建设、运营、维护、使用网络，开展网络安全等级保护工作以及监督管理，适用本条例。个人及家庭自建自用的网络除外。

第三条【确立制度】 国家实行网络安全等级保护制度，对网络实施分等级保护、分等级监管。

前款所称"网络"是指由计算机或者其他信息终端及相关设备组成的按照一定的规则和程序对信息进行收集、存储、传输、交换、处理的系统。

第四条【工作原则】 网络安全等级保护工作应当按照突出重点、主动防御、综合防控的原则，建立健全网络安全防护体系，重点保护涉及国家安全、国计民生、社会公共利益的网络的基础设施安全、运行安全和数据安全。

网络运营者在网络建设过程中，应当同步规划、同步建设、同步运行网络安全保护、保密和密码保护措施。

涉密网络应当依据国家保密规定和标准，结合系统实际进行保密防护和保密监管。

第五条【职责分工】 中央网络安全和信息化领导机构统一领导网络安全等级保护工作。国家网信部门负责网络安全等级保护工作的统筹协调。

国务院公安部门主管网络安全等级保护工作，负责网络安全等级保护工作的监督管理，依法组织开展网络安全保卫。

国家保密行政管理部门主管涉密网络分级保护工作，负责网络安全等级保护工作中有关保密工作的监督管理。

国家密码管理部门负责网络安全等级保护工作中有关密码管理工作的监督管理。

国务院其他有关部门依照有关法律法规的规定，在各自职责范围内开展网络安全等级保护相关工作。

县级以上地方人民政府依照本条例和有关法律法规规定，开展网络安全等级保护工作。

第六条【网络运营者责任义务】 网络运营者应当依法开展网络定级备案、安全建设整改、等级测评和自查等工作，采取管理和技术措施，保障网络基础设施安全、网络运行安全、数据安全和信息安全，有效应对网络安全事件，防范网络违法犯罪活动。

第七条【行业要求】 行业主管部门应当组织、指导本行业、本领域落实网络安全等级保护制度。

第二章 支持与保障

第八条【总体保障】 国家建立健全网络安全等级保护制度的组织领导体系、技术支持体系和保障体系。

各级人民政府和行业主管部门应当将网络安全等级保护制度实施纳入信息化工作总体规划，统筹推进。

第九条【标准制定】 国家建立完善网络安全等级保护标准体系。国务院标准化行政主管部门和国务院公安部门、国家保密行政管理部门、国家密码管理部门根据各自职责，组织制定网络安全等级保护的国家标准、行业标准。

国家支持企业、研究机构、高等学校、网络相关行业组织参与网络安全等级保护国家标准、行业标准的制定。

第十条【投入和保障】 各级人民政府鼓励扶持网络安全等级保护重点工程和项目，支持网络安全等级保护技术的研究开发和应用，推广安全可信的网络产品和服务。

第十一条【技术支持】 国家建设网络安全等级保护专家队伍和等级测评、安全建设、应急处置等技术支持体系，为网络安全等级保护制度提供支撑。

第十二条【绩效考核】 行业主管部门、各级人民政府应当将网络安全等级保护工作纳入绩效考核评价、社会治安综合治理考核等。

第十三条【宣传教育培训】 各级人民政府及其有关部门应当加强网络安全等级保护制度的宣传教育，提升社会公众的网络安全防范意识。

国家鼓励和支持企事业单位、高等院校、研究机构等开展网络安全等级保护制度的教育与培训，加强网络安全等级保护管理和技术人才培养。

第十四条【鼓励创新】 国家鼓励利用新技术、新应用开展网络安全等级保护管理和技术防护，采取主动防御、可信计算、人工智能等技术，创新网络安全技术保护措施，提升网络安全防范能力和水平。

国家对网络新技术、新应用的推广，组织开展网络安全风险评估，防范网络新技术、新应用的安全风险。

第三章　网络的安全保护

第十五条【网络等级】 根据网络在国家安全、经济建设、社会生活中的重要程度，以及其一旦遭到破坏、丧失功能或者数据被篡改、泄露、丢失、损毁后，对国家安全、社会秩序、公共利益以及相关公民、法人和其他组织的合法权益的危害程度等因素，网络分为五个安全保护等级。

（一）第一级，一旦受到破坏会对相关公民、法人和其他组织的合法权益造成损害，但不危害国家安全、社会秩序和公共利益的一般网络。

（二）第二级，一旦受到破坏会对相关公民、法人和其他组织的合法权益造成严重损害，或者对社会秩序和公共利益造成危害，但不危害国家安全的一般网络。

（三）第三级，一旦受到破坏会对相关公民、法人和其他组织的合法权益造成特别严重损害，或者会对社会秩序和社会公共利益造成严重危害，或者对国家安全造成危害的重要网络。

（四）第四级，一旦受到破坏会对社会秩序和公共利益造成特别严重危害，或者对国家安全造成严重危害的特别重要网络。

（五）第五级，一旦受到破坏后会对国家安全造成特别严重危害的极其重要网络。

第十六条【网络定级】 网络运营者应当在规划设计阶段确定网络的安全保护等级。

当网络功能、服务范围、服务对象和处理的数据等发生重大变化时，网络运营者应当依法变更网络的安全保护等级。

第十七条【定级评审】 对拟定为第二级以上的网络，其运营者应当组织专家评审；有行业主管部门的，应当在评审后报请主管部门核准。

跨省或者全国统一联网运行的网络由行业主管部门统一拟定安全保护等级，统一组织定级评审。

行业主管部门可以依据国家标准规范，结合本行业网络特点制定行业网络安全等级保护定级指导意见。

第十八条【定级备案】 第二级以上网络运营者应当在网络的安全保护等级确定后10个工作日内，到县级以上公安机关备案。

因网络撤销或变更调整安全保护等级的，应当在10个工作日内向原受理备案公安机关办理备案撤销或变更手续。

备案的具体办法由国务院公安部门组织制定。

第十九条【备案审核】 公安机关应当对网络运营者提交的备案材料进行审核。对定级准确、备案材料符合要求的，应在10个工作日内出具网络安全等级保护备案证明。

第二十条【一般安全保护义务】 网络运营者应当依法履行下列安全保护义务，保障网络和信息安全：

（一）确定网络安全等级保护工作责任人，建立网络安全等级保护工作责任制，落实责任追究制度；

（二）建立安全管理和技术保护制度，建立人员管理、教育培训、系统安全建设、系统安全运维等制度；

（三）落实机房安全管理、设备和介质安全管理、网络安全管理等制度，制定操作规范和工作流程；

（四）落实身份识别、防范恶意代码感染传播、防范网络入侵攻击的管理和技术措施；

（五）落实监测、记录网络运行状态、网络安全事件、违法犯罪活动的管理和技术措施，并按照规定留存六个月以上可追溯网络违法犯罪的相关网络日志；

（六）落实数据分类、重要数据备份和加密等措施；

（七）依法收集、使用、处理个人信息，并落实个人信息保护措施，防止个人信息泄露、损毁、篡改、窃取、丢失和滥用；

（八）落实违法信息发现、阻断、消除等措施，落实防范违法信息大量传播、违法犯罪证据灭失等措施；

（九）落实联网备案和用户真实身份查验等责任；

（十）对网络中发生的案事件，应当在二十四小时内向属地公安机关报告；泄露国家秘密的，应当同时向属地保密行政管理部门报告。

（十一）法律、行政法规规定的其他网络安全保护义务。

第二十一条【特殊安全保护义务】 第三级以上网络的运营者除履行本条例第二十条规定的网络安全保护义务外，还应当履行下列安全保护义务：

（一）确定网络安全管理机构，明确网络安全等级保护的工作职责，对网络变更、网络接入、运维和技术保障单位变更等事项建立逐级审批制度；

（二）制定并落实网络安全总体规划和整体安全防护策略，制定安全建设方案，并经专业技术人员评审通过；

（三）对网络安全管理负责人和关键岗位的人员进行安全背景审查，落实持证上岗制度；

（四）对为其提供网络设计、建设、运维和技术服务的机构和人员进行安全管理；

（五）落实网络安全态势感知监测预警措施，建设网络安全防护管理平台，对网络运行状态、网络流量、用户行为、网络安全案事件等进行动态监测分析，并与同级公安机关对接；

（六）落实重要网络设备、通信链路、系统的冗余、备份和恢复措施；

（七）建立网络安全等级测评制度，定期开展等级测评，并将测评情况及安全整改措施、整改结果向公安机关和有关部门报告；

（八）法律和行政法规规定的其他网络安全保护义务。

第二十二条【上线检测】 新建的第二级网络上线运行前应当按照网络安全等级保护有关标准规范,对网络的安全性进行测试。

新建的第三级以上网络上线运行前应当委托网络安全等级测评机构按照网络安全等级保护有关标准规范进行等级测评,通过等级测评后方可投入运行。

第二十三条【等级测评】 第三级以上网络的运营者应当每年开展一次网络安全等级测评,发现并整改安全风险隐患,并每年将开展网络安全等级测评的工作情况及测评结果向备案的公安机关报告。

第二十四条【安全整改】 网络运营者应当对等级测评中发现的安全风险隐患,制定整改方案,落实整改措施,消除风险隐患。

第二十五条【自查工作】 网络运营者应当每年对本单位落实网络安全等级保护制度情况和网络安全状况至少开展一次自查,发现安全风险隐患及时整改,并向备案的公安机关报告。

第二十六条【测评活动安全管理】 网络安全等级测评机构应当为网络运营者提供安全、客观、公正的等级测评服务。

网络安全等级测评机构应当与网络运营者签署服务协议,并对测评人员进行安全保密教育,与其签订安全保密责任书,明确测评人员的安全保密义务和法律责任,组织测评人员参加专业培训。

第二十七条【网络服务机构要求】 网络服务提供者为第三级以上网络提供网络建设、运行维护、安全监测、数据分析等网络服务,应当符合国家有关法律法规和技术标准的要求。

网络安全等级测评机构等网络服务提供者应当保守服务过程中知悉的国家秘密、个人信息和重要数据。不得非法使用或擅自发布、披露在提供服务中收集掌握的数据信息和系统漏洞、恶意代码、网络入侵攻击等网络安全信息。

第二十八条【产品服务采购使用的安全要求】 网络运营者应当采购、使用符合国家法律法规和有关标准规范要求的网络产品和服务。

第三级以上网络运营者应当采用与其安全保护等级相适应的网络产品和服务;对重要部位使用的网络产品,应当委托专业测评机构进行专项测试,根据测试结果选择符合要求的网络产品;采购网络产品和服务,可能影响国家安全的,应当通过国家网信部门会同国务院有关部门组织的国家安全审查。

第二十九条【技术维护要求】 第三级以上网络应当在境内实施技术维护,不得境外远程技术维护。因业务需要,确需进行境外远程技术维护的,应当进行网络安全评估,并采取风险管控措施。实施技术维护,应当记录并留存技术维护日志,并在公安机关检查时如实提供。

第三十条【监测预警和信息通报】 地市级以上人民政府应当建立网络安全监测预警和信息通报制度,开展安全监测、态势感知、通报预警等工作。

第三级以上网络运营者应当建立健全网络安全监测预警和信息通报制度,按照规定向同级公安机关报送网络安全监测预警信息,报告网络安全事件。有行业主管部门的,同时向行业主管部门报送和报告。

行业主管部门应当建立健全本行业、本领域的网络安全监测预警和信息通报制度,按照规定向同级网信部门、公安机关报送网络安全监测预警信息,报告网络安全事件。

第三十一条【数据和信息安全保护】 网络运营者应当建立并落实重要数据和个人信息安全保护制度;采取保护措施,保障数据和信息在收集、存储、传输、使用、提供、销毁过程中的安全;建立异地备份恢复等技术措施,保障重要数据的完整性、保密性和可用性。

未经允许或授权,网络运营者不得收集与其提供的服务无关的数据和个人信息;不得违反法律、行政法规规定和双方约定收集、使用和处理数据和个人信息;不得泄露、篡改、损毁其收集的数据和个人信息;不得非授权访问、使用、提供数据和个人信息。

第三十二条【应急处置要求】 第三级以上网络的运营者应当按照国家有关规定,制定网络安全应急预案,定期开展网络安全应急演练。

网络运营者处置网络安全事件应当保护现场,记录并留存相关数据信息,并及时向公安机关和行业主管部门报告。

公安机关和行业主管部门应当向同级网信部门报告重大网络安全事件处置情况。

发生重大网络安全事件时,有关部门应当按照网络安全应急预案要求联合开展应急处置。电信业务经营者、互联网服务提供者应当为重大网络安全事件处置和恢复提供支持和协助。

第三十三条【审计审核要求】 网络运营者建设、运营、维护和使用网络,向社会公众提供需取得行政许可的经营活动的,相关主管部门应当将网络安全等级保护制度落实情况纳入审计、审核范围。

第三十四条【新技术新应用风险管控】 网络运营者应当按照网络安全等级保护制度要求，采取措施，管控云计算、大数据、人工智能、物联网、工控系统和移动互联网等新技术、新应用带来的安全风险，消除安全隐患。

第四章 涉密网络的安全保护

第三十五条【分级保护】 涉密网络按照存储、处理、传输国家秘密的最高密级分为绝密级、机密级和秘密级。

第三十六条【网络定级】 涉密网络运营者应当依法确定涉密网络的密级，通过本单位保密委员会（领导小组）的审定，并向同级保密行政管理部门备案。

第三十七条【方案审查论证】 涉密网络运营者规划建设涉密网络，应当依据国家保密规定和标准要求，制定分级保护方案，采取身份鉴别、访问控制、安全审计、边界安全防护、信息流转管控、电磁泄漏发射防护、病毒防护、密码保护和保密监管等技术与管理措施。

第三十八条【建设管理】 涉密网络运营者委托其他单位承担涉密网络建设的，应当选择具有相应涉密信息系统集成资质的单位，并与建设单位签订保密协议，明确保密责任，采取保密措施。

第三十九条【信息设备、安全保密产品管理】 涉密网络中使用的信息设备，应当从国家有关主管部门发布的涉密专用信息设备名录中选择；未纳入名录的，应选择政府采购目录中的产品。确需选用进口产品的，应当进行安全保密检测。

涉密网络运营者不得选用国家保密行政管理部门禁止使用或者政府采购主管部门禁止采购的产品。

涉密网络中使用的安全保密产品，应当通过国家保密行政管理部门设立的检测机构检测。计算机病毒防护产品应当选用取得计算机信息系统安全专用产品销售许可证的可靠产品，密码产品应当选用国家密码管理部门批准的产品。

第四十条【测评审查和风险评估】 涉密网络应当由国家保密行政管理部门设立或者授权的保密测评机构进行检测评估，并经设区的市级以上保密行政管理部门审查合格，方可投入使用。

涉密网络运营者在涉密网络投入使用后，应定期开展安全保密检查和风险自评估，并接受保密行政管理部门组织的安全保密风险评估。绝密级网络每年至少进行一次，机密级和秘密级网络每两年至少进行一次。

公安机关、国家安全机关涉密网络投入使用的管理，依照国家保密行政管理部门会同公安机关、国家安全机关制定的有关规定执行。

第四十一条【涉密网络使用管理总体要求】 涉密网络运营者应当制定安全保密管理制度，组建相应管理机构，设置安全保密管理人员，落实安全保密责任。

第四十二条【涉密网络预警通报要求】 涉密网络运营者应建立健全本单位涉密网络安全保密监测预警和信息通报制度，发现安全风险隐患的，应及时采取应急处置措施，并向保密行政管理部门报告。

第四十三条【涉密网络重大变化的处置】 有下列情形之一的，涉密网络运营者应当按照国家保密规定及时向保密行政管理部门报告并采取相应措施：

（一）密级发生变化的；

（二）连接范围、终端数量超出审查通过的范围、数量的；

（三）所处物理环境或者安全保密设施变化可能导致新的安全保密风险的；

（四）新增应用系统的，或者应用系统变更、减少可能导致新的安全保密风险的。

对前款所列情形，保密行政管理部门应当及时作出是否对涉密网络重新进行检测评估和审查的决定。

第四十四条【涉密网络废止的处理】 涉密网络不再使用的，涉密网络运营者应当及时向保密行政管理部门报告，并按照国家保密规定和标准对涉密信息设备、产品、涉密载体等进行处理。

第五章 密码管理

第四十五条【确定密码要求】 国家密码管理部门根据网络的安全保护等级、涉密网络的密级和保护等级，确定密码的配备、使用、管理和应用安全性评估要求，制定网络安全等级保护密码标准规范。

第四十六条【涉密网络密码保护】 涉密网络及传输的国家秘密信息，应当依法采用密码保护。

密码产品应当经过密码管理部门批准，采用密码技术的软件系统、硬件设备等产品，应当通过密码检测。

密码的检测、装备、采购和使用等，由密码管理部门统一管理；系统设计、运行维护、日常管理和密码评估，应当按照国家密码管理相关法规和标准执行。

第四十七条【非涉密网络密码保护】 非涉密网络应当按照国家密码管理法律法规和标准的要求，使用密码技术、产品和服务。第三级以上网络应当采用密码保护，并使用国家密码管理部门认可的密码技术、产品和服务。

第三级以上网络运营者应在网络规划、建设和运行阶段，按照密码应用安全性评估管理办法和相关标准，委托密码应用安全性测评机构开展密码应用安全性评估。网络通过评估后，方可上线运行，并在投入运行后，每年至少组织一次评估。密码应用安全性评估结果应当报受理备案的公安机关和所在地设区市的密码管理部门备案。

第四十八条【密码安全管理责任】 网络运营者应当按照国家密码管理法规和相关管理要求，履行密码安全管理职责，加强密码安全制度建设，完善密码安全管理措施，规范密码使用行为。

任何单位和个人不得利用密码从事危害国家安全、社会公共利益的活动，或者从事其他违法犯罪活动。

第六章 监督管理

第四十九条【安全监督管理】 县级以上公安机关对网络运营者依照国家法律法规规定和相关标准规范要求，落实网络安全等级保护制度，开展网络安全防范、网络安全事件应急处置、重大活动网络安全保护等工作，实行监督管理；对第三级以上网络运营者按照网络安全等级保护制度落实网络基础设施安全、网络运行安全和数据安全保护责任义务，实行重点监督管理。

县级以上公安机关对同级行业主管部门依照国家法律法规规定和相关标准规范要求，组织督促本行业、本领域落实网络安全等级保护制度，开展网络安全防范、网络安全事件应急处置、重大活动网络安全保护等工作情况，进行监督、检查、指导。

地市级以上公安机关每年将网络安全等级保护工作情况通报同级网信部门。

第五十条【安全检查】 县级以上公安机关对网络运营者开展下列网络安全工作情况进行监督检查：

（一）日常网络安全防范工作；

（二）重大网络安全风险隐患整改情况；

（三）重大网络安全事件应急处置和恢复工作；

（四）重大活动网络安全保护工作落实情况；

（五）其他网络安全保护工作情况。

公安机关对第三级以上网络运营者每年至少开展一次安全检查。涉及相关行业的可以会同其行业主管部门开展安全检查。必要时，公安机关可以委托社会力量提供技术支持。

公安机关依法实施监督检查，网络运营者应当协助、配合，并按照公安机关要求如实提供相关数据信息。

第五十一条【检查处置】 公安机关在监督检查中发现网络安全风险隐患的，应当责令网络运营者采取措施立即消除；不能立即消除的，应当责令其限期整改。

公安机关发现第三级以上网络存在重大安全风险隐患的，应当及时通报行业主管部门，并向同级网信部门通报。

第五十二条【重大隐患处置】 公安机关在监督检查中发现重要行业或本地区存在严重威胁国家安全、公共安全和社会公共利益的重大网络安全风险隐患的，应报告同级人民政府、网信部门和上级公安机关。

第五十三条【对测评机构和安全建设机构的监管】 国家对网络安全等级测评机构和安全建设机构实行推荐目录管理，指导网络安全等级测评机构和安全建设机构建立行业自律组织，制定行业自律规范，加强自律管理。

非涉密网络安全等级测评机构和安全建设机构具体管理办法，由国务院公安部门制定。保密科技测评机构管理办法由国家保密行政管理部门制定。

第五十四条【关键人员管理】 第三级以上网络运营者的关键岗位人员以及为第三级以上网络提供安全服务的人员，不得擅自参加境外组织的网络攻防活动。

第五十五条【事件调查】 公安机关应当根据有关规定处置网络安全事件，开展事件调查，认定事件责任，依法查处危害网络安全的违法犯罪活动。必要时，可以责令网络运营者采取阻断信息传输、暂停网络运行、备份相关数据等紧急措施。

网络运营者应当配合、支持公安机关和有关部门开展事件调查和处置工作。

第五十六条【紧急情况断网措施】 网络存在的安全风险隐患严重威胁国家安全、社会秩序和公共利益的，紧急情况下公安机关可以责令其停止联网、停机整顿。

第五十七条【保密监督管理】 保密行政管理部门负责对涉密网络的安全保护工作进行监督管理，负责对非涉密网络的失泄密行为的监管。发现存在安全隐患，违反保密法律法规，或者不符合保密标准保密的，按照《中华人民共和国保守国家秘密法》和国家保密相关规定处理。

第五十八条【密码监督管理】 密码管理部门负责对网络安全等级保护工作中的密码管理进行监督管理，监督检查网络运营者对网络的密码配备、使用、管理和密码评估情况。其中重要涉密信息系统每两年至少开展一次监督检查。监督检查中发现存在安全隐患，或者违反密码管理相关规定，或者不符合密码相关标准规范要求的，按照国家密码管理相关规定予以处理。

第五十九条【行业监督管理】 行业主管部门应当组织制定本行业、本领域网络安全等级保护工作规划和标准规范，掌握网络基本情况、定级备案情况和安全保护状况；监督管理本行业、本领域网络运营者开展网络定级备案、等级测评、安全建设整改、安全自查等工作。

行业主管部门应当监督管理本行业、本领域网络运营者依照网络安全等级保护制度和相关标准规范要求，落实网络安全管理和技术保护措施，组织开展网络安全防范、网络安全事件应急处置、重大活动网络安全保护等工作。

第六十条【监督管理责任】 网络安全等级保护监督管理部门及其工作人员应当对在履行职责中知悉的国家秘密、个人信息和重要数据严格保密，不得泄露、出售或者非法向他人提供。

第六十一条【执法协助】 网络运营者和技术支持单位应当为公安机关、国家安全机关依法维护国家安全和侦查犯罪的活动提供支持和协助。

第六十二条【网络安全约谈制度】 省级以上人民政府公安部门、保密行政管理部门、密码管理部门在履行网络安全等级保护监督管理职责中，发现网络存在较大安全风险隐患或者发生安全事件的，可以约谈网络运营者的法定代表人、主要负责人及其行业主管部门。

第七章　法律责任

第六十三条【违反安全保护义务】 网络运营者不履行本条例第十六条，第十七条第一款，第十八条第一款、第二款，第二十条、第二十二条第一款，第二十四条，第二十五条，第二十八条第一款，第三十一条第一款，第三十二条第二款规定的网络安全保护义务的，由公安机关责令改正，依照《中华人民共和国网络安全法》第五十九条第一款的规定处罚。

第三级以上网络运营者违反本条例第二十一条、第二十二条第二款、第二十三条规定、第二十八条第二款，第三十条第二款，第三十二条第一款规定的，按照前款规定从重处罚。

第六十四条【违反技术维护要求】 网络运营者违反本条例第二十九条规定，对第三级以上网络实施境外远程技术维护，未进行网络安全评估、未采取风险管控措施、未记录并留存技术维护日志的，由公安机关和相关行业主管部门依据各自职责责令改正，依照《中华人民共和国网络安全法》第五十九条第一款的规定处罚。

第六十五条【违反数据安全和个人信息保护要求】 网络运营者违反本条例第三十一条第二款规定，擅自收集、使用、提供数据和个人信息的，由网信部门、公安机关依据各自职责责令改正，依照《中华人民共和国网络安全法》第六十四条第一款的规定处罚。

第六十六条【网络安全服务责任】 违反本条例第二十六条第三款，第二十七条第二款规定的，由公安机关责令改正，可以根据情节单处或者并处警告、没收违法所得、处违法所得一倍以上十倍以下罚款，没有违法所得的，处一百万元以下罚款，对直接负责的主管人员和其他直接责任人员处一万元以上十万元以下罚款；情节严重的，并可以责令暂停相关业务、停业整顿，直至通知发证机关吊销相关业务许可证或者吊销营业执照。

违反本条例第二十七条第二款规定，泄露、非法出售或者向他人提供个人信息的，依照《中华人民共和国网络安全法》第六十四条第二款的规定处罚。

第六十七条【违反执法协助义务】 网络运营者违反本条例规定，有下列行为之一的，由公安机关、保密行政管理部门、密码管理部门、行业主管部门和有关部门依据各自职责责令改正；拒不改正或者情节严重的，依照《中华人民共和国网络安全法》第六十九条的规定处罚。

（一）拒绝、阻碍有关部门依法实施的监督检查的；

（二）拒不如实提供有关网络安全保护的数据信息的；

（三）在应急处置中拒不服从有关主管部门统一指挥调度的；

（四）拒不向公安机关、国家安全机关提供技术支持和协助的；

（五）电信业务经营者、互联网服务提供者在重大网络安全事件处置和恢复中未按照本条例规定提供支持和协助的。

第六十八条【违反保密和密码管理责任】 违反本条例有关保密管理和密码管理规定的，由保密行政管理部门或者密码管理部门按照各自职责分工责令改正，拒不改正的，给予警告，并通报向其上级主管部门，建议对其主管人员和其他直接责任人员依法给予处分。

第六十九条【监管部门渎职责任】 网信部门、公安机关、国家保密行政管理部门、密码管理部门以及有关行业主管部门及其工作人员有下列行为之一，对直接负责的主管人员和其他直接责任人员，或者有关工作人员依法给予处分：

（一）玩忽职守、滥用职权、徇私舞弊的；

（二）泄露、出售、非法提供在履行网络安全等级保护监管职责中获悉的国家秘密、个人信息和重要数据；或者将获取其他信息，用于其他用途的。

第七十条【法律竞合处理】 违反本条例规定，构成违反治安管理行为的，由公安机关依法给予治安管理处罚；构成犯罪的，依法追究刑事责任。

第八章 附 则

第七十一条【术语解释】 本条例所称的"内""以上"包含本数；所称的"行业主管部门"包含行业监管部门。

第七十二条【军队】 军队的网络安全等级保护工作，按照军队的有关法规执行。

第七十三条【生效时间】 本条例由自XXXX年XX月XX日起施行。

附录 F
关键信息基础设施安全保护条例
（征集意见稿）

关键信息基础设施安全保护条例（征求意见稿）

第一章 总 则

第一条 为了保障关键信息基础设施安全，根据《中华人民共和国网络安全法》，制定本条例。

第二条 在中华人民共和国境内规划、建设、运营、维护、使用关键信息基础设施，以及开展关键信息基础设施的安全保护，适用本条例。

第三条 关键信息基础设施安全保护坚持顶层设计、整体防护，统筹协调、分工负责的原则，充分发挥运营主体作用，社会各方积极参与，共同保护关键信息基础设施安全。

第四条 国家行业主管或监管部门按照国务院规定的职责分工，负责指导和监督本行业、本领域的关键信息基础设施安全保护工作。

国家网信部门负责统筹协调关键信息基础设施安全保护工作和相关监督管理工作。国务院公安、国家安全、国家保密行政管理、国家密码管理等部门在各自职责范围内负责相关网络安全保护和监督管理工作。

县级以上地方人民政府有关部门按照国家有关规定开展关键信息基础设施安全保护工作。

第五条 关键信息基础设施的运营者（以下称运营者）对本单位关键信息基础设施安全负主体责任，履行网络安全保护义务，接受政府和社会监督，承担社会责任。

国家鼓励关键信息基础设施以外的网络运营者自愿参与关键信息基础设施保护体系。

第六条 关键信息基础设施在网络安全等级保护制度基础上，实行重点保护。

第七条 任何个人和组织发现危害关键信息基础设施安全的行为，有权向网信、电信、公安等部门以及行业主管或监管部门举报。

收到举报的部门应当及时依法作出处理；不属于本部门职责的，应当及时移送有权处理的部门。

有关部门应当对举报人的相关信息予以保密，保护举报人的合法权益。

第二章　支持与保障

第八条　国家采取措施，监测、防御、处置来源于中华人民共和国境内外的网络安全风险和威胁，保护关键信息基础设施免受攻击、侵入、干扰和破坏，依法惩治网络违法犯罪活动。

第九条　国家制定产业、财税、金融、人才等政策，支持关键信息基础设施安全相关的技术、产品、服务创新，推广安全可信的网络产品和服务，培养和选拔网络安全人才，提高关键信息基础设施的安全水平。

第十条　国家建立和完善网络安全标准体系，利用标准指导、规范关键信息基础设施安全保护工作。

第十一条　地市级以上人民政府应当将关键信息基础设施安全保护工作纳入地区经济社会发展总体规划，加大投入，开展工作绩效考核评价。

第十二条　国家鼓励政府部门、运营者、科研机构、网络安全服务机构、行业组织、网络产品和服务提供者开展关键信息基础设施安全合作。

第十三条 国家行业主管或监管部门应当设立或明确专门负责本行业、本领域关键信息基础设施安全保护工作的机构和人员，编制并组织实施本行业、本领域的网络安全规划，建立健全工作经费保障机制并督促落实。

第十四条 能源、电信、交通等行业应当为关键信息基础设施网络安全事件应急处置与网络功能恢复提供电力供应、网络通信、交通运输等方面的重点保障和支持。

第十五条 公安机关等部门依法侦查打击针对和利用关键信息基础设施实施的违法犯罪活动。

第十六条 任何个人和组织不得从事下列危害关键信息基础设施的活动和行为：
（一）攻击、侵入、干扰、破坏关键信息基础设施；
（二）非法获取、出售或者未经授权向他人提供可能被专门用于危害关键信息基础设施安全的技术资料等信息；
（三）未经授权对关键信息基础设施开展渗透性、攻击性扫描探测；
（四）明知他人从事危害关键信息基础设施安全的活动，仍然为其提供互联网接入、服务器托管、网络存储、通讯传输、广告推广、支付结算等帮助；
（五）其他危害关键信息基础设施的活动和行为。

第十七条 国家立足开放环境维护网络安全，积极开展关键信息基础设施安全领域的国际交流与合作。

第三章 关键信息基础设施范围

第十八条 下列单位运行、管理的网络设施和信息系统，一旦遭到破坏、丧失功能或者数据泄露，可能严重危害国家安全、国计民生、公共利益的，应当纳入关键信息基础设施保护范围：
（一）政府机关和能源、金融、交通、水利、卫生医疗、教育、社保、环境保护、公用事业等行业领域的单位；
（二）电信网、广播电视网、互联网等信息网络，以及提供云计算、大数据和其他大型公共信息网络服务的单位；
（三）国防科工、大型装备、化工、食品药品等行业领域科研生产单位；
（四）广播电台、电视台、通讯社等新闻单位；

（五）其他重点单位。

第十九条　国家网信部门会同国务院电信主管部门、公安部门等部门制定关键信息基础设施识别指南。

国家行业主管或监管部门按照关键信息基础设施识别指南，组织识别本行业、本领域的关键信息基础设施，并按程序报送识别结果。

关键信息基础设施识别认定过程中，应当充分发挥有关专家作用，提高关键信息基础设施识别认定的准确性、合理性和科学性。

第二十条　新建、停运关键信息基础设施，或关键信息基础设施发生重大变化的，运营者应当及时将相关情况报告国家行业主管或监管部门。

国家行业主管或监管部门应当根据运营者报告的情况及时进行识别调整，并按程序报送调整情况。

第四章　运营者安全保护

第二十一条　建设关键信息基础设施应当确保其具有支持业务稳定、持续运行的性能，并保证安全技术措施同步规划、同步建设、同步使用。

第二十二条　运营者主要负责人是本单位关键信息基础设施安全保护工作第一责任人，负责建立健全网络安全责任制并组织落实，对本单位关键信息基础设施安全保护工作全面负责。

第二十三条　运营者应当按照网络安全等级保护制度的要求，履行下列安全保护义务，保障关键信息基础设施免受干扰、破坏或者未经授权的访问，防止网络数据泄漏或者被窃取、篡改：

（一）制定内部安全管理制度和操作规程，严格身份认证和权限管理；

（二）采取技术措施，防范计算机病毒和网络攻击、网络侵入等危害网络安全行为；

（三）采取技术措施，监测、记录网络运行状态、网络安全事件，并按照规定留存相关的网络日志不少于六个月；

（四）采取数据分类、重要数据备份和加密认证等措施。

第二十四条　除本条例第二十三条外，运营者还应当按照国家法律法规的规定和相关国家标准的强制性要求，履行下列安全保护义务：

（一）设置专门网络安全管理机构和网络安全管理负责人，并对该负责人和关键岗位人员进行安全背景审查；

（二）定期对从业人员进行网络安全教育、技术培训和技能考核；

（三）对重要系统和数据库进行容灾备份，及时对系统漏洞等安全风险采取补救措施；

（四）制定网络安全事件应急预案并定期进行演练；

（五）法律、行政法规规定的其他义务。

第二十五条　运营者网络安全管理负责人履行下列职责：

（一）组织制定网络安全规章制度、操作规程并监督执行；

（二）组织对关键岗位人员的技能考核；

（三）组织制定并实施本单位网络安全教育和培训计划；

（四）组织开展网络安全检查和应急演练，应对处置网络安全事件；

（五）按规定向国家有关部门报告网络安全重要事项、事件。

第二十六条　运营者网络安全关键岗位专业技术人员实行执证上岗制度。

执证上岗具体规定由国务院人力资源社会保障部门会同国家网信部门等部门制定。

第二十七条　运营者应当组织从业人员网络安全教育培训，每人每年教育培训时长不得少于1个工作日，关键岗位专业技术人员每人每年教育培训时长不得少于3个工作日。

第二十八条　运营者应当建立健全关键信息基础设施安全检测评估制度，关键信息基础设施上线运行前或者发生重大变化时应当进行安全检测评估。

运营者应当自行或委托网络安全服务机构对关键信息基础设施的安全性和可能存在的风险隐患每年至少进行一次检测评估，对发现的问题及时进行整改，并将有关情况报国家行业主管或监管部门。

第二十九条　运营者在中华人民共和国境内运营中收集和产生的个人信息和重要数据应当在境内存储。因业务需要，确需向境外提供的，应当按照个人信息和重要数据出境安全评估办法进行评估；法律、行政法规另有规定的，依照其规定。

第五章　产品和服务安全

第三十条　运营者采购、使用的网络关键设备、网络安全专用产品，应当符合法律、行政法规的规定和相关国家标准的强制性要求。

第三十一条 运营者采购网络产品和服务，可能影响国家安全的，应当按照网络产品和服务安全审查办法的要求，通过网络安全审查，并与提供者签订安全保密协议。

第三十二条 运营者应当对外包开发的系统、软件，接受捐赠的网络产品，在其上线应用前进行安全检测。

第三十三条 运营者发现使用的网络产品、服务存在安全缺陷、漏洞等风险的，应当及时采取措施消除风险隐患，涉及重大风险的应当按规定向有关部门报告。

第三十四条 关键信息基础设施的运行维护应当在境内实施。因业务需要，确需进行境外远程维护的，应事先报国家行业主管或监管部门和国务院公安部门。

第三十五条 面向关键信息基础设施开展安全检测评估，发布系统漏洞、计算机病毒、网络攻击等安全威胁信息，提供云计算、信息技术外包等服务的机构，应当符合有关要求。

具体要求由国家网信部门会同国务院有关部门制定。

第六章　监测预警、应急处置和检测评估

第三十六条 国家网信部门统筹建立关键信息基础设施网络安全监测预警体系和信息通报制度，组织指导有关机构开展网络安全信息汇总、分析研判和通报工作，按照规定统一发布网络安全监测预警信息。

第三十七条 国家行业主管或监管部门应当建立健全本行业、本领域的关键信息基础设施网络安全监测预警和信息通报制度，及时掌握本行业、本领域关键信息基础设施运行状况和安全风险，向有关运营者通报安全风险和相关工作信息。

国家行业主管或监管部门应当组织对安全监测信息进行研判，认为需要立即采取防范应对措施的，应当及时向有关运营者发布预警信息和应急防范措施建议，并按照国家网络安全事件应急预案的要求向有关部门报告。

第三十八条 国家网信部门统筹协调有关部门、运营者以及有关研究机构、网络安全服务机构建立关键信息基础设施网络安全信息共享机制，促进网络安全信息共享。

第三十九条 国家网信部门按照国家网络安全事件应急预案的要求，统筹有关部门建立健全关键信息基础设施网络安全应急协作机制，加强网络安全应急力量建设，

指导协调有关部门组织跨行业、跨地域网络安全应急演练。

国家行业主管或监管部门应当组织制定本行业、本领域的网络安全事件应急预案，并定期组织演练，提升网络安全事件应对和灾难恢复能力。发生重大网络安全事件或接到网信部门的预警信息后，应立即启动应急预案组织应对，并及时报告有关情况。

第四十条 国家行业主管或监管部门应当定期组织对本行业、本领域关键信息基础设施的安全风险以及运营者履行安全保护义务的情况进行抽查检测，提出改进措施，指导、督促运营者及时整改检测评估中发现的问题。

国家网信部门统筹协调有关部门开展的抽查检测工作，避免交叉重复检测评估。

第四十一条 有关部门组织开展关键信息基础设施安全检测评估，应坚持客观公正、高效透明的原则，采取科学的检测评估方法，规范检测评估流程，控制检测评估风险。

运营者应当对有关部门依法实施的检测评估予以配合，对检测评估发现的问题及时进行整改。

第四十二条 有关部门组织开展关键信息基础设施安全检测评估，可采取下列措施：

（一）要求运营者相关人员就检测评估事项作出说明；

（二）查阅、调取、复制与安全保护有关的文档、记录；

（三）查看网络安全管理制度制订、落实情况以及网络安全技术措施规划、建设、运行情况；

（四）利用检测工具或委托网络安全服务机构进行技术检测；

（五）经运营者同意的其他必要方式。

第四十三条 有关部门以及网络安全服务机构在关键信息基础设施安全检测评估中获取的信息，只能用于维护网络安全的需要，不得用于其他用途。

第四十四条 有关部门组织开展关键信息基础设施安全检测评估，不得向被检测评估单位收取费用，不得要求被检测评估单位购买指定品牌或者指定生产、销售单位的产品和服务。

第七章 法律责任

第四十五条 运营者不履行本条例第二十条第一款、第二十一条、第二十三条、第二十四条、第二十六条、第二十七条、第二十八条、第三十条、第三十二条、第三十三条、第三十四条规定的网络安全保护义务的,由有关主管部门依据职责责令改正,给予警告;拒不改正或者导致危害网络安全等后果的,处十万元以上一百万元以下罚款,对直接负责的主管人员处一万元以上十万元以下罚款。

第四十六条 运营者违反本条例第二十九条规定,在境外存储网络数据,或者向境外提供网络数据的,由国家有关主管部门依据职责责令改正,给予警告,没收违法所得,处五万元以上五十万元以下罚款,并可以责令暂停相关业务、停业整顿、关闭网站、吊销相关业务许可证;对直接负责的主管人员和其他直接责任人员处一万元以上十万元以下罚款。

第四十七条 运营者违反本条例第三十一条规定,使用未经安全审查或安全审查未通过的网络产品或者服务的,由国家有关主管部门依据职责责令停止使用,处采购金额一倍以上十倍以下罚款;对直接负责的主管人员和其他直接责任人员处一万元以上十万元以下罚款。

第四十八条 个人违反本条例第十六条规定,尚不构成犯罪的,由公安机关没收违法所得,处五日以下拘留,可以并处五万元以上五十万元以下罚款;情节较重的,处五日以上十五日以下拘留,可以并处十万元以上一百万元以下罚款;构成犯罪的,依法追究刑事责任。

单位有前款行为的,由公安机关没收违法所得,处十万元以上一百万元以下罚款,并对直接负责的主管人员和其他直接责任人员依照前款规定处罚。

违反本条例第十六条规定,受到刑事处罚的人员,终身不得从事关键信息基础设施安全管理和网络运营关键岗位的工作。

第四十九条 国家机关关键信息基础设施的运营者不履行本条例规定的网络安全保护义务的,由其上级机关或者有关机关责令改正;对直接负责的主管人员和其他直接负责人员依法给予处分。

第五十条 有关部门及其工作人员有下列行为之一的,对直接负责的主管人员和其他直接责任人员依法给予处分;构成犯罪的,依法追究刑事责任:

(一)在工作中利用职权索取、收受贿赂;

(二)玩忽职守、滥用职权;

(三)擅自泄露关键信息基础设施有关信息、资料及数据文件;

（四）其他违反法定职责的行为。

第五十一条 关键信息基础设施发生重大网络安全事件，经调查确定为责任事故的，除应当查明运营单位责任并依法予以追究外，还应查明相关网络安全服务机构及有关部门的责任，对有失职、渎职及其他违法行为的，依法追究责任。

第五十二条 境外的机构、组织、个人从事攻击、侵入、干扰、破坏等危害中华人民共和国的关键信息基础设施的活动，造成严重后果的，依法追究法律责任；国务院公安部门、国家安全机关和有关部门并可以决定对该机构、组织、个人采取冻结财产或者其他必要的制裁措施。

第八章　附则

第五十三条 存储、处理涉及国家秘密信息的关键信息基础设施的安全保护，还应当遵守保密法律、行政法规的规定。

关键信息基础设施中的密码使用和管理，还应当遵守密码法律、行政法规的规定。

第五十四条 军事关键信息基础设施的安全保护，由中央军事委员会另行规定。

第五十五条 本条例自 XXXX 年 XX 月 XX 日起施行。

Chapter 23 参考文献

[1] 2019年我国互联网网络安全态势综述.
[2] 关于信息安全等级保护工作的实施意见.
[3] 信息安全等级保护管理办法.
[4] 关于开展全国重要信息系统安全等级保护定级工作的通知.
[5] 信息安全等级保护备案实施细则.
[6] 公安机关信息安全等级保护检查工作规范.
[7] 关于加强国家电子政务工程建设项目信息安全风险评估工作的通知.
[8] 关于开展信息安全等级保护安全建设整改工作的指导意见.
[9] 关于开展信息安全等级保护专项监督检查工作的通知.
[10] 关于加快推进网络与信息安全信息通报机制建设的通知.
[11] http://wiki.mbalib.com/wiki.
[12] http://www.citygf.com/jdyw/201612/t20161229_57963.html.
[13] http://www.cac.gov.cn/2017-05/31/c_1121062481.htm.
[14] http://www.freebuf.com/news/144815.html.
[15] http://www.cac.gov.cn/2017-08/17/c_1121496864.htm.
[16] http://www.cac.gov.cn/2017-08/17/c_1121496646.htm.
[17] http://cn.chinadaily.com.cn/2016-11/28/content_27507135.htm.
[18] http://www.cac.gov.cn/2016-11/10/c_1119889958.htm.
[19] 国家网络空间安全战略.

[20] 中华人民共和国网络安全法.

[21] 中华人民共和国密码法.

[22] 网络安全审查办法.

[23] 个人信息和重要数据出境安全评估办法（征求意见稿）.

[24] 最高人民法院、最高人民检察院关于办理侵犯公民个人信息刑事案件适用法律若干问题的解释.

[25] 关键信息基础设施安全保护条例（征求意见稿）.

[26] 信息安全风险评估规范.

[27] 个人信息安全规范.

[28] 个人信息出境安全评估办法（征求意见稿）.

[29] 互联网个人信息安全保护指南.

[30] 中华人民共和国突发事件应对法.

[31] 国家突发公共事件总体应急预案.

[32] 国务院办公厅关于印发突发事件应急预案管理办法的通知.

[33] 信息安全技术信息安全事件分类分级指南.

[34] 国家网络安全事件应急预案.

[35] 计算机信息系统安全保护等级划分准则.

[36] 网络安全等级保护基本要求.

[37] 网络安全等级保护实施指南.

[38] 网络安全等级保护定级指南.

[39] 网络安全等级保护安全设计技术要求.

[40] 网络安全等级保护测评要求.

[41] 网络安全等级保护测评过程指南.

[42] 马力,祝国邦,陆磊.《网络安全等级保护基本要求》(GB/T 22239—2019)标准解读[J].信息网络安全,2019,19(2).

[43] 郭启全.《网络安全等级保护条例（征求意见稿）》解读[J].中国信息安全,2018(8).

[44] http://www.oscca.gov.cn/sca/c100236/2019-12/25/content_1057308.shtml.《中华人民共和国密码法》解读.

[45] 公安部.《贯彻落实网络安全等级保护制度和关键信息基础设施安全保护制度的指导意见》.

[46] 夏冰.《网络安全法和网络安全等级保护2.0》.电子工业出版社.